普通高等教育机械类"十四五"系列教材

国家一流专业建设配套系列教材

U0151778

机械制造技术基础

JIXIE ZHIZAO JISHU JICHU

白海清　何雅娟　魏伟锋　编著

西安交通大学出版社
XI'AN JIAOTONG UNIVERSITY PRESS

内容简介

本教材是机械类应用型本科系列规划教材。在内容的编排上力求精炼，突出应用性特色，从机械加工的基本概念、金属切削的基本原理、加工方法的认识到完成加工成形的装备，从加工、装配过程的设计到质量的控制，符合人们的认知规律。

本教材内容包括：机械加工的基本概念；切削加工的理论基础；金属切削基本条件的合理选择；金属切削机床；机床夹具设计；工艺规程设计以及加工质量分析与控制等。全书以系统的观点构建了机械制造技术基础知识体系。

本教材可作为普通高校机械设计制造及其自动化、机械工程等专业主干技术基础课教材，同时也可供智能制造工程、车辆工程、机械电子工程和材料成型及控制工程等有关专业本科生和研究生作为教学参考书，也可为机械制造行业相关工程技术人员作为解决实际问题的重要参考资料。

图书在版编目(CIP)数据

机械制造技术基础 / 白海清，何雅娟，魏伟锋编著. — 西安 ：西安交通大学出版社，2024.6
普通高等教育机械类"十四五"系列教材
ISBN 978 - 7 - 5693 - 3538 - 5

Ⅰ. ①机… Ⅱ. ①白… ②何… ③魏… Ⅲ. ①机械制造工艺－高等学校－教材 Ⅳ. ①TH16

中国国家版本馆 CIP 数据核字(2023)第 220400 号

书　　名	机械制造技术基础
编　　著	白海清　何雅娟　魏伟锋
责任编辑	郭鹏飞
责任校对	邓　瑞
封面设计	任加盟
出版发行	西安交通大学出版社
	(西安市兴庆南路1号　邮政编码710048)
网　　址	http://www.xjtupress.com
电　　话	(029)82668357　82667874(市场营销中心)
	(029)82668315(总编办)
传　　真	(029)82668280
印　　刷	西安日报社印务中心
开　　本	787 mm×1092 mm　1/16　**印张** 14.5　**字数** 328 千字
版次印次	2024 年 6 月第 1 版　　2024 年 6 月第 1 次印刷
书　　号	ISBN 978 - 7 - 5693 - 3538 - 5
定　　价	39.00 元

前　　言

制造业是立国之本、强国之基,是国家经济命脉所系。党的二十大报告明确提出,"加快建设制造强国""推动制造业高端化、智能化、绿色化发展"。随着全球新一轮科技革命和产业变革突飞猛进,新一代信息通信、生物、新材料、新能源等技术不断突破,并与先进制造技术加速融合,为制造业高端化、智能化、绿色化发展提供了历史机遇。

制造技术是制造业健康可持续发展的重要支撑,在长期的研究和发展过程中形成了涵盖产品全生命周期所有制造活动的系统性适用技术。制造技术的研究从单一功能向系统集成的方向发展,研究内容从以切削理论和工艺方法为主的单学科领域向综合性多学科领域不断拓展,从而构筑了完整的制造科学理论体系。

机械制造技术基础主要研究金属切削过程的基本理论、原理、方法和工艺装备,是机械设计制造及其自动化专业的一门重要专业基础课程。涉及切削加工的理论基础、金属切削基本条件的合理选择、金属切削机床、机床夹具设计、工艺规程设计以及加工质量分析与控制等内容。本书结合编者多年教学实践经验和国内外同行专家教学研究成果编写而成。

本书在结构、内容安排等方面,吸收了编者近几年在教学改革、一流课程建设、教材建设等方面取得的研究成果,力求全面体现地方高校应用型工程人才教育的特点,满足当前教学的需要。在编写过程中突出了以下五个方面:

(1)根据高等工程教育应用型人才培养的特点,在教材内容选取上,以"强化工程能力,突出应用特色"为理念,舍去复杂的理论分析和计算,如刀具角度换算内容,内容层次清晰,循序渐进,同时辅以适量的复习与思考题,适应学生自主性、探索性学习的需要。通过本课程的学习,让学生对机械制造的基本理论和方法具有系统、深入的理解,为今后的持续学习和工作奠定基础。

(2)注重将理论讲授与工程实践相结合,理论讲授始终强调其应用性,实践中强调机械制造技术的综合性和辩证性,注重培养学生机械加工的应用能力。

(3)注重分析和解决工程实际问题能力的培养。增加了机床夹具设计的内容。

(4)在内容安排上,注重吸收新技术、新工艺和机械制造技术发展的新趋势。

增加数控机床、数控刀具选择等内容。

（5）全书以机械加工为主线，内容涉及机械加工的基本组成、金属切削原理、金属切削机床、机械加工工艺规程的制订、机床夹具设计和机械加工质量控制等知识，构成了符合高等工程应用型人才需要的知识、能力体系。

本教材建议教学学时为 48～64，使用院校可根据具体情况增减。书中部分内容可供学生自学和课外阅读。

本教材由陕西理工大学白海清教授，何雅娟、魏伟锋编著，具体写作工作为，白海清编写绪论、第 1 章、第 7 章，何雅娟编写第 4 章、第 5 章、第 6 章，魏伟锋编写第 2 章、第 3 章。何宁、温坚、李玉玲参与了全书的研讨和部分内容编写工作。全书由白海清教授负责统稿。

在本书的编写过程中，编者听取了许多专家的意见，并参考了国内外部分文献的内容，在此谨表衷心感谢！

由于教材涉及面较宽，有些想法难以一并体现在教材中，加之作者水平有限，书中的错误和不妥之处，恳请读者和同行批评指正。

作　者

2023 年 8 月

目　　录

绪　论

0.1　机械工程

1. 机械工程学科内涵

机械工程是研究机械产品(或系统)性能、设计和制造的基础理论和技术的科学。机械工程学科的基本任务是研制满足人类生活、生产和科研活动需求的产品和装置,并不断提供设计和制造的新理论和新技术。机械设计、机械制造与机械电子的理论和技术发展是机械工程学科的重要支撑。

机械设计是根据使用要求对机械产品和装备的工作原理、结构、运动方式、力和能量的传递方式等进行构思、分析、综合与优化。机械设计是一种创造性的工作过程,是决定机械产品功能与性能最主要的环节之一,其任务是研究机械产品,形成产品定义(功能设计、性能设计、结构设计等),并表达为图纸、数据描述等制造依据,以便生产出满足使用要求和能被市场接受的产品。机械设计及理论主要研究:设计方法学、机构学、机械动力学、机械结构强度学、摩擦学、机械产品性能仿真、多学科设计与优化、性能分析与测试、绿色与节能设计等。

机械制造是将设计输出的指令和信息输入机械制造系统,加工出合乎设计要求的产品的过程。机械制造及其自动化是研究机械制造理论与技术、自动化制造系统和先进制造技术的学科,该学科是以机械设计与制造为基础,融入计算机科学、信息技术、自动控制技术的交叉学科,主要任务是运用先进设计制造技术的理论与方法,解决现代工程领域中的复杂技术问题,以实现产品智能化的设计与制造。机械制造及其自动化主要研究:切削原理与加工工艺、精密制造技术与精密机械、数字化设计与制造、特种加工、绿色制造、微纳制造、增材制造、生物制造与仿生制造、智能制造、再制造、质量保证及服役安全等。

机械电子工程是将机械、电子、流体、计算机技术、检测传感技术、控制技术、人工智能技术等有机融合而形成的一门学科,是机械工程与电子工程的集成。其任务是采用机械、电气、自动控制、计算机、检测、电子等多学科的方法,对机电产品、装备与系统进行设计、制造和集成。机械电子工程主要研究:机电系统控制及自动化、流体传动与控制、传感与测量、机器人、机电系统动力学与控制、信号与图像处理、机电产品与装备故障诊断等。

时至今日,机械工程的基础理论不再局限于力学,制造过程的基础也不只是设计与制造经验及技艺的总结。今天的机械工程科学比以往任何时候都更紧密地依赖诸如数学、物理、化学、微电子、计算机、系统论、信息论、控制论及现代化管理等各门学科及其最新成就。

2. 机械制造业中设计与制造的关系

1)设计实现成图

从本质来看,机械制造业中所讨论的设计是人们利用所学的数学、力学、工程材料、机械设计、机械原理等专业知识,以及人们所积累的实践经验来完成机械制造工程所需要的图纸,包括装配图和零件图。装配图是反映设备或装置的整体使用功能的,因此有整体的技术要求;零件图则是从完成的装配图中分拆出来的,从分析某零件在装配体中的功能与技术属性来决定其应该具有什么样的技术要求。因此,不同的零件除了图形反映的尺寸和结构外,还附加有材料、尺寸精度、表面粗糙度、形状精度、位置精度,以及在不同阶段的热处理要求等。

对于现代设计,人们可以通过计算机和相关的高级软件,如 CAXA、UG、ANSYS 等,以数字化手段实现三维造型、产品性能分析等,来得到具有创意的设计图纸——装配图与零件图。创新设计主要体现在成图阶段,因为设计思想决定了独创性和新颖性。

2)制造实现成形

在制造业中,只有设计图纸是不行的,还需要将图纸转化为市场所需要的设备或装置。实现转化的手段就是各种制造工艺方法。将图纸转化为毛坯、零件和装配体的工艺手段有很多,采用什么样的工艺要针对具体的设计对象。工艺是制造业中的核心技术。没有这个核心技术,图纸就永远是图纸,决不能转化为市场所需要的产品。不仅不能转化为产品,而且某些关键产品形似神不似的问题就不可能得到解决,制造强国的梦想也就很难实现。

(1)毛坯成形。毛坯成形主要涉及各种热加工的工艺方法,主要包括铸造、锻造、板料冲压和焊接等。根据制造业发展的需要,每种热加工的工艺方法又发展出若干种。例如铸造发展出砂型铸造、金属型铸造、精密铸造、消失模铸造等;锻造发展出自由锻、胎模锻、模锻等;板料冲压发展出普通冲压与数控冲压等;焊接发展出火焰焊、电弧焊、摩擦焊、激光焊等。所有这一切,都还在不断发展中。

(2)零件成形。迄今为止,零件成形主要有两大类方法:常规的切削加工、非常规的特种加工,也叫减材制造,以及增材制造技术。

常规的切削加工指的是采用刀具切削和磨具磨削这两种方法,其基本思路是"以刚克刚"。无论是车床、铣床、刨床、钻床、齿轮加工机床,还是数控车床(车削中心)、数控铣床(加工中心),都是采用高硬度的不同种类的刀具(车刀、铣刀、刨刀、钻头等)对工件进行切削加工,而磨床则是采用砂轮对工件进行更为精密的加工。数控机床的加工仍然属于常规加工,这是因为其先进性主要体现在加工时的控制技术,而这一点并没有改变刀具切削的加工本质。

非常规的特种加工主要指采用电火花加工、电化学加工、激光加工、超声波加工、电子束加工、离子束加工和水射流加工等新型的特种加工方法。从原理上讲,这些加工方法从根本上摆脱了刀具和磨具硬碰硬的加工方式,而转变为"以柔克刚"。这类方法有的是直接接触的加工,如激光加工、超声波加工、水射流加工等;有的在加工过程中则不与工件直接接触,如电火花成形加工。有的加工时有工具,如电加工有工具电极,超声波加工有工具杆;有的加工时根本就没有工具,如激光加工、电子束加工和离子束加工,被称为高能束流加工。这类加工方法,有不少几乎不存在宏观的机械力,因此可以完成机械切削难以加工的工件。

无论是常规的刀具切削加工、磨具的磨削加工,还是利用电、声、光等特种加工,主要是通过使工件实现材料由多到少(做减法),尺寸和形状由粗到精成形零件的过程。而增材制造技术,无论是立体光刻工艺(SL)、分层实体制造工艺(LOM)、熔融沉积制造工艺(FDM),还是选择性激光烧结工艺(SLS)等则是采用逆向思维,使材料分层累加的方法(做加法)来实现零件的制造。这种逆向思维,实现了制造领域设计思维的突破。

(3)装配与调试。在将设计者所完成的图纸都转化为合格的零件之前,就有人开始做装配的准备工作了。这是因为,作为一项产品设计,并非什么零件都要自己设计与制造,相当一部分需要的零件,甚至非常重要的零件,可以从国内外市场上采购到。以前我们知道,电机、轴承、密封件等可以从市场上买到。现在可以买到的东西则更多,有的是以功能部件的形式提供,例如计算机、工业控制器、控制软件、数控工作台等,给设计带来很大的方便。但是,作为一项创造性的设计,一定要有自己独创的技术,一定要有自己独立设计的内容,完全靠其他成熟的技术来进行集成,是很难有真正的创新创造的,更很难出现原创的技术。

等所需要的零件和部件全部配齐后,就可以开始装配了。装配有手工装配和自动化装配。自动化装配适用于例如汽车、彩电、冰箱、洗衣机和集成电路等产品。在一种新产品的试制阶段,几乎全部靠手工装配。调试是产品装配中的核心环节。调试是以装配图所规定的产品功能要求为目标所进行的技术活动。一个产品的好坏,调试甚至起着决定性的作用。

3)设计与制造的相互关联

如前所述,设计体现创新思维。因此,设计过程非常重要。它不仅决定着产品是否符合社会或市场需求,而且决定着产品能否吸引广大顾客。设计包括产品的功能设计和产品的外观设计两部分。当今的市场,不仅需要产品的各项功能符合顾客的需求,而且外观也要符合顾客的人机工程与审美需求。

无论多么好的设计,都要靠制造来实现。懂得制造工艺的设计者,会将制造的工艺原则体现在设计中,使其完成的设计相对容易制造,这样就会提高效率、减少成本,也更容易获得成功。而不懂得制造工艺的设计者,则只会从满足功能要求上下功夫,等到制造开始,才发现其设计中存在的工艺问题。更加为难的是,有的结构很难实现,甚至无法实现。我们看到很多失败的设计,并非设计原理出了什么问题,而是工艺细节或结构细节没有考虑周到。

如果从设计的角度要实现某种功能,确实需要复杂的结构或形体,那么设计者就不能迁就现有的工艺方法。高明的制造工艺人员就需要创造新的工艺方法来适应所需的结构,制造工艺创新就是在这时出现的。工艺创新经常也需要设计,这是因为工艺方法要靠工艺装备来实现。这样,工艺人员就要懂得设计,懂得设计出怎样的工艺装备才能满足制造特定的结构需要。因此,设计创新与制造工艺创新就紧密地联系在一起了。

在设计与制造工艺的发展历史上,经常出现相互促进、相互影响的情况。如果工艺技术跟不上,就可能制约创新设计思想的实现。目前,我国制造工艺技术和设计技术都取得了长足发展,但在一些关键设备领域,由于缺乏核心工艺技术,制造出来后却难以达到设计水平。因此,我们就需要掌握核心的工艺技术,这样我们国家才能成为制造强国。

总体来说,设计与制造是制造业发展的双翼,二者彼此依赖,相互制约,相互促进。只有这两个方面同时得到协调、快速的发展,才能使我国的制造业处于国际先进水平。

0.2   机械制造业在国民经济中的地位

1. 人类文明和制造是密不可分的

人类文明离不开人类的制造活动,没有"制造",就没有人类文明。从人们能够制造和利用各种设备大规模地生产各类产品开始,或者说是自蒸汽机发明后,人们陆续发明和制造出了如纺织机器、矿山机器、发电设备、冶炼设备等各种机器与设备,并且用这些机器和设备大规模地生产出了纺织品、钢铁产品、生活用品等,人类社会的文明与进步才有了质的飞跃。时至今日,人类的一切用品无不留有现代设备制造的痕迹。机械制造业也是随着人类社会的发展对各种机器设备依赖性的不断增加而逐步形成的。

除了那些直接的生产者外,人们使用的各种消费品,如电视机、计算机、汽车、电冰箱、洗衣机等物品,都是由各种机器与设备生产出来的。对于大多数人来讲,不了解各种机器与自己所消费使用物品的技术关系是无关紧要的。但是,对于专业技术人员来说,如果不了解机械制造业与一般制造业的技术关系,不知道机械制造业在整个国民经济建设中的特殊地位和作用,不重视装备制造业的发展,则是十分危险的。

事实很明显,道理也很简单,人类就是生活在一个由我们自己设计和制造出来的人为事物世界之中,所以,无论是过去、现在还是将来,制造业都具有其他技术所不能代替的作用,只是在不同的社会时期,制造的技术或方式会有所发展和改进。因此,可以说如果没有了制造业,没有了现代化的设备制造技术,就不会有人类现代文明的进步和发展,制造业是人类文明进步的永恒基础。

2. 机械制造业是一个国家的工业基础

机械制造业是国民经济的支柱产业,是国家创造力、竞争力和综合国力的重要体现。它不仅为现代工业社会提供物质基础,为信息与知识社会提供先进装备和技术平台,也是国家安全的基础。在国民经济生产力构成中,制造技术的作用占60%以上。

工业是国民经济的主导,没有好的机械制造技术,就没有好的工业,没有巩固的国防,何谈人民的权利、国家的富强,所以,提高机械制造技术,实现国家工业化,进而实现工业、农业、科学技术和国防的现代化,是世界各国发展本国经济,改变落后面貌,建设独立的、国富民强国家的普遍道路。

机械工业作为一个生产机器设备、生产工具的工业部门,在国民经济的发展中担负着十分重要的任务,起着非常重要的作用。首先机械工业是国民经济的装备部,无论农业、重工业、轻工业、交通运输业、商业以及国防建设和科学文教卫生事业的发展都需要机械工业提供多样的、满足需求的装备。其次,机械工业是国民经济的改造部,一个国家要使整个国民经济建立在现代化的基础上,就需要依靠技术进步,不断地对国民经济各个部门进行技术改造,这就要求机械工业不断向国民经济各个部门提供先进的现代化技术装备,以保证国民经济技术改造的需要。第三,机械工业是国民经济的服务部,它不仅要为重工业服务,而且要为农业、轻工业和国民经济其他部门服务;不仅要为基本建设服务,而且要为现有企业的挖潜、革新、改造服务;不仅要为满足国内需要服务,而且要为扩大出口服务;不仅要为生产建设提供劳动手段,而且要为满足人民生活的需要向市场提供坚固耐用、物美价廉的消费品。

机械制造业是国家经济实力和科技水平的综合体现,是每一个大国任何时候都不能掉以轻心的关键行业,而根本的根本就是要提高本国的机械制造技术水平。

0.3 本课程的目标和学习方法

1. 本课程的目标

"机械制造技术基础"是机械设计制造及其自动化专业的一门专业基础必修课程,其课程目标是让学生系统掌握机械制造相关知识和原理,能够对机械制造过程中的关键环节进行识别和判断,能够对机械产品制造过程中的复杂工程问题提出解决方案,具备制定零件机械加工工艺规程的能力,掌握分析和提高机械加工精度以及表面质量的方法。

通过本课程的学习,学生应获得以下四个方面的知识和能力。

(1)使用金属切削基本原理解释金属切削过程中诸多现象及其变化规律;能举例说明金属切削刀具的结构、工作原理和工艺特点,并结合生产实际选择和使用刀具;能合理选择金属切削条件,具备初步解决具体工艺问题的能力。

(2)能根据机床传动原理图分析机床运动和工作原理,掌握数控机床的组成和工作原理,描述常见机床的工艺范围,具备正确选用加工方法和金属切削机床的能力。

(3)使用机械加工工艺的基本知识选择加工方法与机床、刀具及加工参数,计算工序尺寸及定位误差,设计定位方案,初步具备合理制订典型零件机械加工工艺规程、设计中等复杂零件夹具的初步能力。

(4)能解释机械加工精度和表面质量的基本理论和基础知识,计算加工误差的大小,具有分析、解决现场生产过程中的质量、生产效率、经济性问题的能力。

2. 本课程的学习方法

针对本课程的性质在学习方法上应注意以下几点。

1)综合性

机械制造是一门综合性很强的技术,它要用到多种学科的理论和方法,包括物理学、化学的基本原理,数学、力学的基本方法,以及机械设计、材料科学、电子学、控制论、管理科学等多方面的知识。而现代机械制造技术则有赖于计算机技术、信息技术和其他先进技术的发展,反过来机械制造技术的发展又极大地促进了这些先进技术的发展。

针对机械制造技术综合性强的特点,在学习本课程时,要特别注意紧密联系和综合应用以往所学过的知识,注意应用多种学科的理论和方法来解决机械制造过程中的实际问题。

2)实践性

机械制造技术本身是机械制造生产实践的总结,因此具有极强的实践性。机械制造技术是一门工程技术,它所采用的基本方法是"综合"。机械制造技术要求对生产实践活动不断地进行综合,并将实际经验条理化和系统化,使其逐步上升为理论;同时又要及时地将其应用于生产实践之中,用生产实践检验其正确性和可行性;并用经过检验的理论和方法对生产实践活动进行指导和约束。

针对机械制造技术基础实践性强的特点,在学习本课程时,要特别注意理论紧密联系生产实践。除了参考大量的书籍之外,更加重要的是必须重视实践环节,即通过实验、实习、设计及工厂调研来更好地体会、加深理解。加强感性知识与理性知识的紧密结合,是学习本课程的最好方法。一方面,我们应看到生产实践中蕴藏着极为丰富的知识和经验,其中有很多知识和经验是书本中找不到的。对于这些知识和经验,我们不仅要虚心学习,更要注意总结和提高,使之上升到理论的高度。另一方面,我们在生产实践中还会看到一些与技术发展不同步、不协调的情况,需要不断加以改进和完善,即使是技术先进的生产企业也是如此。这就要求我们要善于运用所学的知识,去分析和处理实践中的各种问题。

3)辩证性

生产活动是极其丰富的,同时又是各异的和多变的。机械制造技术总结的是机械制造生产活动中的一般规律和原理,将其应用于生产实际要充分考虑企业的具体状况,如生产规模的大小,技术力量的强弱,设备、资金、人员的状况,等等。生产条件的不同,所采用的生产方法和生产模式可能完全不同。而在基本相同的生产条件下,针对不同的市场需求和产品结构以及生产活动的实际情况,也可以采用不同的工艺方法和工艺路线。这充分体现了机械制造技术的辩证性。

针对机械制造的这些特点,在学习本课程时,要特别注意充分理解机械制造技术的基本概念,牢固掌握机械制造技术的基本理论和基本方法,以及这些理论和方法的综合应用。要注意向生产实际学习,积累和丰富实际知识和经验,因为这些是掌握制造技术基本理论和基本方法的前提。

机械加工的基本概念

1.1 概 述

所有机械产品都是由若干机械零部件组成的,根据设计所规定的技术要求,将若干个零件装配成部件,或将若干个零件和部件装配成机器。要获得装配所需要的机械零件,就要研究机械零件的加工方法。通过选择合适的机床、刀具和夹具,采用正确的工件装夹方式,对材料或毛坯进行加工,即生成符合设计要求,也是装配所需要的,具有一定形状、尺寸和精度的机械零件。其中,由机床、刀具、夹具和工件组成的系统称为机械加工工艺系统,简称工艺系统,其对能否加工出合格的零件起着决定性的作用。

1.1.1 工件表面的成形方法

机械零件的形状多种多样,但构成其内、外轮廓表面的不外乎几种基本形状的表面:平面、圆柱面、圆锥面以及各种成形面(如螺纹表面、渐开线齿面等)。零件上每一个表面(除了少数特殊情况的表面)都可看作是一条线(母线)沿着另一条线(导线)运动的轨迹。母线和导线统称为形成表面的发生线。如图 1.1 所示零件表面都是由母线 1 沿导线 2 运动而形成。

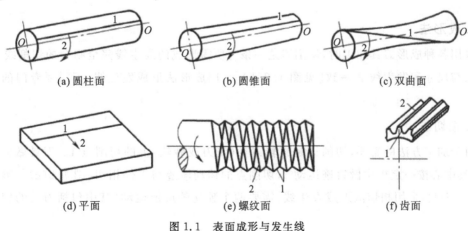

(a) 圆柱面　　　　　　(b) 圆锥面　　　　　　(c) 双曲面

(d) 平面　　　　　　(e) 螺纹面　　　　　　(f) 齿面

图 1.1 表面成形与发生线

在切削加工过程中,这两根发生线是通过刀具的主切削刃与工件毛坯的相对运动而实现的。由于加工方法和使用的刀具结构及其切削刃形状的不同,机床(加工设备)上形成发生线的方法与所需运动也不同,概括起来有以下四种。

1. 轨迹法

轨迹法[图 1.2(a)]是利用刀具做一定规律的轨迹运动 3 对工件进行加工的方法。切削刃与被加工表面为点接触(实际是在很短的一段长度上的弧线接触),因此切削刃可看作是一个点 1。为了获得所需发生线 2,切削刃必须沿着发生线做轨迹运动。因此采用轨迹法形成发生线需要一个独立的成形运动。

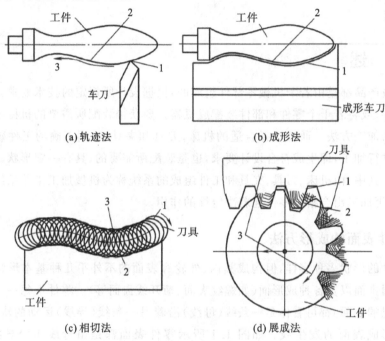

图 1.2   发生线的形成方法

2. 成形法

采用各种成形刀具加工时,切削刃是一条与所需形成的发生线完全吻合的切削线 1,它的形状与尺寸和发生线 2 一致[见图 1.2(b)]。用成形法形成发生线,不需要专门的成形运动。

3. 相切法

由于加工方法的需要,切削刃是旋转刀具(铣刀或砂轮)上的切削点 1。刀具做旋转运动,刀具中心按一定规律做轨迹运动 3,切削点的运动轨迹与工件相切[图 1.2(c)],形成发生线 2。因此,采用相切法形成发生线,需要两个独立的成形运动(其中包括刀具的旋转运动)。

4. 展成法

展成法是利用工件和刀具做展成切削运动的加工方法[图 1.2(d)]。切削刃是一条与需要形成的发生线共轭的切削线 1,它与发生线 2 不相吻合。在形成发生线的过程中,展成运动 3 使切削刃与发生线相切并逐点接触而形成与它共轭的发生线。

1.1.2　切削加工成形运动和切削用量

1. 成形运动

表面成形运动,就是形成零件表面母线及导线所需的成形运动的总和,也就是工件与刀具的相对运动。切削加工的实质是工件与刀具相对运动,获得一定形状、尺寸和精度的零件。

图 1.3 是外圆车削时的示意图。图中工件做旋转运动,车刀沿工件轴线方向做直线运动,从而形成了工件上的外圆表面,工件的旋转运动和车刀的直线运动就是外圆车削时的切削运动。

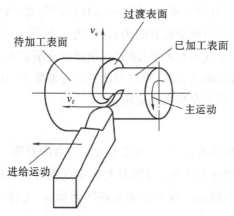

图 1.3　外圆车削的切削运动与加工表面

图 1.4 表示在牛头刨床上刨削平面的情况。刨刀做直线往复运动,工件垂直刨刀运动方向做间歇直线运动,形成了工件上的平面,刨刀的直线往复运动和工件的间歇直线运动就是刨削平面的切削运动。

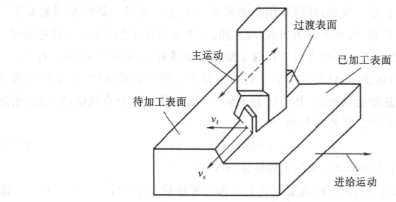

图 1.4　平面刨削的切削运动与加工表面

在其他各种切削加工中,工件和刀具同样也必须完成一定的相对运动,以形成切削运动。切削运动通常按其在切削中所起的作用分为以下两种:

(1)主运动。使工件与刀具产生相对运动以进行切削的最基本的运动称为主运动。这个运动的速度最高,消耗的功率最大。例如,外圆车削时工件的旋转运动和平面刨削时刀具的直线往复运动都是主运动。主运动的形式可以是旋转运动或直线运动,每种切削加工方法中都必须有主运动。

(2)进给运动。使切削持续进行,以便主运动能够继续切除工件上多余的金属,形成工件表面所需的运动称为进给运动。例如,外圆车削时车刀的直线运动和平面刨削时工件的间歇直线运动都是进给运动。进给运动可能不止一个,它的运动形式可以是直线运动、旋转运动或两者的组合,但无论哪种形式的进给运动,其运动速度和消耗的功率都比主运动小。

总之,任何切削加工方法都必须有一个主运动,可以有一个或几个进给运动。主运动和进给运动可以由工件或刀具分别完成,也可以由刀具单独完成(例如在钻床上钻孔或铰孔)。

切削时,工件上形成三个不断变化着的表面(见图 1.3、图 1.4)。

①已加工表面:经切削形成的新表面,随着切削进程逐渐扩大。

②待加工表面:即将被切除的表面,随着切削进程逐渐缩小,直至全部切除。

③过渡表面:刀具切削刃正在切削的表面。

2. 切削用量

所谓切削用量是指切削速度、进给量和背吃刀量三者的总称。它们分别定义如下:

(1)切削速度 v_c,它是切削加工时,切削刃上选定点相对于工件的主运动速度。切削刃上各点的切削速度可能是不同的。当主运动为旋转运动时,工件或刀具最大直径处的切削速度由下式确定:

$$v_c = \frac{\pi d n}{1000}(\text{m/s 或 m/min}) \tag{1.1}$$

式中,d 为完成主运动的工件或刀具的最大直径(mm);n 为主运动的转速(r/s 或 r/min)。

(2)进给量 f。它是工件或刀具的主运动每转一圈或每一行程时,工件和刀具两者在进给运动方向上的相对位移量。例如,外圆车削的进给量 f 是工件每转一圈时车刀相对于工件在进给运动方向上的位移量,其单位为 mm/r;又如,在牛头刨床上刨平面时,其进给量 f 是刨刀每往复一次,工件在进给运动方向上相对于刨刀的位移量,其单位为 mm/双行程。

在切削加工中,也有用进给速度 v_f 来表示进给运动的。所谓进给速度 v_f 是指切削刃上选定点相对于工件的进给运动速度,其单位为 mm/s。若进给运动为直线运动,则进给速度在切削刃上各点是相同的。在外圆车削中

$$v_f = f \cdot n(\text{mm/s}) \tag{1.2}$$

式中,f 为车刀每转进给量(mm/r);N 为工件转速(r/s)。

而对于多刃刀具,如钻头、铣刀还规定每一个刀齿的进给量 f_z,即后一个刀齿相对于前一个刀齿的进给量,单位为 mm/Z(毫米/齿)

$$f = f_z Z \tag{1.3}$$

式中，Z 为刀齿数。

(3)背吃刀量 a_p（切削深度）。刀具切削刃与工件的接触长度在同时垂直于主运动和进给运动的方向上的投影值称为背吃刀量。对外圆车削（见图 1.1）和平面刨削（见图 1.2）而言，背吃刀量 a_p 等于工件已加工表面与待加工表面间的垂直距离，其中外圆车削的背吃刀量

$$a_p = \frac{d_w - d_m}{2} \tag{1.4}$$

式中，d_w 为工件待加工表面的直径（mm）；d_m 为工件已加工表面的直径（mm）。

1.2　机械加工工艺装备

工艺系统加工零件时需要的切削运动，都是由机床提供和实现的。在加工过程中，除了要使用机床外，还需要把工件正确固定在机床上的夹具、切除工件上多余材料（余量）的刀具、检测和判断零件合格与否的量具等。机床、夹具、刀具、量具以及辅助工具，统称为工艺装备。

1.2.1　机　床

金属切削机床是机械制造业的主要加工设备，其用切削方法将金属毛坯加工成具有一定形状、尺寸和精度的机械零件。由于它是制造机器的机器，所以又称为工作母机或工具机，习惯上常简称其为机床。

1. 机床的分类

机床的品种规格繁多，为了便于区别、使用和管理，必须对机床进行分类。机床的传统分类方法，主要是按加工性质和所用的刀具进行分类。根据国家制定的机床型号编制方法，目前将机床分为 11 大类：车床(C)、铣床(X)、刨插床(B)、磨床(M)、钻床(Z)、镗床(T)、齿轮加工机床(Y)、螺纹加工机床(S)、拉床(L)、锯床(G)和其他机床(Q)。在每一类机床中，又按工艺范围、布局形式和结构，分为若干组，每一组又细分为若干系（系列）。

在上述基本分类方法的基础上，还可根据机床的其他特征进一步区分。

同类型机床按应用范围（通用性程度）又可分为通用机床、专门化机床和专用机床。

(1)通用机床　可加工多种工件、完成多种工序的使用范围较广的机床。这种机床主要适用于单件小批生产，例如卧式车床、万能升降台铣床等。

(2)专门化机床　用于加工形状相似而尺寸不同的工件的特定工序的机床。如丝杆车床、曲轴车床、凸轮轴车床等。

(3)专用机床　用于加工特定工件的特定工序的机床。如机床主轴箱的专用镗床、机床导轨的专用磨床等。各种组合机床也属于专用机床。

机床还可按重量与尺寸分为仪表机床、中型机床（一般机床）、大型机床(10～30 t)、重型机床(30～100 t)和超重型机床（大于 100 t）。

同类型机床按工作精度又可分为普通精度机床、精密机床和高精度机床。

机床还可按自动化程度分为手动、机动、半自动和自动机床。

按机床主要工作部件的数目,可分为单轴和多轴或单刀与多刀机床等。

一般情况下,机床根据加工性质分类,再按机床的某些特点加以进一步描述,如高精度万能外圆磨床、立式钻床等。

随着机床的发展,其分类方法也在不断发展。现代机床的数控化发展,使其功能日趋多样化,一台数控机床集中了越来越多的传统机床的功能。例如,数控车床在卧式车床的基础上,又集中了转塔车床、仿形车床、自动车床等多种车床的功能。车削中心出现以后,在数控车床功能的基础上,又加入了钻、铣、镗等类机床的功能。又如,具有自动换刀功能的数控镗铣床(习惯上称为"加工中心"),集中钻、铣、镗等多种类型机床的功能。有的加工中心的主轴既能立式又能卧式,即集中了立式加工中心和卧式加工中心的功能。

2. 机床的组成

机床由动力源、传动系统、工作部件、支撑件、控制系统、冷却系统、润滑系统等部分组成,如图 1.5 所示。

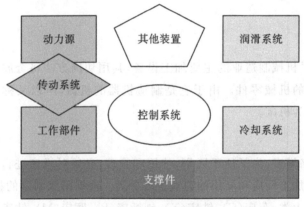

图 1.5　机床的组成

(1)动力源　为机床提供动力(功率)和运动的驱动部分,如各种交流电动机、直流电动机、伺服电机和液压传动系统的液压泵、液压马达等。

(2)传动系统　包括主传动系统、进给传动系统和其他运动的传动系统,如变速箱、进给箱等部件,有些机床主轴组件与变速箱合在一起。

(3)工作部件　与最终实现切削加工的主运动和进给运动有关的执行部件,与工件和刀具安装及调整有关的部件或装置,与上述部件或装置有关的分度、转位、定位机构和操纵机构等。

(4)支承件　用于安装和支承其他固定的或运动的部件,承受其重力和切削力,如床身、底座、立柱等。支承件是机床的基础构件,亦称机床大件或基础件。

(5)控制系统　用于控制各工作部件的正常工作,主要是电气控制系统,有些机床局部采用液压或气动控制系统。数控机床则是数控系统,它包括数控装置、主轴和进给的伺服控制系统(伺服单元)、可编程序控制器和输入输出装置等。

(6)冷却系统　用于对加工工件、刀具及机床的某些发热部位进行冷却。

(7)润滑系统　用于对机床的运动副(如轴承、导轨等)进行润滑,以减小摩擦、磨损和发热。

(8)其他装置　如排屑装置、自动测量装置等。

3. 机床的技术性能

为了能正确选择和合理使用机床,必须很好地了解机床的技术性能。机床的技术性能是有关机床加工范围、使用质量和经济性等的性能,包括工艺范围、技术规格、加工精度和表面粗糙度、生产率、效率和精度保持性等。

(1)工艺范围　机床的工艺范围是指机床适应不同生产要求的能力,即机床上完成的工序种类,能加工零件的类型、毛坯和材料种类,适用的生产规模等。根据工艺范围的宽窄,机床可分为通用、专门化和专用三类。

(2)技术规格　技术规格是反映机床尺寸大小和工作性能的各种技术数据,包括主参数和影响机床工作性能的其他各种尺寸参数,运动部件的形成范围,主轴、刀架、工作台等执行件的运动速度,电动机功率,机床的轮廓尺寸和重量等。

(3)加工精度和表面粗糙度　是指在正常工艺条件下,机床上加工的零件所能达到的尺寸、形状和相互位置精度以及所能控制的表面粗糙度。机床的加工精度和表面粗糙度在国家相关标准中都有规定。

(4)生产率　是指在单位时间内机床所能加工的合格工件数量,其直接影响到生产效率和生产成本。因此,在满足加工质量以及其他适用要求的前提下,机床的生产率应尽可能高些。

(5)机床的效率　是指消耗于切削的有效功率与电动机输出功率之比,两者的差值是各种损耗。机床效率低,不但浪费能量,而且大量损耗的功率转换为热量,引起机床热变形,影响加工精度。对于大功率机床和精加工机床,效率显得更为重要。

(6)机床精度保持性　是指机床保持其规定的加工质量的时间长短,精度保持性差的机床,在使用中由于磨损或变形等原因,会很快丧失其原始精度。因此,精度保持性是机床十分重要的技术性能指标。

1.2.2　刀　具

在金属切削过程中,刀具担负着直接切除余量和形成已加工表面的任务。刀具切削部分的材料、几何形状和刀具结构决定了刀具的切削性能,它们对刀具的使用寿命、切削效率、加工质量和加工成本影响极大,因此,应当重视刀具材料的正确选择和合理使用,重视新型刀具材料的研制和应用。

1. 刀具切削部分的组成

金属切削刀具的种类很多,各种刀具的结构尽管有的相差很大,但它们切削部分的几何形状都大致相同。普通外圆车刀是最基本、最典型的切削刀具,故通常以外圆车刀为基础来定义刀具切削部分的组成和刀具的几何参数。如图 1.6 所示,车刀由刀头、刀体两部分组成。刀头用于切削,刀柄用于装夹。刀具切削部分由三个面、两条切削刃和一个刀尖组成。

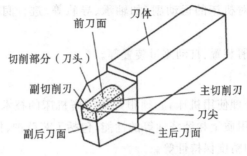

图 1.6　车刀切削部分的构成

(1)前刀面(A_γ)　切削过程中切屑流出经过的刀具表面。

(2)后刀面(A_a)　切削过程中与工件过渡表面相对的刀具表面。

(3)副后刀面(A_a')　切削过程中与工件已加工表面相对的刀具表面。

(4)主切削刃(s)　前刀面与主后刀面的交线。它担负主要的切削工作。

(5)副切削刃(s')　前刀面与副后刀面的交线。它配合主切削刃完成切削工作。

(6)刀尖　主切削刃与副切削刃汇交的一小段切削刃。为了改善刀尖的切削性能,常将刀尖磨成直线或圆弧形过渡刃。

2. 刀具的标注角度

以车刀为例来说明刀具的标注角度。

用于定义和规定刀具角度的各基准坐标平面称为参考系。参考系有两类

①刀具标注角度参考系或静止参考系:刀具设计、刃磨和测量的基准,用此定义的刀具角度称刀具标注角度;

②刀具工作参考系:确定刀具切削工作时角度的基准,用此定义的刀具角度称刀具工作角度。

为了便于测量车刀,在建立刀具静止参考系时,特作如下假设:

①不考虑进给运动的影响,即 $f = 0$;

②安装车刀时,刀体底面水平放置,且刀体与进给方向垂直;刀尖与工件回转中心等高。

由此可见,静止参考系是在简化了切削运动和设立标准刀具位置的条件下建立的参考系。

1)正交平面参考系及其标注角度

正交平面参考系由三个平面组成:基面 P_r、切削平面 P_s 和正交平面 P_o;组成一个空间直角坐标系,如图 1.7 所示。

(1)基面 P_r　指过主切削刃选定点,并垂直于该点切削速度方向的平面。车刀的基面可理解为平行于刀具底面的平面。

(2)切削平面 P_s　指过主切削刃选定点,与主切削刃相切,并垂直于该点基面的平面。

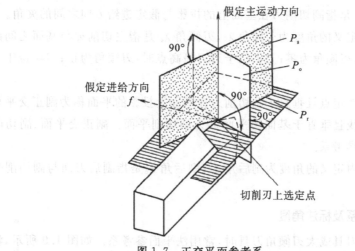

图 1.7 正交平面参考系

(3)正交平面 P_o。 指过主切削刃选定点,同时垂直于基面与切削平面的平面。

正交平面参考系标注角度如图 1.8 所示,在正交平面内定义的角度有

(1)前角 γ_o。 是指前刀面与基面之间的夹角。前刀面与基面平行时前角为零;刀尖位于前刀面最高点时,前角为正;刀尖位于前刀面最低点时,前角为负。

(2)后角 α_o。 是指后刀面与切削平面之间的夹角。刀尖位于后刀面最前点时,后角为正;刀尖位于后刀面最后点时,后角为负。

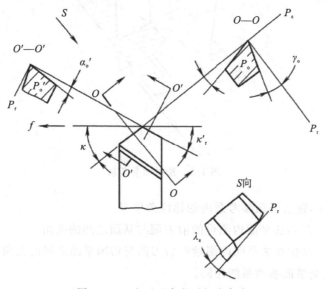

图 1.8 正交平面参考系标注角度

在基面内定义的角度有

(1)主偏角 κ_r。 是指主切削刃在基面上的投影与假定进给方向之间的夹角。主偏角一般为 $0°\sim90°$。

(2)负偏角 κ_r' 是指副切削刃在基面上的投影与假定进给方向之间的夹角。

在切削平面内定义的角度为刃倾角 λ_s，刃倾角 λ_s 是指主切削刃与基面之间的夹角。切削刃与基面平行时，刃倾角为零；刀尖位于刀刃最高点时，刃倾角为正；刀尖位于刀刃最低点时，刃倾角为负。

过副切削刃上选定点且垂直于副切削刃在基面上投影的平面称为副正交平面。过副切削刃上选定点的切线且垂直于基面的平面称为副切削平面。副正交平面、副切削平面与基面组成副正交平面参考系。

在副正交平面内定义的角度为副后角 α_o'，副后角 α_o' 是指副后刀面与副切削平面之间的夹角。

2)法平面参考系及标注角度

在标注可转位刀具或大刃倾角刀具时，常用法平面参考系。如图 1.9 所示，法平面参考系由 P_r、P_s、P_n（法平面）三个平面组成。法平面 P_n 是过主切削刃某选定点，并垂直于切削刃的平面。

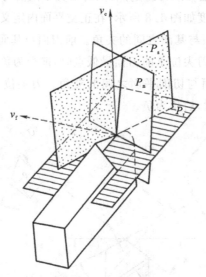

图 1.9   法平面参考系

如图 1.10 所示，在法平面参考系内的标注角度有

(1)法前角 γ_n 是指法平面内测量的前刀面与基面之间的夹角。

(2)法后角 α_n 是指在法平面内测量的后刀面与切削平面之间的夹角。

其余角度与正交平面参考系的相同。

法前角、法后角与前角、后角可由下列公式进行换算：

$$\tan\gamma_n = \tan\gamma_o \cos\lambda_s \tag{1.5}$$

$$\cot\alpha_n = \cot\alpha_o \cos\lambda_s \tag{1.6}$$

3)假定工作平面参考系和背平面参考系及标注角度

如图 1.11 所示，假定工作平面参考系由 P_r、P_f、P_p 三个平面组成。

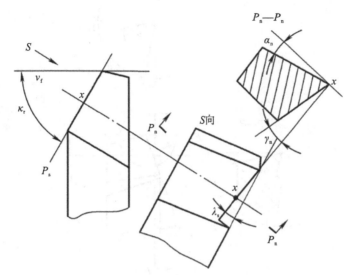

图 1.10　法平面参考系标注角度

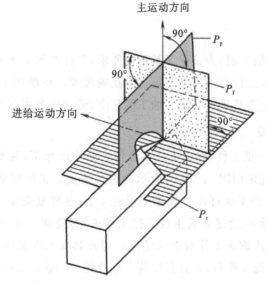

图 1.11　假定工作平面参考系

(1)假定工作平面 P_f　过切削刃上选定点平行于进给方向并垂直于基面 P_r 的平面。

(2)背平面 P_p　过切削刃上选定点同时垂直于基面 P_r 和假定工作平面 P_f 的平面。

刀具在背平面和假定工作平面参考系中的角度除基面上表示的角度与上面相同外,前角、后角和楔角是分别在背平面 P_p 和假定工作平面 P_f 内标出的,故存在背前角 γ_p、背后角 α_p、背楔角 β_p 和侧前角 γ_f、侧后角 α_f、侧楔角 β_f 诸角度,如图 1.12 所示。

前角、后角、楔角定义同前,只不过背前角 γ_p、背后角 α_p、背楔角 β_p 在背平面 P_p 内;侧前角 γ_f、侧后角 α_f、侧楔角 β_f 在假定工作平面 P_f 内。

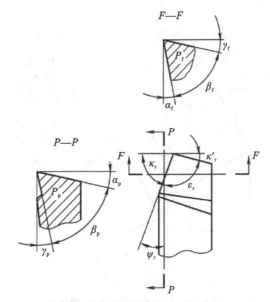

图 1.12　外圆车刀在背平面和假定工作平面参考系的角

1.2.3　机床夹具

工件在机床上进行加工时,为了保证其精度要求,工件的加工表面与刀具之间必须保持正确的位置关系。因此,工件必须借助夹具占有正确位置。在现代生产中,机床夹具是一种不可缺少的工艺装备,它直接影响着工件加工的精度、劳动生产率和产品的制造成本等。

1.夹具的工作原理

图 1.13(a)所示的一批工件,除槽子外其余各表面均已加工,现要求在立式铣床上铣出图示加工要求的槽子,现采用图 1.13(b)所示的夹具装夹。工件以底面、侧面和端面点位,分别支承在支承板 2、C 型支承钉 3 和 A 型支承钉 4 上,这样就确定了工件在夹具中的正确位置,然后旋紧夹紧螺母 8,通过夹紧压板 7 把工件夹紧,完成了工件的装夹过程。图 1.14表示铣槽夹具安装在立式铣床工作台上的情况。当夹具安装在铣床工作台上后,通过铣槽夹具保证工件与工作台面 1 平行,夹具利用两个定位键 2 与铣床工作台的 T 型槽配合,保证夹具与铣床纵向进给方向平行。夹具上装有对刀块 5,利用对刀塞尺 9 塞入对刀块工作面与立铣刀 4 的切削刃之间来确定铣刀相对对刀块的正确位置,也就保证了立铣刀 4 与工件被加工面之间的正确位置。加工一批工件时,只要在允许的刀具尺寸磨损限度内,都不必调整刀具位置。无需进行试切,直接保证加工尺寸要求。这就是用夹具装夹工件时,采用调整法达到尺寸精度的工作原理。

从以上铣槽夹具实例中,可归纳出夹具工作原理的要点如下:

(1)使工件在夹具中占有准确的加工位置。这是通过工件各定位表面与夹具的相应定位元件的定位工作面接触、配合或对准来实现的。

(2)夹具对于机床应先保证有准确的相对位置,而夹具结构又保证定位元件的定位工作面对夹具与机床相连接的表面之间的相对准确位置,这就保证了夹具定位工作面相对机床切削运动形成表面的准确几何位置,也就达到了工件加工面对定位基准的相互位置精度要求。

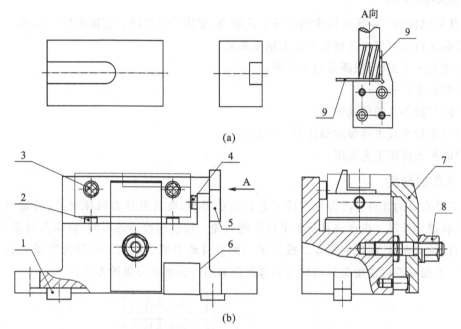

1—定位键;2—支承板;3—C 型支承钉;4—A 型支承钉;

5—对刀块;6—夹具体;7—夹紧压板;8—夹紧螺母;9—塞尺。

图 1.13　铣槽工序用的铣床夹具

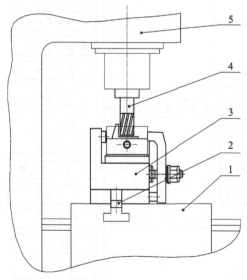

1—铣床工作台;2—夹具的定位键;3—铣槽夹具;4—立铣刀;5—铣床床身。

图 1.14　铣槽夹具在铣床上的安装示意图

（3）使刀具相对有关的定位元件的定位工作面调整到准确位置,这就保证了刀具在工件上加工出的表面对工件定位基准的位置尺寸。

2. 夹具的作用

夹具是机械加工中不可缺少的一种工艺装备,应用十分广泛。它能起以下作用:

（1）保证稳定可靠地达到各项加工精度要求;

（2）缩短加工工时,提高劳动生产率;

（3）降低生产成本;

（4）减轻操作者的劳动强度;

（5）可由较低技术等级的操作者进行加工;

（6）能扩大机床工艺范围。

3. 夹具的分类

如下是夹具的几种分类方法。按工艺过程的不同,夹具可分为机床夹具、检验夹具、装配夹具、焊接夹具等。机床夹具是本书讨论的对象。按机床种类的不同,机床夹具又可分为车床夹具、铣床夹具、钻床夹具等。按所采用的夹具动力源的不同又可分为手动夹具、气动夹具等。下面着重讨论按夹具结构与零部件的通用性程度来分类的方法。

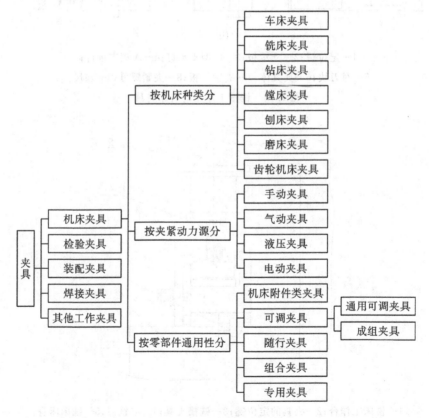

三爪卡盘、四爪卡盘、机用虎钳、电磁工作台这一类已属于机床附件的夹具,其结构的通

用化程度高,可适用于多种类型不同尺寸工件的装夹,又能适应在各种不同机床上使用。由于它们已有专门的机床附件厂生产供应,因此在本书中不再进行介绍。

通用可调夹具和成组夹具统称可调夹具。它们的机构通用性好,只要对某个可调夹具上的某些零部件进行更换和调整,便可适应多种相似零件的同种工序的使用。

随行夹具是自动或半自动生产线上使用的夹具。虽然它只适用于某一种工件,但毛坯装上随行夹具后,可从生产线开始一直到生产线终端在各位置上进行各种不同工序的加工。根据这一点,它的结构也具有适用于各种不同工序加工的通用性。

组合夹具的零部件具有高度的通用性,可用来组装成各种不同的夹具。但一经组装成一个夹具以后,其结构是专用的,只适用于某个工件的某道工序的加工。目前,组合夹具也向着结构通用化方向发展。

上面介绍的夹具是专为某个工件的某道工序设计的,称为专用夹具。它的结构和零部件都没有通用性。专用夹具需专门设计、制造,夹具生产周期长。若产品改型,原有专用夹具就要被废置,因此难以适应当前机械制造工业向柔性生产发展的方向。

4. 夹具的组成

由图 1.13 铣床夹具可归纳出机床夹具的主要组成部分有

(1)定位元件　支承板 2,支承钉 3 和 4,都是定位元件。它们以定位工作面与工件的定位基面相接触、配合或对准,使工件在夹具中占有准确位置,起到定位作用。

(2)夹紧装置　压板 7 和夹紧螺母 8 等组成的螺钉压板部件,都是施力于工件,克服切削力等外力作用,使工件保持在正确的定位位置上的夹紧装置或夹紧件。

(3)对刀导引元件　对刀块 5,根据它来调整铣刀相对夹具的位置。

(4)连接元件和连接表面　定位键 1 与铣床工作台的 T 形槽相配合决定夹具在机床上的相对位置,它就是连接元件。

(5)夹具体　它是夹具的基础元件,夹具上其他各元件都分别装配在夹具体上形成一个夹具的整体,如图 1.13 中的夹具体 6。

1.2.4　量具及辅具

机械制造中,用来测量工件几何量(长度、角度、形位误差、表面粗糙度等)的各种器具称为计量器具,它主要是指量具量仪。

量具量仪在保证产品质量中起着十分重要的作用,产品质量狭义地讲是指产品对规定的质量标准和技术条件的符合程度。它是以检验其是否符合技术条件、符合图样、符合质量标准以及符合的程度为基础来进行评价的。为了保证产品质量,企业对产品的原材料、毛坯、半成品、成品及外购件、外协件等应进行全面的检验。对外购的工具、夹具、量具、刃具、模具、仪器和设备等必须做入厂验收检验。由于检验工作离不开量具量仪,故合理地选择或正确地设计计量器具是保证产品质量的重要环节。本书重点讲述工件加工过程中测量检验用的量具量仪。

1. 测量方法分类

测量方法一般地说是指测量方式、测量条件和计量器具的综合,在实际工作中,往往仅指获得测量值的方式。测量方法的分类如下。

按获得测量结果的方法不同分为直接测量和间接测量。

(1)直接测量　直接由计量器具上得到被测量的测量值,如用游标卡尺测量轴径。

(2)间接测量　通过直接测量与被测尺寸有已知关系的其他尺寸,再通过计算而得到被测尺寸的测量方法,常用于直接测量不易测准,或由于被测件结构限制而无法进行直接测量的场合。

按计量器具示值(或读数)所反映被测尺寸的不同方式分为绝对测量和相对测量。

(1)绝对测量　又称全值法,由计量器具的读数装置可以直接得到被测量的整个量值。

(2)相对测量　又称比较测量,由计量器具的读数装置只能得到被测尺寸相对标准量的偏差值的测量。如在测微仪上用量块对零后,测量零件尺寸相对量块尺寸的偏差。

按测量时加工过程作用分为被动测量和主动测量。

(1)被动测量　又称消极测量,是对加工后的零件进行的测量,并按测量结果挑出废品。

(2)主动测量　又称积极测量,是在加工过程中测量零件的参数变化,并利用这种变化控制调整机床和刀具,以使加工的参数(如尺寸)合格,防止废品产生。

测量方法还可按同时测量的参数的多少分为单项测量和综合测量,按测量时是否有机械测量力分为接触测量和非接触测量,按被测工件在测量过程所处的状态分为静态测量和动态测量,按实施测量的主体又可分为自动测量和非自动测量,等等。

2. 量具量仪分类

量具量仪按用途不同分为

(1)标准量具　指测量时体现标准量的量具,其中只体现某一固定量的称为定值标准量具,如基准米尺、量块、直角尺等;能体现某一范围内多种量值的标为变值标准量具,如线纹尺、多面棱体等。

(2)通用量具量仪　指通用性较大,可用来测量某一范围内的各种尺寸(或其他几何量),并能获得具体读数值的计量器具,如游标卡尺、指示表、测长仪、工具显微镜、三坐标测量机等。

(3)专用量具量仪　指专门用来测量某个或某种特定几何量的计量器具,如圆度仪、齿距检查仪、丝杠检查仪、量规等。

量具量仪按原始信号转换原理不同分为

(1)机械式量具量仪　用机械方法来实现原始信号转换的计量器具,如微动螺旋副式的千分尺、杠杆比较仪、机械式万能测齿仪等。这种器具结构简单、性能稳定、使用方便。

(2)光学量仪　指用光学方法来实现原始信号转换和放大的计量器具,如光学比较仪、万能工具显微镜、投影仪等。该类仪器精度高、性能稳定,在几何量测量中占有重要地位。

(3)电动量仪　指将原始信号转换为电量来实现几何量测量的计量器具,如电感式比较仪、电动轮廓仪、圆度仪等。其特点是精度高、易于实现数据自动处理和显示,可实现计算机辅助测量和自动化。

（4）气动量仪　指以压缩空气为介质，通过气动系统的状态变化，来实现原始信号转换的计量器具，如水柱式气动量仪、浮标式气动量仪等。此类量仪结构简单、可进行远距离测量，也可对难于用其他转换原理测量的部件（如深孔部位）进行测量，但示值范围小，对不同被测参数需要不同测头。

3. 量具量仪的选择原则

量具量仪的误差在测量误差中占有较大的比例，因此，正确合理地选择量具量仪，对减小测量误差有很重要的意义，选用不当，有时还会将废品作为合格品，或将合格品误判为废品。

量具量仪的选择，主要决定于量具量仪的技术指标和经济指标，综合有以下几点

（1）根据被检验工件的数量来选择。数量小，选用通用量具量仪，数量大，选用专用量具和检验夹具（测量装置），最常用的是极限量规。

（2）根据被检验工件尺寸大小要求来选择。所选量具量仪的测量范围、示值范围、分度值等能满足要求。测量器具的测量范围能容纳工件或探头能伸入被测部位。

（3）根据工件的尺寸公差来选择。工件公差小，选精度高的量具量仪；反之，选精度低的量具量仪。一般量具量仪的极限误差占工件公差的 $1/10 \sim 1/3$，工件精度越高，量具量仪极限误差所占比例越大。

（4）根据量具量仪不确定度的允许值来选择。在生产车间选择量具量仪，主要按量具量仪的不确定度的允许值来选择。

（5）应考虑选用标准化、系列化、通用化的量具量仪，这样便于安装、使用、维修和更换。

（6）应保证测量的经济性。从测量器具成本、耐磨性、检验时间、方便性和检验人员的技术水平来考虑其测量的经济性。

4. 工装辅具

工装辅具主要有机床辅具、装配工具及机械加工自动化系统的辅助装置等。

1）机床辅具

机床辅具是指连接机床和刀具的工具，是许多机械加工不可缺少的工具。最典型的辅具是刀具回转类机床上所用的各类刀杆或连接杆。机床正是利用这些辅具方便地进行镗、铣、钻等切削加工。机床辅具的精度直接影响加工质量，而高效、灵活、高精度的机床辅具对降低生产成本，提高加工效率和精度起着重要的作用。

机床辅具按功用通常可分为三大类：其一是以车床辅具为代表的刀具非回转类辅具，多用于车床、刨床、插床等机床，结构简单，制造精度低，刀杆常与机床刀座接触，柄部多为方形，多为制造厂家自己制造，对加工精度影响小；其二是以镗、铣类机床辅具为代表的刀具回转类辅具，多用于铣床、镗床、钻床、加工中心等机床，其精度直接影响加工精度。该类辅具的结构由刀柄和刀杆组成，刀柄多为莫氏锥度或 7∶24 锥度，与机床主轴连接，刀杆用于装夹刀具。其三是数控机床辅具，如我国的 TSG82 数控工具系统，该系统主要是与数控镗铣

床配套的辅具,包括接长杆、连接刀柄、镗铣类刀柄、钻扩铰类刀柄和接杆等。

2)装配工具

装配工具是指机械制造工艺装备和机械产品在制造过程的装配阶段所使用的工具。由于装配工作涉及的领域和范围较广,故装配工具的种类也很繁多,按其所起的作用分,主要有螺纹联接工具、过盈联接工具、刮研工具、装配辅具和检测辅具,等等,也包括清洗和平衡装置。清洗和平衡也是装配工件中的两种重要方法,它们对于提高装配质量,提高工艺装备和机械产品的工作性能,延长使用寿命等都有重要意义。以清洗为例,其清洗质量与产品的质量密切相关,特别是对轴承、精密偶件以及有高速相对运动的接合面的工作尤为重要。

3)机械加工自动化系统的辅助装置

机械加工自动化系统的辅助装置主要有自动装卸料装置、工件输送系统、储料仓库系统、机械手与机器人、传送机、搬用小车(AGV)、堆垛起重机等。

1.3　工件的装夹和获得加工精度的方法

在机床上进行加工时,必须先把工件放在准确的加工位置上,并把工件固定,以确保工件在加工过程中不发生位置变化,才能保证加工出的表面达到规定的加工要求(尺寸、形状、位置精度),这个过程叫做装夹。简言之,确定工件在机床上或夹具中占有准确加工位置的过程叫定位;在工件定位后用外力将其固定,使其在加工过程中保持定位位置不变的操作叫夹紧。装夹就是定位和夹紧过程的总和。

1.3.1　工件的装夹方法

工件在机床上的装夹方法主要有两种。

1. 用找正法装夹工件

所谓找正装夹,就是以工件的有关表面或专门的人为划线为依据(基准),用划针或百(千)分表等为工具,找正工件相对于机床(或刀具)的位置,即实现要求的定位,然后把工件夹紧。其中以工件的有关表面为依据找正称为直接找正,以工件上的人为划线为依据找正称为划线找正。

直接找正装夹效率很低,对操作工人技术水平要求高,但如用精密量具细心找正,可以获得很高的定位精度(0.010~0.005 mm)。这种方法多用于单件小批生产。与直接找正装夹方法相比,划线找正方法增加了技术水平要求高且费工费时的划线工作,生产效率更低。由于所划线条自身就有一定宽度,故其找正误差大(0.2~0.5 mm)。这种方法多用于单件小批生产中难以用直接找正方法装夹的、形状较为复杂的铸件或锻件。

2. 用夹具装夹工件

所谓夹具装夹,就是使用专用夹具,利用夹具上的定位元件与工件的对应表面(定位面)相接触,使工件相对于机床(或刀具)获得正确位置,并用夹具上的夹紧装置把工件夹紧,如

图 1.14 所示。

使用夹具装夹,易于保证加工精度,缩短装夹时间,提高生产率,减轻工人的劳动强度和降低对工人技术水平的要求。成批生产和大量生产中广泛采用夹具装夹。

1.3.2 工件获得加工精度的方法

零件表面的几何参数包括尺寸、形状、位置,机械加工的最终目的和目标就是获得几何参数满足设计精度要求的零件表面。

1. 获得尺寸精度的方法

(1)试切法 加工时先在工件上试切小部分表面,而后测量受控的几何尺寸,根据测量结果与要求尺寸的差值,调整刀具与工件的相对位置,然后再进行试切、测量、调整,直至达到规定的尺寸精度,最后正式切削出整个表面。试切法的生产率低,对操作者的技术水平要求较高,多用于单件、小批生产或高精度零件的加工。

(2)调整法 按试切好的工件、或标准样件、或对刀装置等,调整刀具相对于工件加工表面的位置,并在一批工件的加工过程中保持这一位置,从而获得加工表面所要求的尺寸精度。调整法的生产率高,加工精度稳定,广泛用于成批、大量生产。

(3)定尺寸刀具法 用刀具的相关尺寸来保证工件加工表面受控尺寸的方法,如铰孔、拉孔和攻螺纹等。这种方法的加工精度主要决定于刀具的制造、刃磨质量和切削用量。其优点是生产率较高,加工精度稳定、可靠,但刀具制造较复杂,常用于孔、螺纹和成形表面的加工。

(4)自动控制法 用尺寸测量装置、进给机构和控制系统构成刀具位置自动控制系统,将受控尺寸作为被控量,设计要求尺寸为目标,自动获得加工表面所要求的尺寸精度。这种方法的加工精度主要决定于位置自动控制系统的特性和参数(主要是尺寸测量精度和进给伺服驱动特性)。其优点是生产率高,加工精度高,但装备复杂、投入大、维护量大,适用于成批、大量生产。

工件表面的尺寸主要取决于两条发生线特征参数。试切法和调整法中,调整刀具相对于工件加工表面的位置,本质上是调整发生线特征参数;自动控制法是在切削过程中动态调整发生线特征参数,最终达到预定值;定尺寸刀具法中,刀具的相关尺寸就是发生线特征参数。

2. 获得形状精度的方法

(1)轨迹法 使刀具相对于工件按一定规律(取决于加工表面)运动(表面成形运动),从而加工出要求形状的表面,其形状精度主要取决于刀具运动的精度。刀具运动由机床提供,对机床相应的运动有精度要求。

(2)成形法 刀具切削刃的形状与工件加工表面要求的形状相吻合(两者有对应关系),从而加工出要求形状的表面,其形状精度主要取决于刀具切削刃的形状精度。以一定形状的切削刃代替一定规律的刀具运动,使机床省略了该项运动,简化了机床结构。但刀具结构变得复杂,并需专门设计、制造,制造难度和成本加大。

(3)相切法 利用刀具边旋转边做轨迹运动对工件进行加工的方法。工件的形状精度取决于刀具的旋转运动精度和刀具中心的运动精度,即机床的精度。

(4)展成法 利用刀具和工件做展成切削运动,切削刃的包络面形成加工表面。其形状精度,主要取决于展成运动的传动精度、刀具切削刃的形状和位置精度。展成运动由机床提供,对机床展成运动链的传动精度有较高要求。使用的刀具结构复杂、精度要求高、制造难度较大、成本较高。

工件表面形状主要取决于两条发生线的线型,有时也与两条发生线相互位置有关。轨迹法的发生线线型由刀具相对于工件运动轨迹决定;成形法的发生线线型由刀具切削刃的形状决定;展成法的发生线线型是刀具切削刃相对工件作展成运动形成的,因此不仅取决于刀具切削刃的形状,还取决于展成运动规律。

3. 获得位置精度的方法

工件表面的相互位置涉及至少两个表面(或几何要素),因此与各个表面形成时位置的相互制约有关。

(1)一次装夹获得法 在一次装夹中,完成零件上有位置要求的两个(或多个)表面的加工,表面的相互位置取决于每个表面的形成过程和表面的加工转换过程,特别是转换过程。

在表面的形成过程中,位置精度主要取决于机床有关运动部件的运动精度和相互位置精度。

表面的加工转换常见两种方式。

①由机床相关运动部件的运动实现转换,位置精度取决于运动部件定位精度。定位方法一般三种。一是按机床标尺(如手轮刻线,行程刻线)或使用测量装置人为定位;按机床标尺定位精度低,不高于 0.1 mm;使用测量装置定位精度取决于位置测量精度,可以达到很高,但效率很低。二是用行程开关或挡铁定位,挡块配合行程开关定位精度不高,0.1 mm 左右;死挡铁定位精度较高,可达 0.01 mm 左右。三是数控装置定位,如采用数控机床,定位精度高,一般可达 0.01 mm,高的可达 0.1 μm。

②由分度工作台或带转位机构的夹具转位实现转换,位置精度取决于工作台或夹具的转位精度。

(2)多次装夹获得法 零件上有位置要求的两个(或多个)表面是在不同的装夹中加工完成的,一个表面的位置除取决于自身形成过程,还取决于该表面加工装夹的定位情况,后者是决定性的。定位确定了加工表面与定位面之间的位置。若表面的位置要求的基准就是该定位面,位置精度就是定位精度。若表面的位置要求的基准不是该定位面,位置精度就是定位精度和基准相对该定位面位置精度的综合。

1.4 机械加工工艺过程

1.4.1 生产过程和工艺过程

1. 生产过程

任何一个产品都经历了从自然资源到最终成品演变的完整生产过程。由于生产的分工,产品的完整生产过程被划分为若干个生产过程。这种生产上的分工,促使生产专业化、标准化、通用化、系列化,有利于生产组织管理、保证产品质量、提高生产率、降低成本。生产上的分工呈现越来越细化的趋势。鉴于此,绝大多数情况研究的是经过生产分工划分后的生产过程,是指将原材料或半成品转变为成品的有关劳动过程的总和。

机械制造企业的原材料或半成品是其他企业生产的成品,如轧钢厂生产的型钢;铸造厂生产的毛坯;化工企业生产的工程塑料;其他企业生产的标准件、半成品等。机械制造企业的生产过程一般包括:原材料和外购件的采购和保管,生产准备,毛坯制造,零件机械加工和热处理,产品装配、调试、检验、包装、运输等。

目前,机械制造企业普遍将主要生产过程按工艺特征分为若干车间生产过程,如铸造、机械加工、热处理、装配等车间生产过程。一个车间的产品可能是另一个车间的原材料或半成品,铸造车间生产的铸件就是机械加工车间的毛坯。

机械制造企业的生产属于离散型,生产的产品由许多零部件构成,且各零件的加工过程各自独立,所以整个产品的生产工艺是离散的,制成的零件通过部件装配和总装配最后成为成品。它区别于食品、造纸、化工、冶金、发电、制药等流程型生产。

2. 工艺过程

在机械制造企业的生产过程中,凡是改变原材料或半成品的尺寸、形状、物理化学性能以及相对位置关系的过程,统称为工艺过程。如零件的铸造、锻造、冲压、焊接、机械加工、热处理、表面处理(电镀、涂层),部件和产品的装配等。其他过程则称为辅助过程。如运输,保管,工艺装备的制造和修理,动力供应,产品的包装和运输等。

把工艺过程从生产过程中划分出来,只能有条件地分到一定程度。如零件切削加工前的装夹,加工中和加工后的检测等,这些工作没有直接改变加工件的尺寸、形状、物理化学性能和相对位置关系,但与切削加工过程密切相关(正确装夹是切削加工的前提,切削中检测是加工精度控制的必需,切削后检测是零件质量控制的必需和装配的前提),因此仍然把它们划归为工艺过程。

1.4.2　生产纲领与生产类型

1. 生产纲领

对产品、零件来说,企业在计划期内应当生产的数量和进度计划称为其生产纲领。计划期一般为一年,称为年生产纲领。

企业制定产品生产纲领的主要依据是产品的社会需求、产品的市场供应情况、企业生产能力和竞争能力等。

已知产品生产纲领,零件的生产纲领按下式计算

$$N = Qn(1+a\%)(1+b\%) \tag{1.7}$$

式中,N 为零件的年生产纲领,件/年;Q 为产品的年生产纲领,件/年;n 为每台产品中该零件的数量,件/台;$a\%$ 为备品率;$b\%$ 为废品率。

2. 生产类型

生产类型是指企业(或生产单位,如车间等)生产专业化程度的分类。机械制造企业的生产分为三种类型,即单件生产、成批生产和大量生产。生产类型划分的主要依据是零件的年生产纲领、大小和复杂程度。机械制造企业生产类型划分见表1.3。

表 1.3　机械制造企业生产类型的划分

生产类型		生产纲领/(件/年)		
		重型零件	中型零件	轻型零件
单件生产		小于 5	小于 20	小于 100
成批生产	小批生产	5～100	20～200	100～500
	中批生产	100～300	200～500	500～5000
	大批生产	300～1000	500～5000	5000～50000
大量生产		大于 1000	大于 5000	大于 50000

(1)单件生产　产品或零件品种较多,每个品种数量很少,不重复生产,或很少重复(不定期重复)生产。如机械配件加工、专用设备制造、新产品试制等都属于单件生产。

(2)大量生产　产品或零件品种单一或较少,每个品种数量很大,每台生产设备经常重复进行某一个产品或零件的某一生产作业。如手表、自行车、摩托车、汽车、轴承等的生产。

(3)成批生产　产品或零件每个品种生产成批地进行,并且是周期性的重复。如通用机床的生产。同一产品或零件每批生产的数量称为批量,一年内,批次与批量乘积的总和即年生产纲领。根据产品的特征及批量的情况,成批生产又可分为小批生产、中批生产和大批生产。小批生产接近单件生产,大批生产接近大量生产,中批生产介于单件生产和大量生产之间。因此实际生产中,成批生产通常是指中批生产。这样,另外一种生产类型的划分也常使用,即单件小批生产、中批生产和大批大量生产。

企业的生产类型不同,其生产组织和管理、毛坯的制造、车间的布局、设备的布置、工艺过程、采用的加工设备和工艺装备、对操作人员的技术水平要求等都是不同的。鉴于机械加工工艺过程与生产类型密切相关,在制订机械加工工艺规程(安排工艺过程)时,必须先确定生产类型。各种生产类型的工艺特点见表1.4。

表 1.4　各种生产类型的工艺特点

项目	生产类型		
	单件生产	成批生产	大量生产
生产对象	品种很多,数量少,经常变换	品种较多,数量较多,周期性变换	品种较少,数量很大,固定不变
生产周期	不重复或不确定性的重复	周期重复	长时间连续生产

项目	生产类型		
	单件生产	成批生产	大量生产
毛坯制造	广泛采用木模造型铸造,自由锻造,毛坯精度低,加工余量大	部分采用金属模造型铸造、模锻等,部分采用木模造型铸造,自由锻造,毛坯精度中等	广泛采用金属模机器造型铸造、模锻等,毛坯精度高,加工余量小
机床设备	广泛采用通用机床,关键件和关键工艺采用数控机床或加工中心	通用机床及部分专用机床,部分采用数控机床、加工中心、柔性制造单元、柔性制造系统	较多地采用专用机床、自动机床及自动线
机床布置	按机群式布置	按零件类别分工段排列	按流水线排列
工艺装备	广泛采用通用夹具、量具和刀具	广泛采用夹具,广泛采用通用刀具、万能量具,部分采用专用刀具、专用量具	广泛采用高效率夹具,高效专用量具、自动检测装置,高效专用、复合刀具
获得尺寸精度的方法	试切法	一般是在调整好的机床上加工,有时也用试切法	在调整好的机床上加工
装配方法	零件不互换,广泛采用钳工修配	多数互换,部分采用钳工修配	全部互换或分组互换
对工人技术要求	技术水平高	技术水平较高	操作工技术水平不高
生产率	低	中等	高
成本	高	中等	低
工艺文件	只编制简单工艺过程卡	比较详细	详细编制各种工艺文件

1.4.3 机械加工工艺过程的组成

为研究工艺过程,将其进行多层次的细分。一个工艺过程分为若干工序,一个工序分为若干安装或工位,一个安装或工位分为若干工步,一个工步分为若干走刀。同一个零件能够满足其自身设计要求的机械加工工艺过程可以有多种,不同的工艺过程,有不同的特色,适应不同的生产场合。

1. 工序

一个(或一组)工人,在一台机床(或一台设备、一个工作地点)对同一工件(或同时对几个工件)所连续完成的那一部分工艺过程称为工序。操作工人、使用的机床、加工工件之一发生变化,或作业不是连续的,则不为同一工序。工序是组成工艺过程的基本单元,也是制订生产计划和成本核算的基本单元。

如图1.15所示为一个传动轴的零件简图。在单件生产和大量生产两种生产类型下,其主要机械加工工艺过程分别列于表1.5和表1.6。

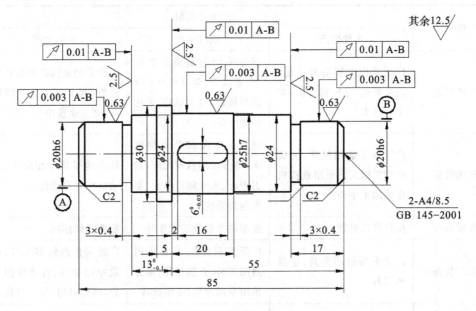

图1.15 传动轴零件简图

表1.5 单件生产传动轴的主要机械加工工艺过程

工序	安装或工位	工步	工序内容	加工设备
1	1	1	三爪卡盘夹紧左端,车右端面	通用卧式车床
		2	钻中心孔	
		3	车右侧外圆 ϕ 20h6、倒角	
		4	车右侧外圆 ϕ 24	
		5	车右侧外圆 ϕ 25h6	
		6	车右侧外圆 ϕ 30	
		7	车右侧槽	
	2	1	工件调头,三爪卡盘夹紧右端,车左端面	
		2	钻中心孔	
		3	车左侧外圆 ϕ 20h6、倒角	
		4	车左侧外圆 ϕ 24	
		5	车左侧槽	
2	1	1	平口钳安装,铣键槽	通用立式铣床
3	1	1	两端顶尖安装,粗磨右端 ϕ 20h6	通用卧式外圆磨床
		2	粗磨左端 ϕ 20h6	
		3	粗磨 ϕ 25h6	

工序	安装或工位	工步	工序内容	加工设备
4			热处理	高频淬火机
5	1	1	两端顶尖安装,精磨右端 ϕ20h6 及轴肩	通用卧式外圆磨床
		2	精磨左端 ϕ20h6 及轴肩	
		3	精磨 ϕ25h6 及轴肩	

表 1.6　大量生产传动轴的主要机械加工工艺过程

工序	安装或工位	工步	工序内容	加工设备
1	1	1	专用夹具装夹,铣两端面	专用机床
		2	钻两中心孔	
2	1	1	气动定心卡盘装夹,粗车右侧外圆 ϕ20h6、ϕ24、ϕ25h6、ϕ30	液压仿形卧式车床
3	1	1	工件调头,气动定心卡盘装夹,粗车左侧外圆 ϕ20h6、ϕ24	液压仿形卧式车床
4	1	1	气动定心卡盘装夹,精车右侧外圆 ϕ20h6、ϕ24、ϕ25h6、ϕ30	液压仿形卧式车床
5	1	1	工件调头,气动定心卡盘装夹,精车左侧外圆 ϕ20h6、ϕ24	液压仿形卧式车床
6	1	1	气动定心卡盘装夹,车两个槽	横切自动车床
7	1	1	专用夹具装夹,铣键槽	专用铣床
8	1	1	两端顶尖安装,粗磨两 ϕ20h6 及轴肩	卧式自动外圆磨床
		2	粗磨 ϕ25h6 及轴肩	
9			热处理	高频淬火机
10	1	1	两端顶尖安装,精磨两 ϕ20h6 及轴肩	卧式自动外圆磨床
		2	精磨 ϕ25h6 及轴肩	

在同一工序内所完成的工作必须是连续的,如表 1.5 第 3 道工序粗磨外圆和第 5 道工序精磨外圆,就是因为中间要进行热处理,使粗磨和精磨加工过程不连续,即便所用磨床是同一台磨床,两者也各为一个独立的工序。

2. 安装

在同一工序中,为加工工件的不同表面,可能要装夹几次。工件经一次装夹后所完成的那一部分工艺过程称为安装。

如表 1.5 第 1 道工序,经过两次装夹,才能把工件上所有外圆表面加工出来。从减小装夹误差和减少装夹工件的辅助时间考虑,应尽量减少安装次数。

3. 工位

在同一工序中,为加工工件的不同表面,同时还要避免多次装夹的缺陷,往往采用转位工作台、转位夹具来改变工件相对于机床(或刀具)的位置关系。工件相对于机床(或刀具)

每占据一个确切位置所完成的那一部分工艺过程称为工位。加工中心主轴转位实现主轴轴线的立卧转换应该视为改变了工位。多工位加工作业中每个工位可以按顺序分时进行，也可以同时进行，但这要求转位工作台要装夹多个工件（工件数等于转位位数），还要求加工设备在每个加工工位都具备主轴（或加工装置），如多主轴箱的组合机床配上回转工作台。

设置不同安装和工位的目的都是改变加工表面，只是手段和方法不同，单件和小批生产采用多次安装，大批生产和大量生产采用多工位。但安装比工位的范畴大，即一次安装可以包含几个工位。

4. 工步

一道工序（或一次安装，或一个工位）中，在加工表面、切削刀具和切削用量（仅指机床主轴转速和进给量）都不变的情况下所完成的那一部分工艺过程称为工步。利用自动换刀装置（如车床的回转刀架、钻床的转塔动力头、加工中心带刀库的自动换刀装置等）更换刀具应该视为改变了工步。

如表 1.5 第 1 道工序的第 1 个安装中分为 7 个工步，因为它们的加工表面改变了，使用刀具也可能不同。但在如表 1.5 第 2 道工序中，使用液压仿形车床粗车 4 个外圆表面 $\phi 20h6$、$\phi 24$、$\phi 25h6$、$\phi 30$，却没有划分 4 个工步。原因是 4 个表面的加工是由 1 个模型控制完成的，使用一把刀具，加工表面切换时，加工是连续不间断的，可以认为加工表面是由 4 个表面组合成的 1 个复杂表面，若按定义将其划分为不同的工步，不仅显得很生硬，也没有意义。对这个例子，如果使用数控车床（最适用于复杂表面的加工）代替液压仿形车床同样应该视为一个工步。

为了提高生产效率，机械加工中有时用几把刀具（或一把复合刀具）同时加工一个（或几个）表面，也被看作是一个工步，称为复合工步。如表 1.6 第 6 道工序，在一个刀架上安装两把切断刀同时加工两个槽。具备多个独立运动刀架的半自动和自动车床，多个刀架使用不同刀具同时加工，应视为一个复合工步。

为简化工艺文件，工艺上把在同一工件上依次钻若干相同直径的孔看作是一个工步。例如，在尼龙喷丝头上钻几百个直径相同的小孔，若按定义，这个钻孔工序包含有几百个工步，这样工艺文件就既繁琐又简单重复。从简化工艺文件考虑，把它们看作是一个工步。

5. 走刀

在一个工步中，如果要切掉的金属层很厚，可分为几次切削。每切削一次，就称为一次走刀。

如表 1.5 第 1 道工序的第 1 个安装的 3、4、5、6 工步的加工过程，由于加工余量较大，一般都需要多次走刀才能完成。

复习与思考题

1.1 切削加工时，零件的表面是如何形成的？发生线的成形方法有几种？各是什么？

1.2 试分析各种机床（车、铣、刨、磨、钻、镗、拉）切削运动的主运动和进给运动。

1.3 切削用量包含哪些因素，各自定义是什么？

1.4 列举外圆车刀在正交平面参考系中的主要标注角度及其定义。

1.5 已知平体外圆车刀切削部分的主要几何角度为 $\gamma_o=15°$、$\alpha_o=\alpha_o'=8°$、$k_r=45°$、$k_r'=15°$、$\lambda_s=-5°$。刀体尺寸：宽×高＝30 mm×25 mm。试绘制该刀具切削部分的工作图。

1.6 机械加工过程中，工件的装夹方法有哪些？举例说明。

1.7 测量方法有哪些？所用到的量具有哪些？

1.8 生产类型是根据什么划分的？常用的有哪几种生产类型？它们各有哪些主要工艺特征？

切削加工的理论基础

第 2 章

在工件和刀具的相对运动过程中,刀具切削刃轨迹面包围的实体和工件毛坯产生交集,该交集区域就是理论上被切削掉区域。在工件和刀具相互作用形成切屑的过程中伴随切削力、切削热、刀具磨损、工件表面应力状态及硬度发生变化等现象。研究切削过程中这些现象及其影响因素,对提高切削加工质量、提高生产效率、降低生产成本等有着重要的理论意义。

2.1 金属切削过程

2.1.1 切屑的形成

对塑性金属切削,切屑形成过程就是被切削金属层的变形过程。在显微镜下拍摄的典型低速直角自由切削(只有一条直线刀刃参加切削工作,且切削刃与切削速度方向成直角)工件侧面照片如图 2.1(a)所示,以滑移线和流线为主要特征,金属切削层变形示意图如图 2.1(b)、(c)所示。

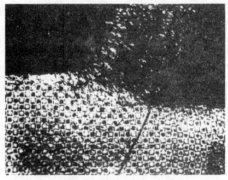

(a) 金属切削层变形照片

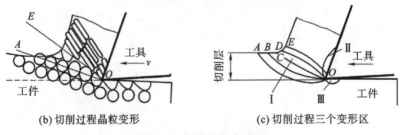

(b) 切削过程晶粒变形　　　　(c) 切削过程三个变形区

图 2.1　切削的形成过程

当刀具挤压工件时,如图 2.1(b)所示,切削层金属在始滑移面 OA 以左发生弹性变形,越靠近 OA 面,弹性变形越大。在 OA 面上,应力达到材料的屈服强度 σ_s 时,则发生塑性变形,产生滑移现象。随着刀具继续运动,原来处于始滑移面上的金属不断向刀具前刀面靠拢,应力和变形也逐渐加大。在终滑移面 OE 上,应力和变形达到最大值。越过 OE 面,切削层金属将脱离工件基体,沿着前刀面流出形成切屑,完成切离阶段。经过塑性变形的金属,其晶粒沿大致相同的方向伸长。

金属切削过程就是一种挤压过程,挤压过程中变形和摩擦将产生许多物理现象。

2.1.2　切削层的变形及其影响因素

1. 切削变形区

根据金属切削实验中切削层的变形图片,可绘制如图 2.2 所示的金属切削过程中的滑移线和流线示意图。流线即被切削金属的某一点在切削过程中流动的轨迹,可将切削刃作用部位的切削层划分为三个变形区。

如图 2.2 所示,刀尖附近工件和刀具发生复杂作用,以刀尖附近为研究区域,分区域研究如下。

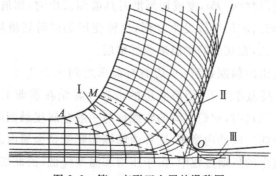

图 2.2　第一变形区金属的滑移图

1)第一变形区

从 OA 线开始发生塑性变形,到 OM 线晶粒剪切滑移基本完成。

如图 2.3 所示,当切削层中金属某点 P 向切削刃逼近,到达点 1 的位置时,若通过点 1 的等切应力曲线 OA,其剪应力达到材料的屈服强度,则点 1 在向前移动的同时,也沿 OA 滑移,其合成运动将使点 1 流动到点 2。2′-2 就是它的滑移量。随着滑移的产生,剪应力将逐渐增加,也就是当 P 点向 1、2、3、……各点移动时,它的剪应力不断增加,直到点 4 位置,此时其流动方向与刀具前刀面平行,不再沿 OM 线滑移。所以 OA 和 OM 之间的区域称为第一变形区(见图 2.2 Ⅰ 区域),OA 叫始滑移线,OM 线叫终滑移线。其变形的主要特征就是沿滑移线的剪切变形,以及随之产生的加工硬化(随着冷变形程度的增加,金属材料强度和硬度指标都有所提高,但塑性、韧性有所下降)。

在一般切削速度范围内,第一变形区宽度仅 0.02～0.2 mm,可用一个面来代替它,此面

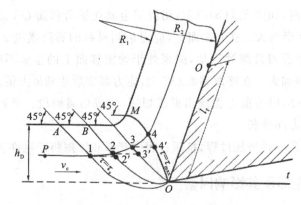

图 2.3 第一变形区金属的滑移

称为剪切面,常用 OM 来表示。

2)第二变形区

切屑沿刀具前刀面排出时,进一步受到前刀面的挤压和摩擦,使靠近前刀面处的金属纤维化,其方向基本上和前刀面相平行。这部分叫做第二变形区(见图 2.2 Ⅱ 区域)。

切削层金属经过终滑移线 OM,变成切屑沿刀具前面流出时,切屑底层仍受到刀具前面的挤压和摩擦,这就使切屑底层继续发生变形,这种变形仍以剪切滑移为主,变形的结果使切屑底层的晶粒弯曲拉长,在切屑的底层形成纤维层。

在切屑沿前刀面流出的前期过程中,切屑与前面之间压力为 2～3 GPa,温度为 400～1000 ℃,在如此高压和高温作用下,切屑底层的金属会黏结在前面上,形成黏结层,黏结层以上的金属从黏结层上流过时,它们之间的摩擦就与一般金属接触面间的外摩擦不同,形成了黏结层与其上流动金属之间的内摩擦,这种内摩擦实际就是金属内部的滑移剪切。

在切屑沿前刀面流出的后期过程中,由于压力和温度降低,因此切屑底层与前刀面之间的摩擦就成了一般金属接触面间的外摩擦。在外摩擦情况下,摩擦力仅与正压力及摩擦系数有关,而与接触面积无关;在内摩擦情况下,摩擦力与材料的流动应力特性及黏结面积有关。刀-屑接触区通常以内摩擦为主,内摩擦力约占总摩擦力的 85%。

3)第三变形区

已加工表面受到切削刃钝圆部分与刀具后面的挤压和摩擦,产生变形或回弹,造成纤维化与加工硬化。这一部分称为第三变形区(见图 2.2 Ⅲ 区域)。

三个变形区汇集在切削刃附近,刀尖处应力集中且复杂,金属切削层就在此处与工件母体材料分离。大部分变成切屑,很小一部分留在已加工表面上。

2. 表示切屑变形程度的参数

1)剪切角 φ

剪切角指剪切面与切削速度方向之间的夹角,用 φ 表示(见图 2.4)。实验证明,对于同一工件材料,用同样的刀具,同样参数的切削层,当切削速度高时,剪切角 φ 较大,剪切面积变小,切削比较省力,说明切屑变形较小。相反,当剪切角 φ 较小,则说明切屑变形较大。

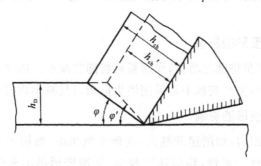

图 2.4　剪切角 φ 与剪切面面积的关系

2)切屑厚度压缩比 Λ_h

在切削过程中,刀具切下的切屑厚度 h_{ch} 通常都要大于工件上切削层的公称厚度 h_D,而切屑长度 l_{ch} 却小于切削层公称长度 l_D,如图 2.5 所示。

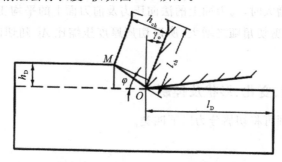

图 2.5　切屑厚度压缩比 Λ_h 的求法

切屑厚度 h_{ch} 与切削层公称厚度 h_D 之比称为切屑厚度压缩比 Λ_h;而切削层公称长度 l_D 与切屑长度 l_{ch} 之比称为切屑长度压缩比 Λ_1,即

$$\Lambda_h = \frac{h_{ch}}{h_D} \tag{2.1}$$

$$\Lambda_1 = \frac{l_D}{l_{ch}} \tag{2.2}$$

由于工件上切削层宽度与切屑平均宽度差异很小,切削前、后的体积可以看做不变,故有

$$\Lambda_h = \Lambda_1 \tag{2.3}$$

Λ_h 是一个大于 1 的数,Λ_h 值越大,表示切下的切屑厚度越大,长度越短,其变形也就越大。由于切屑厚度压缩比 Λ_h 直观地反映了切屑的变形程度,并且容易测量,故一般常用它来度量切屑的变形。

3. 影响切屑变形的几个主要因素

1)工件材料对切屑变形的影响

试验结果表明:工件材料的强度、硬度越高,切屑与前刀面的接触长度越短,导致切屑和前刀面的接触面积减小,前刀面上的平均正应力增大,前刀面与切屑间的摩擦力减小,剪切角增大,变形减小。

2)刀具前角对切屑变形的影响

增大刀具前角,剪切角将随之增大,变形系数将随之减小。因此,刀具前角越大,切屑流动阻力小,切屑变形越小,生产实践中常采用增大前角刀具减小切削力。

3)切削速度对切屑变形的影响

在一定切削速度范围内,切削速度越大,变形系数越小,则切屑变形越小。主要是因为塑性变形传播速度较弹性变形慢,切削速度越高,切削变形越不充分,导致变形系数下降。此外,提高切削速度还会使切削温度升高,切屑底层材料的剪切屈服强度因温度的升高而略有下降,导致前刀面摩擦系数减小,使变形系数下降。

4)切削层公称厚度对变形的影响

在一定切削速度范围内,切削层公称厚度越大,变形系数越小,则切屑变形越小。这是由于切削层公称厚度增大时,前刀面上的法向压力及前刀面上的平均正应力随之增大,前刀面摩擦系数随之减小,剪切角随之增大,所以切屑厚度压缩比 Λ_h 随切削层公称厚度增大而减小。

2.1.3 切屑的类型、变化、形状及控制

按照切屑形成机理可将切屑分为以下四类。

1. 带状切屑

如图 2.6(a)所示,带状切屑的外形呈带状,其内表面光滑,外表面粗糙。加工塑性金属材料如碳钢、合金钢时,当切削层公称厚度较小,切削速度较高,刀具前角较大时,一般常得到这种切屑。

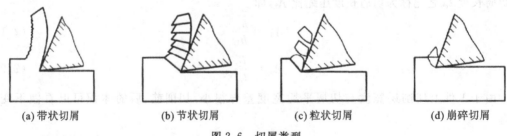

(a) 带状切屑　　　(b) 节状切屑　　　(c) 粒状切屑　　　(d) 崩碎切屑

图 2.6　切屑类型

2. 节状切屑

如图 2.6(b)所示,这类切屑的外表面呈锯齿形,内表面常有裂纹,这种切屑通常在切削速度较低,切削层公称厚度较大、刀具前角较小时产生。

3. 粒状切屑

当切屑形成时,如果整个剪切面上剪应力超过了材料的断裂强度,则整个单元被切离,

成为梯形的粒状切屑,由于各粒切屑形状类似,因此又叫单元切屑,如图 2.6(c)所示。

4.崩碎切屑

如图 2.6(d)所示,在切削脆性金属如铸铁、黄铜等时,切削层几乎不经过塑性变形就产生脆性断裂,从而使切屑呈不规则的颗粒状。

切削塑性金属时通常得到前三种切屑。形成带状切屑时,切削过程最平衡,切削力波动小,已加工表面粗糙度小。节状切屑与粒状切屑会引起较大的切削力波动,从而产生冲击和振动。生产中切削塑性金属时最常见带状切屑,有时得到节状切屑,粒状切屑则很少见。

如果改变节状切屑的形成条件:进一步增大前角,提高切削速度,减小切削层公称厚度,就有可能得到带状切屑;反之,则可能得到粒状切屑。这表明切屑形态可随切削条件而变化,据此可控制切屑形态。

在加工脆性材料形成崩碎切屑时,其切削过程不平稳,已加工表面粗糙度低。通过减小切削层公称厚度,使切屑成针状或片状;同时适当提高切削速度,以增加工件材料的塑性,达到改善切削平稳性,提高表面粗糙度的目的。

高速切削塑性金属时,如不采取适当的断屑措施,易形成带状切屑。带状切屑连绵不断,经常会缠绕在工件或刀具上,划伤工件表面或损坏切削刃,甚至会伤人,所以一般情况下应力求避免带状切屑。为了保证机床的正常运行,方便切屑输送,期望产生如图 2.7 所示的外观形状:带状屑、C 形屑、崩碎屑、宝塔状卷屑、长紧卷屑、发条状卷屑、螺卷屑。

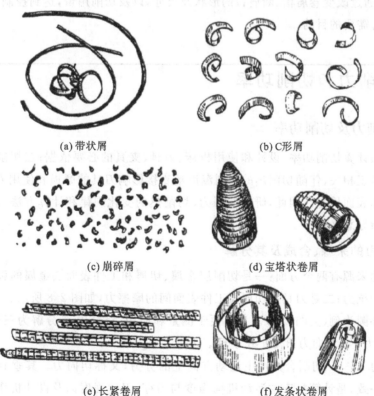

(a)带状屑	(b)C 形屑
(c)崩碎屑	(d)宝塔状卷屑
(e)长紧卷屑	(f)发条状卷屑

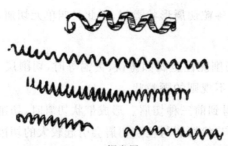

(g)螺卷屑

图 2.7 切屑的各种形状

车削一般的碳钢和合金钢工件时,采用带卷屑槽的车刀易形成 C 形屑,这是一种比较好的屑形。

长紧卷屑在普通车床上是一种比较好的屑形,但必须严格控制刀具几何参数和切削用量才能得到。

在重型机床上大切深、大进给量车削钢件时,加大车刀卷屑槽底圆弧半径,使切屑卷曲成发条状。

在自动线上,宝塔状卷屑是一种比较好的切屑形状。

车削铸铁、脆黄铜等脆性材料时,如采用波形刃脆铜卷屑车刀,可使卷屑连成螺状短卷。

因此,可通过改变卷屑槽、断屑台的形状及尺寸,以及切削用量,达到控制切屑形态满足机床正常运行需要的目的。

2.2 切削力和切削功率

2.2.1 切削力及切削功率

切削力是计算切削功率,设计和使用机床、刀具、夹具的必要依据;在切削过程中,切削力和切削热呈正相关,伴随切削热的切削温度场直接影响刀具的磨损和使用寿命,并影响工件加工精度和表面质量。因此,研究切削力、切削热的变化规律和计算方法,对生产实际有重要的理论指导意义。

1. 切削力的来源、合成及其分解

切削力的来源有两个方面:一是切削层金属、切屑和工件表面层金属的弹性变形、塑性变形所产生的抗力;二是刀具与切屑及工件表面间的摩擦力,如图 2.8 所示。

以车削外圆为例(见图 2.9)。为了便于测量和应用,将合力 F 分解为三个互相垂直的分力:主切削力 F_c、背向力 F_p、进给力 F_f。

主切削力 F_c——切削合力在主运动方向上的分力,又称切向力。其垂直于基面,与切削速度方向一致,是计算机床主运动机构强度与刀杆、刀片强度以及设计机床、选择切削用量等的主要依据。

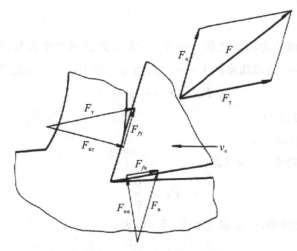

图 2.8 作用在刀具上的力

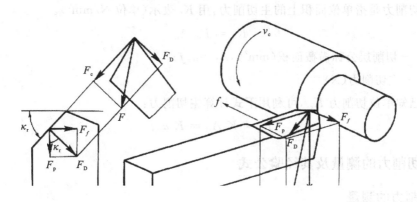

图 2.9 车削合力及分力

背向力 F_p——又称径向力。作用在基面内,与进给方向垂直,其与主切削力的合力会使工件发生弯曲变形或引起振动,进而影响工件的加工精度和表面粗糙度。因此,在工艺系统刚度不足时,应设法减小 F_p。

进给力 F_f——切削合力在进给方向上的分力,又称轴向力。其作用在进给机构上,是校验进给机构强度的主要依据。

合力与分力之间的关系:

$$F = \sqrt{F_c^2 + F_p^2 + F_f^2} \tag{2.4}$$

$$F_p = F_D\cos\kappa_r ; F_f = F_D\sin\kappa_r \tag{2.5}$$

一般情况下,F_c 最大,F_p 次之,F_f 最小。随着切削条件不同,F_p 与 F_f 对 F_c 的比值在一定范围内变动:

$$F_p = (0.15 \sim 0.7)F_c \tag{2.6}$$

$$F_f = (0.1 \sim 0.6)F_c \tag{2.7}$$

2. 切削功率

切削功率是各切削分力功率之和。由于 F_p 方向的运动速度为零,所以不做功。F_f 消耗的功率所占比例很小,为总功率的 $1\% \sim 5\%$,通常忽略不计。故切削功率 P_c(单位 kW)为

$$P_c = F_c \cdot v_c \times 10^{-3} \tag{2.8}$$

式中,F_c——主切削力(N);

$\quad v_c$——切削速度(m/s)。

机床电动机所需功率 P_E 应满足

$$P_E \geqslant \frac{P_c}{\eta_m} \tag{2.9}$$

式中,η_m——机床传动效率,一般取 $\eta_m = 0.75 \sim 0.85$。

3. 单位切削力

单位切削力是指单位面积上的主切削力,用 K_c 表示(单位 N/mm²)。

$$K_c = F_c / A_D \tag{2.10}$$

式中,A_D——切削层公称横截面积(mm²),$A_D = a_p f$;

$\quad F_c$——主切削力(N)。

如果已知单位切削力 K_c,可利用下式计算主切削力:

$$F_c = K_c A_D = K_c a_p f \tag{2.11}$$

2.2.2 切削力的测量及其经验公式

1. 切削力的测量

在切削实验和生产中,可以用测力仪测量切削力。常用测力仪是电阻式测力仪,其应变片如图 2.10 所示。图 2.11 为电阻式八角环形三向车削力测量仪,将若干电阻应变片紧贴在测力仪弹性元件不同受力位置,分别连成电桥。在切削力的作用下,电阻应变片随着弹性元件的变形而变形,使应变片的电阻值改变,破坏了电桥平衡,于是电流表中有与切削力大小相应的电流通过,经电阻应变仪放大后可得电流示数,再按此电流示数从标定曲线上读出三向切削力之值。

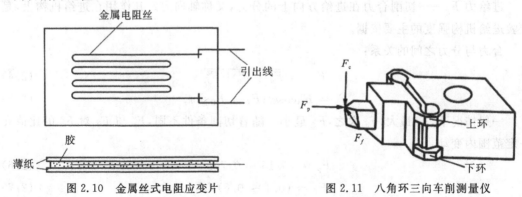

图 2.10 金属丝式电阻应变片　　　　　图 2.11 八角环三向车削测量仪

2. 切削力的经验公式

利用测力仪测出切削力,再将实验数据加以适当处理,得出计算切削力的经验公式,形式如下:

$$F_c = C_{F_c} a_p^{x_{F_c}} f^{y_{F_c}} v_c^{n_{F_c}} K_{F_c}$$
$$F_p = C_{F_p} a_p^{x_{F_p}} f^{y_{F_p}} v_c^{n_{F_p}} K_{F_p}$$
$$F_f = C_{F_f} a_p^{x_{F_f}} f^{y_{F_f}} v_c^{n_{F_f}} K_{F_f}$$

$$(2.12)$$

式中,C_{F_c}、C_{F_p}、C_{F_f} 为与工件材料及切削条件有关的系数;x_{F_c}、y_{F_c}、x_{F_p}、y_{F_p}、x_{F_f}、y_{F_f} 为指数(见表 2.1);K_{F_c}、K_{F_p}、K_{F_f} 为实际切削条件与所求得实验公式条件不符合时,各种因素对切削力的修正系数之积,各修正系数的值可查阅有关机械加工工艺手册;a_p 是背吃刀量,f 是进给量,v_c 是切削速度。

表 2.1　主切削力经验公式中的系数、指数值

加工材料	刀具材料	加工型式	公式中的系数及指数											
			切削力 F_c				背向力 F_p				进给力 F_f			
			C_{F_c}	x_{F_c}	y_{F_c}	n_{F_c}	C_{F_p}	x_{F_p}	y_{F_p}	n_{F_p}	C_{F_f}	x_{F_f}	y_{F_f}	n_{F_f}
结构钢及铸钢 $\sigma_b = 0.637$ GPa	硬质合金	外圆纵车、横车及镗孔	270	1.0	0.75	−0.15	199	0.9	0.6	−0.3	294	1.0	0.5	−0.4
		切槽及切断	367	0.72	0.8	0	142	0.73	0.67	0	—	—	—	—
		切螺纹	133	—	1.7	0.71	—	—	—	—	—	—	—	—
	高速钢	外圆纵车、横车及镗孔	180	1.0	0.75	0	94	0.9	0.75	0	54	1.2	0.65	0
		切槽及切断	222	1.0	1.0	0	—	—	—	—	—	—	—	—
		成形车削	191	1.0	0.75	0	—	—	—	—	—	—	—	—
不锈钢 1Gr18NiTi, 141HBS	硬质合金	外圆纵车、横车及镗孔	204	1.0	0.75	0	—	—	—	—	—	—	—	—
灰铸铁 190HBS	硬质合金	外圆纵车、横车及镗孔	92	1.0	0.75	0	54	0.9	0.75	0	46	1.0	0.4	0
		切螺纹	103	—	1.8	0.82	—	—	—	—	—	—	—	—
	高速钢	外圆纵车、横车及镗孔	81	1.0	0.75	0	43	0.9	0.75	0	38	1.0	0.4	0
		切槽及切断	158	1.0	1.0	0	—	—	—	—	—	—	—	—
可锻铸铁 150HBS	硬质合金	外圆纵车、横车及镗孔	81	1.0	0.75	0	43	0.9	0.75	0	38	1.0	0.4	0
	高速钢	切槽及切断	100	1.0	0.75	0	88	0.9	0.75	0	40	1.2	0.65	0

加工材料	刀具材料	加工型式	公式中的系数及指数											
			切削力 F_c				背向力 F_p				进给力 F_f			
			C_{F_c}	x_{F_c}	y_{F_c}	n_{F_c}	C_{F_p}	x_{F_p}	y_{F_p}	n_{F_p}	C_{F_f}	x_{F_f}	y_{F_f}	n_{F_f}
中等硬度不均质铜合金 120HBS	高速钢	外圆纵车、横车及镗孔	55	1.0	0.66	0	—	—	—	—	—	—	—	—
		切槽及切断	75	1.0	1.0	0	—	—	—	—	—	—	—	—
铝及铝硅合金	高速钢	外圆纵车、横车及镗孔	40	1.0	0.75	0	—	—	—	—	—	—	—	—
		切槽及切断	50	1.0	1.0	0	—	—	—	—	—	—	—	—

注:1.成形车削深度不大,廓形不复杂时,切削力减小 10%～15%;

2.切螺纹时切削力按下式计算 $F_z = \dfrac{9.81 C_{F_c} t_1 y_{F_c}}{N_0^{n_{F_c}}} N$,式中,$t_1$ 为螺距;N_0 为走刀次数。

2.2.3　影响切削力的因素

1.工件材料的影响

切削塑性材料时,工件材料的强度、硬度越高,切削力越大。切削脆性材料时,被切材料的塑性变形及它与前刀面的摩擦比较小,故其切削力相对较小。

2.切削用量的影响

(1)背吃刀量 a_p 和进给量 f　a_p 和 f 增大,都会使切削力增大,但两者的影响程度不同。a_p 增大时,变形系数 Λ_h 不变,切削力呈正比增大;f 增大时,Λ_h 有所下降,故切削力不成正比增大。在切削力的经验公式中,a_p 的指数 x_F 近似等于 1,f 的指数 y_F 小于 1。在切削层面积相同的条件下,采用大的进给量 f 比采用大的背吃刀量 a_p 的切削力小。

(2)切削速度 v_c　切削塑性材料时,随着 v_c 的增大,切削力减小;这是因为 v_c 增大时,切削温度升高,摩擦系数 μ 减小,从而使 Λ_h 减小,切削力下降。切削铸铁等脆性材料时,被切材料的塑性变形及刀具前刀面的摩擦均比较小,v_c 对切削力影响不显著。

3.刀具几何参数的影响

(1)前角 γ_o　γ_o 增大,Λ_h 减小,切削力下降。切削塑性材料时,γ_o 对切削力的影响较大;切削脆性材料时,由于切削变形很小,γ_o 对切削力的影响不显著。

(2)主偏角 κ_r　主偏角 κ_r 增大,背向力 F_p 减小,进给力 F_f 增大,改变了力的分配。

(3)刃倾角 λ_s　改变刃倾角将影响切屑在前刀面上的流动方向,从而使切削合力的方向发生变化。增大 λ_s,F_p 减小,F_f 增大。λ_s 在 $-45°～10°$ 范围内变化时,F_c 基本不变。

4.刀具磨损

后刀面磨损增大时,后刀面上的法向力和摩擦力都增大,故切削力增大。因此,在自动机床上可以采用监测切削力的方式,监测刀具磨损。

5. 切削液

使用以冷却作用为主的切削液(如水溶液)对切削力影响不大,使用润滑作用强的切削液(如切削油)可使切削力减小。

6. 刀具材料

刀具材料与工件材料间的摩擦系数影响摩擦力的大小,导致切削力变化。在其他切削力条件完全相同的条件下,从高速钢刀具、硬质合金刀具到陶瓷刀具,切削力递减。

2.3　切削热和切削温度

2.3.1　切削热及其产生

切削热是切削过程中的重要物理现象之一。切削时所消耗的能量,除了 $1\%\sim2\%$ 用以形成新表面和产生晶格扭曲等形式的势能外,有 $98\%\sim99\%$ 转化为热能。切削热使切削区温度升高,影响刀具前刀面上的摩擦系数及刀具的磨损,影响工件加工精度和已加工表面质量等。故研究切削热和切削温度也是分析工件加工质量和刀具寿命的重要内容之一。

被切削金属在刀具的作用下,发生弹性和塑性变形而耗功,这是切削热的一个重要来源。此外,切屑与前刀面、工件与后刀面之间的摩擦也要耗功,也产生出大量热量。切削时共有三大发热区域,即剪切面、切屑与前刀面接触区、后刀面与过渡表面接触区,如图 2.12 所示,三个发热区与三个变形区相对应。故切削热的来源就是切屑变形功和前、后刀面的摩擦功。

切削塑性材料时,变形和摩擦都比较大,所以发热较多。切削速度提高时,因切屑变形减小,所以塑性变形产生的热量占比降低,而摩擦产生热量的占比增高。切削脆性材料时,后刀面上摩擦产生的热量在切削热中所占的百分比增大。

对磨损量较小的刀具,后刀面与工件的摩擦较小,所以在计算切削热时,如果将后刀面与工件的摩擦功所转化的热量忽略不计,则切削时所做的功,可按下式计算:

$$P_c = F_c v_c$$

式中,P_c 为切削功率,也是每秒钟所产生的切削热,单位为 J/s。在用硬质合金车刀车削 σ_b =637 MPa 结构钢时,将切削力 F_c 经验公式代入后得

$$P_c = F_c v_c = C_{F_c} a_p f^{0.75} v_c^{0.85} K_{F_c} \tag{2.13}$$

由上式可知,在切削用量中,a_p 增加一倍时,P_c 相应地增大一倍,因而切削热也增大一倍;切削速度 v_c 的影响次之,进给量 f 的影响最小;其他因素对切削热的影响和它们对切削力的影响完全相同。

切削区域的热量被切屑、工件、刀具和周围介质传出。向周围介质直接传出的热量,在干切削(不用切削液)时,所占比例在 1% 以下,故在分析和计算时可忽略不计。

工件材料的导热性能是影响热量传导的重要因素。工件材料的导热系数越低,通过工件和切屑传导出去的切削热量越少,这就必然会使通过刀具传导出去的热量增加。例如切

削航空工业中常用的钛合金时,因为它的导热系数只有碳素钢的 $1/3\sim1/4$,切削产生的热量不易传出,切削温度因而随之增高,刀具就容易磨损。

刀具材料导热系数较高时,切削热容易从刀具方面导出,切削区域温度随之下降,这有利于刀具寿命提高。切屑与刀具接触时间的长短,也影响刀具的切削温度。外圆车削时,切屑形成后迅速脱离车刀而落入机床的容屑盘中,故切屑的热量传给刀具不多。钻削或其他半封闭式容屑切削加工,切屑形成后仍与刀具及工件相接触,切屑将所带的切削热再次传给工件和刀具,使切削温度升高。

切削热由切屑、刀具、工件及周围介质传出的比例随实际情况而变,占比范围举例如下:

(1)车削加工时,切屑带走的切削热为 $50\%\sim86\%$,车刀传出 $40\%\sim10\%$,工件传出 $9\%\sim3\%$,周围介质(如空气)传出 1%。切削速度越高或切削厚度越大,则切屑带走的热量越多。

(2)钻削加工时,切屑带走切削热 28%,刀具传出 14.5%,工件传出 52.5%,周围介质传出 5% 左右。

2.3.2　切削温度的分布

为了深入研究切削温度,还应该知道工件、切屑和刀具上各点的温度分布,这种分布称为温度场。切削温度场可用人工热电偶法或其他方法测出,也可用软件模拟。

图 2.12 是切削钢料时,实验测出的正交平面内的温度场。由此可分析归纳出一些切削温度分布的规律:

(1)剪切面上各点的温度几乎相同,说明剪切面上各点的应力应变分布规律基本相同。

(2)刀具前、后面上最高温度都不在切削刃上,而是在离切削刃有一定距离的地方。这是摩擦热沿着刀面不断累积引起的。

2.3.3　影响切削温度的主要因素

切削温度的高低是单位时间内产生的热量与耗散的热量综合影响的结果。

1. 工件材料对切削温度的影响

工件材料的硬度和强度越高,切削时消耗的能量越多,产生的切削热就越多,切削温度越高。图 2.13 是切削三种不同热处理状态 45 钢时,切削温度的变化情况,三者切削温度存在显著差异,与正火状态比较,调质状态提高 $20\%\sim25\%$,淬火状态提高 $40\%\sim45\%$。

工件材料塑性越大,切削温度越高。

脆性金属的抗拉强度和伸长率小,切削过程中变形小,切屑呈崩碎状与前刀面摩擦也小,故切削温度一般比切钢时低。

2. 切削用量对切削温度的影响

在切削用量中,切削速度 v_c 对切削温度影响最大。其原因为,随 v_c 的增大,变形热与摩擦热增多,热传导需要一定的时间,在很短的时间内,切屑底层的切削热来不及向切屑和刀具内部传导,而积聚在切屑底层,从而使切削温度显著升高。通过实验获得切削速度与切削

温度的经验公式为

$$\theta = C_{\theta v} v_c^{x_\theta}$$

(2. 14)

式中，θ 为切削温度；$C_{\theta v}$ 为系数；x_θ 为指数，见表 2.2。

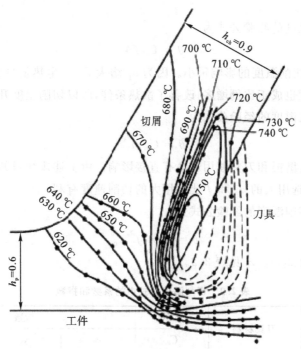

图 2.12　二维切削中的温度分布

工件材料：低碳易切钢；刀具：$\gamma_0 = 30°$，$\alpha_0 = 7°$；

切削用量：$h_0 = 0.6$ mm，$v_c = 22.86$ m/min

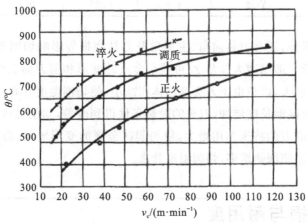

图 2.13　钢热处理状态对切削温度的影响

刀具：YT15，$\gamma_0 = 15°$；

切削用量：$a_p = 3$ mm，$f_c = 0.1$ mm/r

进给量 f 对切削温度的影响次于 v_c 对切削温度的影响。随 f 的增加,一方面金属切除率增多,切削温度升高;另一方面单位切削力和单位切削功率减小,切除单位体积金属所产生的热量减少。此外,当 f 增大后,切屑变厚,由切屑带走的热量增多,故切削温度上升不显著。

进给量与切削温度的经验公式为

$$\theta = C_{\theta f} f^{y_\theta} \tag{2.15}$$

背吃刀量 a_p 对切削温度的影响很小。因为 a_p 增大后,产生热量虽成比例增多,但因切削刃参加工作的长度也成正比例增多,改善了散热条件,所以切削温度升高的不明显。

背吃刀量与切削温度的经验公式为

$$\theta = C_{\theta a_p} a_p^{z_\theta} \tag{2.16}$$

切削温度对刀具磨损和刀具使用寿命有直接影响。由上述规律可知,为控制切削温度,提高刀具使用寿命,选用大的 a_p 和 f 比选用大的切削速度有利。

通过实验获得切削温度的经验公式为

$$\theta = C_\theta v_c^{x_\theta} f^{y_\theta} a_p^{z_\theta} \tag{2.17}$$

式中,系数 C_θ 和指数 x_θ、y_θ、z_θ 见表 2.2。

表 2.2　切削温度公式中的系数和指数

工件材料	刀具材料	系数	指数		
		C_θ	x_θ	y_θ	z_θ
45 钢	W18Cr4V	140~170	0.35~0.45	0.2~0.3	0.08~0.1
灰铸铁	W18Cr4V	120	0.5	0.22	0.04
45 钢	YT15	160~320	0.26~0.41	0.14	0.04
铝合金	YG8	429	0.25	0.1	0.019

除上述影响因素外,还有刀具前角、主偏角及刀具磨损等影响切削热的产生与耗散,即影响切削温度的高低。适当增大前角 γ。可减小金属的变形和前刀面上的摩擦,致使切削温度下降;但前角不宜过大,以免由于刀头容热体积减小,使切削温度升高。减小主偏角 κ_γ,可使主切削刃与工件的接触长度增加,刀头的散热条件得到改善,切削温度下降。刀具磨损后切削刃变钝,切削刃前方的挤压作用增大,使切削区金属的变形增加;磨损后的刀具与工件的摩擦增大,两者均使切削热增多,切削温度升高。

2.4　刀具磨损与耐用度

金属切削过程中,刀具在切除金属时其本身也逐渐被磨损。当磨损达到一定程度时,刀具便失去切削能力,刀具磨损快慢用刀具耐用度来衡量。刀具磨损过快,增加刀具消耗,影响加工质量,降低生产率,增加成本。分析刀具磨损机理对合理选择切削条件,正确使用刀具具有重要意义。

2.4.1　刀具磨损形式

刀具磨损可分为正常磨损和非正常磨损两大类。在刀具与工件或切屑接触面上,刀具材料微粒被切屑或工件带走的现象称为正常磨损。若由于冲击、振动、热效应等原因致使刀具崩刃、卷刃、断裂、表层剥落而失效称为非正常磨损或刀具的破损。

刀具的正常磨损方式一般有以下几种。

1. 前刀面磨损

在切削速度较高、切削层厚度较大的情况下加工塑性金属,切屑在前刀面上磨出一个月牙洼[见图 2.14(b)、(c)],月牙洼处是切削温度最高的地方。在磨损过程中,随着月牙洼逐渐加宽,月牙洼扩展使棱边变得很窄,切削刃强度大大减低,崩刃风险增加。月牙洼磨损量以其深度 KT 表示。

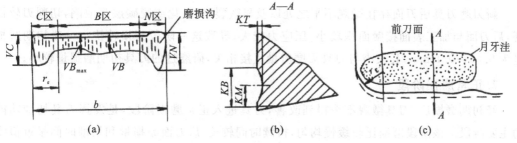

图 2.14　刀具磨损形式示意图

2. 后刀面磨损

切削脆性金属或以较小的切削层厚度($h_D < 0.1$ mm)和较低的切削速度切削塑性金属时,刀具前刀面上压力和摩擦较小,温度较低,而后刀面与工件加工表面之间却存在着强烈的摩擦,因而刀具的磨损主要发生在后刀面上。在后刀面上邻近切削刃的地方很快被磨出后角接近零的小棱面,这种磨损称后刀面磨损[见图 2.14(a)]。

由图 2.17 可见,后刀面磨损是不均匀的,在刀尖部分(C 区)由于强度和散热条件较差,磨损剧烈,其最大值用 VC 表示。在刀刃靠近工件表面处(N 区),由于毛坯硬皮或加工硬化等原因,磨损也较大,该区的磨损量用 VN 表示。在参与切削刃的中部(B 区),其磨损均匀,以平均磨损值 VB 表示。

3. 前、后刀面同时磨损

当切削塑性金属时,如果切削层厚度适中($h_D = 0.1 \sim 0.5$ mm),则经常发生这种前、后刀面同时磨损。

2.4.2　刀具磨损过程

随着切削时间增加,刀具磨损增加。根据切削实验,可得图 2.15 所示的刀具磨损过程典型曲线。该图分别以切削时间为横坐标，以后刀面磨损量 VB（或前刀面月牙洼磨损深度 KT）为纵坐标。由图可知，刀具磨损过程可分为三个阶段。

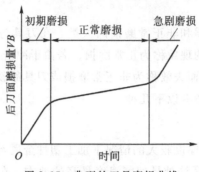

图 2.15　典型的刀具磨损曲线

1. 初期磨损阶段

新刃磨刀具后刀面存在微观不平之处以及显微裂纹、氧化或脱碳层等缺陷，切削刃较锋利，后刀面与加工表面接触面积较小，压应力较大，导致这一阶段磨损较快。一般初期磨损量为 $0.05\sim0.1$ mm，其大小与刀具刃磨质量直接相关，研磨过的刀具初期磨损量较小。

2. 正常磨损阶段

经初期磨损后，刀具微观不平得到改善，刀具进入正常磨损阶段，是发挥刀具切削功能的主要阶段。该阶段磨损比较缓慢均匀，持续时间较长，后刀面磨损量和切削时间呈近似线性关系。

3. 急剧磨损阶段

当磨损带宽度增加到一定限度后，加工表面粗糙度增大，切削力与切削温度均迅速升高，磨损速度增加很快，以致刀具损坏而失去切削能力。生产中为合理使用刀具，保证加工质量，应当避免达到急剧磨损阶段。在这个阶段到来之前，就要及时换刀或重磨切削刃。

刀具磨损到一定限度就不能继续使用，这个磨损限度称为磨钝标准。

在生产实际中，经常卸下刀具来测量磨损量会影响生产的正常进行，因而不能直接得到磨损量的大小，而是根据切削中发生的一些现象来判断刀具是否已经磨钝。粗加工时，观察加工表面是否出现亮带，切屑的颜色和形状变化，以及是否出现振动和不正常声音等。精加工时，可观察加工表面粗糙度变化以及测量加工零件的形状与尺寸精度等，发现异常现象，就要及时换刀。

在评定刀具材料切削性能和试验研究时，都以刀具表面的磨损量作为衡量刀具的磨钝标准。因为，一般刀具的后刀面都发生磨损，而且测量也比较方便。国际标准 ISO 统一规定以 $1/2$ 背吃刀量处后刀面上测定的磨损带宽度 VB 作为刀具磨钝标准（见图 2.16）。

自动化生产中用的精加工刀具，为了工件尺寸的稳定性，常以沿工件径向的刀具磨损量作为衡量刀具的磨钝标准，称为刀具径向磨损量 NB（见图 2.16）。

由于加工条件不同，所定磨钝标准也会变化。例如，精加工取较小的磨钝标准，粗加工

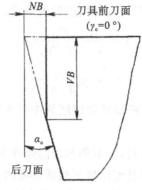

图 2.16 车刀的磨损量

取较大磨钝标准;由机床、夹具、刀具及工件组成的工艺系统刚度较低时,应该考虑在磨钝标准内是否会产生振动。此外,工件材料的可加工性,刀具制造刃磨难易程度等都是确定磨钝标准时应考虑的因素。

2.4.3 刀具耐用度

1. 刀具耐用度

刀具磨损值达到了规定的标准,则应该重磨或更换刀片。在生产实际中,为了更方便、快速、准确地判断刀具的磨损情况,一般以刀具使用时间或加工零件的数量,间接地反映刀具的磨钝标准,对刀具的一致性提出了要求,大批量自动生产中由切削试验测定。

刀具耐用度指新刃磨的刀具从开始切削一直到磨损量达到磨钝标准时的切削时间,用符号 T 表示,单位为秒(或分钟)。刀具耐用度与刀具重磨次数的乘积就是刀具寿命,即一把新刀具从开始投入使用直到报废为止的总切削时间。

2. 切削用量与刀具耐用度的关系

1)切削速度与刀具耐用度的关系

刀具耐用度与切削速度的关系是用实验方法求得的,其关系为

$$v_c = A/T^m \qquad (2.18)$$

式中,A 为系数;m 为指数。

指数 m 表示切削速度对刀具耐用度的影响程度,m 值大,切削速度对刀具使用寿命的影响小,即刀具的切削性能较好。对高速钢刀具 $m = 0.1 \sim 0.125$;对硬质合金刀具,$m = 0.1 \sim 0.4$;对陶瓷刀具,$m = 0.2 \sim 0.4$。

2)进给量、背吃刀量与刀具耐用度的关系

用实验方法可求得 f-T 和 a_p-T 的关系式为

$$f = B/T^n \qquad (2.19)$$

$$a_p = C/T^p \qquad (2.20)$$

式中,B、C 为系数;n、p 为指数。

综合上述三式,可得切削用量与刀具耐用度的关系式:

$$T = \frac{C_T}{v_c^{1/m} f^{1/n} a_p^{1/p}} \qquad (2.21)$$

$$v_c = \frac{C_v}{T^m f^{y_v} a_p^{x_v}} \qquad (2.22)$$

式中,C_T、C_v 为与工件材料、刀具材料和其他切削条件有关的参数;x_v、y_v 为指数,$x_v = m/p$,$y_v = m/n$。

对于不同的工件材料和刀具材料,在不同的切削条件下,式(2.22)中的系数和指数可在有关资料中查出。此式即为一定刀具耐用度下切削速度的预测方程。

例如,用硬质合金外圆车刀切削 $\sigma_b = 750$ MPa 的碳钢时,当 $f > 0.75$ mm/r,经验公式为

$$T = \frac{C_T}{v_c^5 f^{2.25} a_p^{0.75}} \qquad (2.23)$$

由上式可知:切削速度对 T 的影响最大,其次是进给量,背吃刀量影响最小。所以,在优选切削用量以提高生产率时,首先应尽量选大的 a_p,然后根据加工条件和加工要求选允许最大的 f,最后根据 T 选取合理的 v_c。

2.4.4　刀具耐用度的选择

确定刀具合理耐用度的方法有三种:

(1)根据单件工序时间最小的原则来确定耐用度,称为最高生产率耐用度 T_p。

(2)根据工件工序成本最低原则来确定耐用度,称为最低成本耐用度 T_c。

(3)根据单位时间内获得盈利最大来确定耐用度,称为最大利润耐用度 T_{pr}。

分析可知,这三种耐用度之间存在如下关系,即 $T_p < T_{pr} < T_c$。生产中一般多采用最低成本耐用度 T_c,只有当生产任务紧迫,或生产中出现不平衡的薄弱环节时,才选用最高生产率耐用度。

在选择刀具耐用度时,通常考虑如下因素:

(1)对于制造、刃磨比较简单,成本不高的刀具,例如车刀、钻头等,耐用度可定低些;反之,如拉刀及齿轮刀具等刃磨成本高的刀具,耐用度应选高些。

(2)对于装刀、换刀和调刀比较复杂的多刀机床、组合机床与自动化加工刀具,耐用度应取得高些。机夹可转位车刀和陶瓷刀具,其换刀时间短,耐用度可选得低些。

(3)对不满足生产节拍的关键工序,为使生产节拍平衡,该工序的耐用度应选得低一些。

(4)大件精加工时,为避免在加工同一表面中途换刀,耐用度应定得高些,至少保证一次走刀。

(5)生产线上的刀具耐用度应定为一个班或两个班,以便能在换班时换刀。

复习与思考题

2.1　切削塑性材料工件时,切削层变形区是如何划分的? 各有何特征?

2.2　切削塑性金属材料时,影响切削层变形的因素有哪些?

2.3　切屑的类型都有哪些?

2.4　外圆车削的切削力是如何测量的?切削力经验公式是什么?

2.5　影响切削力的因素都有哪些?

2.6　简述切削热的来源及切削热的传出途径。

2.7　影响切削热的因素都有哪些?

2.8　试述刀具的磨损形式及原因。

2.9　试述刀具的磨损过程及磨钝标准。

2.10　什么是刀具的耐用度?分析刀具耐用度与切削用量之间的关系。

金属切削基本条件的合理选择

第3章

在金属切削过程中,刀具担负着直接切除余量形成已加工表面的任务。刀具切削部分的材料、几何形状和刀具结构决定了刀具的切削性能,它们对刀具的使用寿命、切削效率、加工质量和加工成本影响极大,因此,应当重视刀具材料的正确选择和合理使用,重视新型刀具材料的研制和应用,重视刀具几何结构和使用工艺。

3.1 刀具材料

3.1.1 刀具材料应具备的性能

刀具在工作时,由于切削时产生的金属塑性变形以及在刀具、切屑、工件相互接触表面间产生的强烈摩擦,使刀具切削刃上产生很高的温度和受到很大的应力,在这样的条件下,为应对刀具磨损或破损,刀具材料应满足以下基本要求。

1. 高硬度

刀具材料硬度必须高于工件的硬度,以便切入工件,在常温下刀具材料硬度通常应大于 HRC60。

2. 高耐磨性

耐磨性指材料抵抗磨损的能力。一般情况下,刀具材料硬度越高,耐磨性越好。组织中硬质点(碳化物、氮化物等)的硬度越高,数量越大,颗粒越小,分布越均匀,则耐磨性越高。刀具材料耐磨性与其硬度、化学成分、强度、显微组织及切削温度相关。

3. 高耐热性

耐热性指刀具材料在高温下保持硬度、强度、耐磨性及韧性的能力,是衡量刀具材料切削性能的主要标志之一。刀具材料的高温硬度越高,则刀具的切削性能越好,允许的切削速度也越高。除高温硬度外,刀具材料还应具有在高温下抗氧化的能力以及良好抗黏结和抗扩散能力,即刀具材料应具有良好的化学稳定性;刀具的导热性要好,不会因受到大的热冲击,产生刀具内部裂纹导致刀具断裂。

4. 足够的强度和韧性

要使刀具在承受很大压力,以及在切削过程中经常出现的冲击和振动条件下工作而不产生崩刃和折断,刀具材料就必须具有足够的强度和韧性。

5. 良好的工艺性

为便于刀具本身的制造,刀具材料还应具备一定的工艺性能,如切削性能、磨削性能、焊接性能及热处理性能等。

值得指出:上述要求中有些是相互矛盾的,如硬度高,耐磨性好的材料通常韧性和抗破损能力差,耐热性好的材料通常韧性也较差。实际工作中,应根据具体的切削对象和条件,选择最合适的刀具材料。

3.1.2　刀具材料的种类、特点及适用范围

刀具材料有高速钢、硬质合金、工具钢、陶瓷、立方氮化硼和金刚石等。目前,在生产中所用的刀具材料主要是高速钢和硬质合金钢两类。碳素工具钢(如 T10A、T12A)、合金工具钢(如 9SiCr、CrWMn)因耐热性差,仅用于手工或切削速度较低的刀具。

1. 高速钢

高速钢是加入了较多的钨(W)、钼(Mo)、铬(Cr)、钒(V)等合金元素的高合金工具钢。高速钢具有较高的硬度(HRC 62~67)和耐热性,在切削温度高达 500~650 ℃时仍能进行切削。高速钢的强度高(抗弯强度是一般硬质合金的 2~3 倍,陶瓷的 5~6 倍)、韧性好,可在有冲击、振动的场合应用。它可以用于加工有色金属、结构钢、铸铁、高温合金等范围广泛的材料。高速钢制造工艺性好,容易刃磨出锋利的切削刃,适于制造各类刀具,尤其适于制造钻头、拉刀、成形刀具、齿轮刀具等复杂刀具。

高速钢按切削性能可分为普通高速钢和高性能高速钢;按制造工艺方法可分为熔炼高速钢和粉末冶金高速钢。

普通高速钢的典型牌号有 W18Cr4V(简称 W18)和 W6Mo5Cr4V2(简称 M2)。W18 的综合性能较好,在 600 ℃时的高温硬度为 HRC48.5,可用于制造各种复杂刀具。M2 的碳化物分布细小、均匀,它的抗弯强度比 W18 高 10%~15%,韧性比 W18 高 50%~60%,可用来制造尺寸较大,承受较大冲击力的刀具;M2 的热塑性好,适合于制造热轧钻头等刀具。

高性能高速钢是在普通高速钢的基础上增加一些含碳量、含钒量并添加钴、铝等合金元素熔炼而成,其耐热性好,在 630~650 ℃仍能保持接近 HRC60 的硬度,适用于加工高温合金、钛合金、奥氏体不锈钢、高强度钢等难加工材料。高性能高速钢的典型牌号有 W2Mo9Cr4VCo8(M42)和 W6Mo5Cr4V2Al(501)。M42 的综合性能好,常温硬度接近 HRC70,600 ℃时其硬度为 HRC55,刃磨性能也好;但 M42 含钴多,成本较高。501 钢是一种含铝的无钴高速钢,600 ℃时硬度达 HRC54,501 钢的切削性能与 M42 大体相当,成本较低,但刃磨性能较差。表 3.1 列出了几种常用高速钢的力学性能。

粉末冶金高速钢是用高压气体(氩气或氮气)把熔融高速钢雾化成粉末后,再经过热压、锻轧成材,有效地解决了熔炼高速钢的碳化物共晶偏析问题,结晶组织细小均匀。与熔炼高速钢相比,粉末冶金高速钢材质均匀,韧性好,硬度高,热处理变形小,质量稳定,刃磨性能好,刀具寿命较高。可用它切削各种难加工材料,特别适合于制造各种精密刀具和复杂刀具。

表 3.1　几种常用高速钢的力学性能

钢号	常温硬度（HRC）	抗弯强度/GPa	冲击韧性/MJ·m⁻²	高温硬度/HRC	
				500 ℃	600 ℃
W18Cr4V	63～66	3～3.4	0.18～0.32	56	48.5
W6Mo5Cr4V2	63～66	3.5～4	0.3～0.4	55～56	47～48
9W18Cr4V	66～68	3～3.4	0.17～0.22	57	51
W6Mo5Cr4V3	65～67	3.2	0.25	—	51.7
W6Mo5Cr4V2Co8	66～68	3.0	0.3		54
W2Mo9Cr4VCo8	67～69	2.7～3.8	0.23～0.3	～60	～55
W6Mo5Cr4V2Al	67～69	2.9～3.9	0.23～0.3	60	55
W10Mo4Cr4V3Al	67～69	3.1～3.5	0.2～0.28	59.5	54

2. 硬质合金

硬质合金是用高硬度、难熔的金属碳化物（WC、TiC 等）和金属黏结剂（Co、Ni 等）在高温条件下烧结而成的粉末冶金制品。硬质合金的常温硬度达 HRA89～93，760 ℃时其硬度为 HRA77～85，在 800～1000 ℃时还能进行切削，刀具寿命比高速钢刀具高几倍到几十倍，可加工包括淬硬钢在内的多种材料。但硬质合金的强度和韧性比高速钢差，常温下的冲击韧性仅为高速钢的 1/30～1/8，硬质合金承受切削振动和冲击的能力较差。

硬质合金是最常用的刀具材料之一，常用于制造车刀和面铣刀，也可用硬质合金制造深孔钻、铰刀、拉刀和滚刀。尺寸较小和形状复杂的刀具，可采用整体硬质合金制造；但整体硬质合金刀具成本高，其价格是高速钢刀具的 8～10 倍。

ISO（国际标准化组织）把切削用硬质合金分为三类：P 类、K 类和 M 类。

P 类（相当于我国 YT 类）硬质合金由 WC、TiC 和 Co 组成，也称钨钛钴类硬质合金。这类合金主要用于加工钢料。常用牌号有 YT5（TiC 的质量分数为 5%）、YT15（TiC 的质量分数为 15%）等，随着 TiC 质量分数的提高，钴质量分数相应减小，硬度及耐磨性增高，抗弯强度下降。此类硬质合金不宜加工不锈钢和钛合金。

K 类（相当于我国 YG 类）硬质合金由 WC 和 Co 组成，也称钨钴类硬质合金。这类合金主要用来加工铸铁、有色金属及其合金。常用牌号有 YG6（钴的质量分数为 6%）、YG8（钴的质量分数为 8%）等，随着钴的质量分数增多，硬度和耐磨性下降，抗弯强度和韧性增高。

M 类（相当于我国 YW 类）硬质合金是在 WC、TiC、Co 的基础上再加入 TaC（或 NbC）而成。加入 TaC（或 NbC）后，改善了硬质合金的综合性能。这类硬质合金既可以加工铸铁和有色金属，又可以加工钢料，还可以加工高温合金和不锈钢等难加工材料，有通用硬质合金之称。常用牌号有 YW1 和 YW2 等。

表 3.2 列出了几种常用的硬质合金牌号、性能及其使用范围。

表 3.2　几种常用的硬质合金的牌号、性能及其使用范围

类型	牌号	物理力学性能		使用性能			使用范围		相当的ISO牌号
		硬度(HRA)	抗弯强度/GPa	耐磨	耐冲击	耐热	材料	加工性质	
钨钴类（K类）	YG3	91	1.08	↑	↓	↑	铸铁，有色金属	连续切削时精、半精加工	K05
	YG6X	91	1.37				铸铁，耐热合金	精加工、半精加工	K10
	YG6	89.5	1.42				铸铁，有色金属	连续切削粗加工，间断切削半精加工	K20
	YG8	89	1.47				铸铁，有色金属	间断切削粗加工	K30
钨钴钛类（P类）	YT5	89.5	1.37	↓	↑	↓	钢	粗加工	P30
	YT14	90.5	1.25				钢	间断切削半精加工	P20
	YT15	91	1.13				钢	连续切削粗加工，间断切削半精加工	P10
添加稀有金属碳化物类(M类)	YW1	92	1.28	较好	较好		难加工钢材	精加工、半精加工	M10
	YW2	91	1.47	好			难加工钢材	半精加工、粗加工	M20

为提高高速钢刀具、硬质合金刀具的耐磨性和使用寿命，近年来广泛使用涂层刀具。涂层刀具是在高速钢或硬质合金基体上涂覆一层难熔金属化合物，如 TiC、TiN、Al_2O_3 等。涂层一般采用 CVD 法（化学气象沉积法）或 PVD 法（物理气象沉积法）。涂层刀具表面硬度高、耐磨性好，其基体有良好的抗弯强度和韧性。涂层后硬质合金刀片寿命可提高 1～3 倍以上，涂层后高速钢刀具寿命可提高 1.5～10 倍以上。随着涂层技术的发展，涂层刀具的应用会越来越广泛。

3. 其他刀具材料

1)陶瓷

用于制造刀具的陶瓷材料主要有两类：氧化铝（Al_2O_3）基陶瓷和氮化硅（Si_3N_4）基陶瓷。Al_2O_3 基陶瓷硬度高达 HRA91～95，耐磨性好、耐热性好、化学稳定性高、抗黏结能力强，但抗弯强度和韧性差；这种陶瓷用于精加工和半精加工冷硬铸铁、淬硬钢很有效。Si_3N_4 基陶瓷有较高的抗弯强度和韧性，适于加工铸铁及有色高温合金，切削钢料效果不显著。

2)立方氮化硼

立方氮化硼（CBN）是由六方氮化硼经高温高压处理转化而成，其硬度高达 8000HV，仅次于金刚石；可耐 1300～1500 ℃的高温，热稳定性好；化学稳定性也很好，温度高达 1200～

1300 ℃时不与铁产生化学反应。立方氮化硼能以硬质合金切削铸铁和普通钢的切削速度对冷硬铸铁、淬硬钢、高温合金等进行加工。

3)人造金刚石

金刚石分为天然金刚石和人造金刚石两种,由于天然金刚石价格昂贵,工业上多使用人造金刚石。人造金刚石又分为单晶金刚石和聚晶金刚石(PCD)。聚晶金刚石晶粒随机排列,属各向同性体,常用于制造刀具。

人造金刚石是借助某些合金的触媒作用,在高温高压条件下由石墨转化而成。金刚石的硬度高达 $6000\sim10000HV$,是目前已知的最硬物质,可用于加工硬质合金、陶瓷、高硅铝合金等高硬度、高耐磨材料。人造金刚石目前主要用于制造磨具及磨料,用作刀具材料用于有色金属的高速精密切削。金刚石不是碳的稳定状态,遇热易氧化和石墨化,用金刚石刀具进行切削时需对切削区进行强制冷却。金刚石刀具不宜加工铁族元素,尤其是低碳钢,因为金刚石中碳元素的亲和力大,容易和铁族元素产生化学反应,因化学磨损而降低刀具寿命。

3.2 刀具的工作角度

刀具标注角度是在假定运动条件和假定安装条件情况下定义的。在实际切削加工过程中,由于刀具受安装位置和进给运动影响,刀具的参考平面发生了变化,刀具角度就应在工作参考系内定义。在工作参考系里标注的角度称为刀具的工作角度。

以普通外圆车刀为例来说明刀具的工作角度。工作参考系的基面(P_{re})、切削平面(P_{se})、正交平面(P_{oe})的位置与标注参考系不同,所以工作角度也发生了改变。工作角度记作:γ_{oe}、α_{oe}、κ_{re}、κ_{re}'、λ_{se}、α_{oe}' 等。

1. 刀具安装对工作角度的影响

(1)刀刃安装高度对工作角度的影响　　车削时刀具的安装常会出现刀刃安装高于或低于工件回转中心的情况(见图 3.1),工作基面、工作切削平面相对于标注参考系产生 θ 角的偏转,将引起工作前角和工作后角的变化:$\gamma_{oe}=\gamma_o\pm\theta$,$\alpha_{oe}=\alpha_o\mp\theta$。

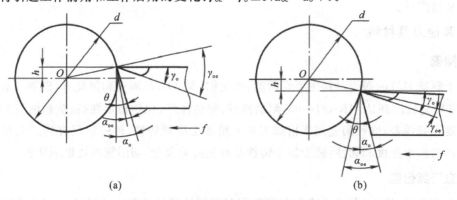

图 3.1　车刀安装高度对工作角度的影响

(2)刀柄安装偏斜对工作角度的影响　在车削时会出现刀柄与进给方向不垂直的情况（见图 3.2），刀柄垂线与进给方向产生 θ 角的偏转，将引起工作主偏角和工作副偏角的变化：$\kappa_{re}=\kappa_r\pm\theta,\kappa_{re}'=\kappa_r'\mp\theta$。

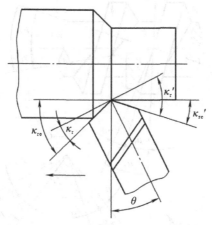

图 3.2　车刀安装偏斜对工作角度的影响

2. 进给运动对工作角度的影响

(1)横向进给对工作角度的影响　车端面或切断时，车刀作横向进给，切削轨迹是阿基米德螺旋线（见图 3.3），实际基面和切削平面相对于标注参考系都要偏转一个附加的角度 μ（μ 是主运动方向与合成切削运动方向之间的夹角，$\tan\mu=\dfrac{v_f}{v_c}=\dfrac{f}{\pi d}$，称为合成切削速度角），将使车刀的工作前角增大，工作后角减小：$\gamma_{oe}=\gamma_o+\mu,\alpha_{oe}=\alpha_o-\mu$。

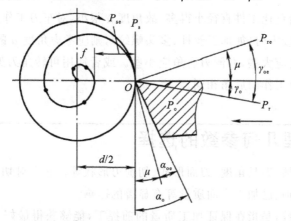

图 3.3　横向进给运动对工作角度的影响

(2)纵向进给对工作角度的影响　车外圆或车螺纹时，车削合成运动产生的加工表面为螺旋面（见图 3.4），实际的基面和切削平面相对于标注参考系要偏转一个附加的角度 μ（角度 μ 与螺旋升角 μ_f 的关系为 $\tan\mu=\tan\mu_f\sin\kappa_r=\dfrac{f\sin\kappa_r}{\pi d}$），将使车刀的工作前角增大，工作后角减小：$\gamma_{oe} = \gamma_o + \mu$，$\alpha_{oe} = \alpha_o - \mu$。

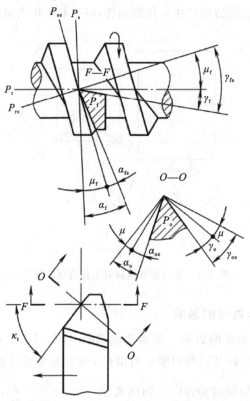

图 3.4 纵向进给运动对工作角度的影响

一般车削时，进给量比工件直径小得多，故角度 μ 很小，对车刀工作角度影响很小，可忽略不计。但若进给量较大时（如加工丝杆、多头螺纹），则应考虑角度 μ 的影响。车削右旋螺纹时，车刀左侧刃后角应大些，右侧刃后角应小些。或者使用可转角刀架将刀具倾斜一个 μ 角安装，使左右两侧刃工作前后角相同。

3.3 刀具合理几何参数的选择

刀具几何参数包括：刀具角度、刀面形式、切削刃形状等。它们对切削时金属变形、切削力、切削温度、刀具磨损、已加工表面质量等有显著的影响。

刀具合理几何参数，是指在保证加工质量的前提下，能够获得最好刀具耐用度，达到较高切削效率或降低生产成本的几何参数。

刀具合理几何参数的选择主要决定于工件材料、刀具材料、刀具类型及其他具体工艺条件，如切削用量、工艺系统刚性及机床功率等。

3.3.1　前角及前刀面形状的选择

1. 前角的功用及合理前角的选择

1) 前角的功用

(1) 影响切削区的变形程度。增大刀具前角,可减小切削层的塑性变形,减小切屑流经前面的摩擦阻力,从而减小切削力、切削热和切削功率。

(2) 影响切削刃与刀头的强度、受力状态和散热条件。增大刀具前角,会使切削刃与刀头的强度降低,导热面积和容热体积减小,过分增大前角,有可能导致切削刃处出现过大弯曲应力,造成刀尖折断。

(3) 影响切屑形态和断屑效果。若增大前角,可增大切屑的变形,使之易于脆化断裂。

(4) 影响已加工表面质量。主要通过积屑瘤(切削塑性金属时,有时在刀具前刀面靠近切削刃的部位黏附着一小块很硬的金属,也称刀瘤)、鳞刺(切削塑性金属时,工件的加工表面上可能会出现鳞片状、有裂口的毛刺)、振动等影响已加工表面质量。

2) 合理前角的概念

从上述前角的功用可知,增大或减小前角各有利弊,在一定的条件下,前角有一个合理的数值,如图 3.5 所示为刀具前角对刀具耐用度影响的示意曲线,可见前角太大、太小都会使刀具耐用度显著降低。对于不同的刀具材料,各有其对应的刀具最大耐用度前角,称为合理前角 γ_{opt}。由于硬质合金抗弯强度较低,抗冲击韧性差,其 γ_{opt} 小于高速钢刀具的 γ_{opt}。工件材料不同时也是这样(见图 3.6)。

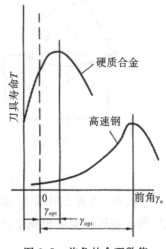

图 3.5　前角的合理数值

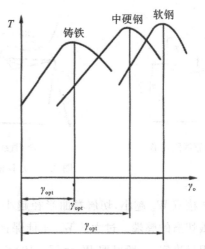

图 3.6　加工材料不同时的合理前角

3) 合理前角的选择原则

(1) 工件材料的强度、硬度低,可以取较大的甚至很大的前角;工件材料强度、硬度高,应取较小的前角;加工特别硬的工件(如淬硬钢)时,前角很小甚至取负值。

(2) 加工塑性材料(如钢)时,应取较大的前角;加工脆性材料(如铸铁)时,可取较小的前角。用硬质合金刀具加工一般钢料时,前角可选 $10° \sim 20°$;加工一般灰铸铁时,前角可选 $5° \sim 15°$。

(3)粗加工,特别是断续切削,承受冲击性载荷,或对有硬皮的铸锻件粗切时,为保证刀具有足够的强度,应适当减小前角。但在采取某些强化切削刃及刀尖的措施之后,也可增大前角。

(4)成形刀具和前角影响刀刃形状的其他刀具,为防止刃形畸变,常取较小的前角,甚至取 $\gamma_o = 0$,但这些刀具的切削条件不好,应在保证切削刃成形精度的前提下,设法增大前角。

(5)刀具材料抗弯强度较大、韧性较好时,应选用较大的前角。

(6)工艺系统刚性差和机床功率不足时,应选取较大的前角。

(7)数控机床和自动线用刀具,为使刀具的切削性能稳定,宜取较小的前角。

2. 带卷屑槽的刀具前面形状

加工韧性材料时,为使切屑卷成螺旋形,或折断成 C 形,使之易于排出和清理,常在前刀面磨出卷屑槽,它可做成直线圆弧形、直线形、全圆弧形(见图 3.7)等不同形式。直线圆弧形的槽底圆弧半径 R_n 和直线形的槽底角($180° - \sigma$)对切屑的卷曲变形有直接的影响,较小时,切屑卷曲半径较小、切屑变形大、易折断;但过小时,又易使切屑堵塞在槽内、增大切削力,甚至崩刃。一般条件下,常取 $R_n = (0.4 \sim 0.7)W_n$;槽底角为 $110° \sim 130°$。这两种槽形较适于加工碳素钢、合金结构钢、工具钢等,一般 γ_o 为 $5° \sim 15°$。全圆弧槽形,可获得较大的前角,且不致使刃部过于削弱,较适于加工紫铜、不锈钢等高塑性材料,γ_o 可增至 $25° \sim 30°$。

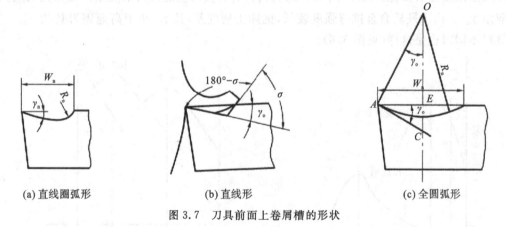

(a)直线圆弧形　　　　　　(b)直线形　　　　　　(c)全圆弧形

图 3.7　刀具前面上卷屑槽的形状

卷屑槽宽 W_n 越小,切屑卷曲半径越小,切屑越易折断,但太小,切屑变形很大,易产生小块飞溅切屑的弊端。过大的 W_n 不能保证有效的卷屑或折断。卷屑槽宽度根据工件材料和切削用量决定,一般可取 $W_n = (7 \sim 10)f$。

3.3.2　后角的选择

后角主要功能是减小切削过程中刀具后刀面与工件之间的摩擦。后角的大小还影响作用在后刀面上的力、后刀面与工件的接触长度以及后刀面的磨损强度,因而对刀具耐用度和加工表面质量有很大的影响。

适当增大后角可提高刀具耐用度,这是因为

(1)和刀具后刀面相对的已加工表面存在弹性变形恢复层;增大后角可减小弹性恢复层与后刀面的接触长度,因而可减小后刀面的摩擦与磨损。

(2)后角增大,楔角则减小,刀具刃口半径也减小,刀刃易切入工件,可减小工件表面的弹性恢复。当切下切屑层很薄时,这一点尤其重要。

(3)在后刀面磨损标准 VB 相同时,后角较大的刀具,用到磨钝时,所磨损的刀具体积较大,即刀具寿命较长[见图 3.8(a)],但是过大的后角会使刀具楔角显著减小,削弱切削刃强度,减小刀头散热体积使散热条件恶化,导致刀具耐用度降低;而且重磨时磨去的材料量增多,重磨次数减小。

由此可知,加工条件不同时,也存在一个刀具耐用度为最大的合理后角。

合理后角的选择主要取决于切削厚度(或进给量)的大小。

当切削厚度很小时,磨损主要发生在后刀面上,为了减小后刀面的磨损和增加切削刃的锋利程度,宜取较大的后角。当切削厚度很大时,前刀面上的磨损量加大,这时后角取小些可以增强切削刃及改善散热条件;同时,由于这时楔角较大,可以使月牙洼磨损深度达到较大值而不致使切削刃脆裂,因而可提高刀具耐用度。

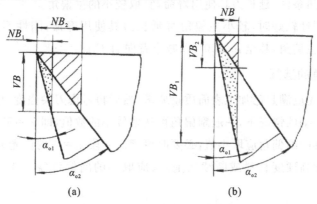

图 3.8　后角与磨损体积的关系

因此,可按下列原则正确选择合理后角值。切削厚度(或进给量)较小时,宜取较大的后角。粗加工、强力切削及承受冲击载荷的刀具,为保证刀刃强度,宜取较小后角。工件材料硬度强度较高时,宜取较小的后角;工件材料较软、塑性较大时,宜取较大后角;切削脆性材料,宜取较小后角。对尺寸精度要求高的刀具,宜取较小的后角;在径向磨损量 NB 取值相同的条件下,后角较大时允许磨掉的金属体积大[见图 3.8(b)],刀具寿命长。

车削一般钢和铸铁时,车刀后角通常取为 6°～8°。

3.3.3　主偏角、副偏角及刀尖形状的选择

1. 主偏角和副偏角的功用

(1)影响已加工表面的残留面积高度　减小主偏角和副偏角可以减小已加工表面粗糙

度值,特别是副偏角对已加工表面粗糙度影响更大。

(2)影响切削层形状 主偏角直接影响切削刃工作长度和单位长度切削刃上的切削负荷。在切削深度和进给量一定的情况下,增大主偏角,切削宽度减小,切削厚度增大,切削刃单位长度上的负荷随之增大。因此,主偏角直接影响刀具的磨损和使用寿命。

(3)影响切削分力的大小和比例关系 增大主偏角可减小背向力 F_p,但增大了进给力 F_f。同理,增大副偏角也可使 F_p 减小,而 F_p 的减小有利于减小工艺系统的弹性变形和振动。

(4)影响刀尖角的大小 主偏角和副偏角共同决定了刀尖角 ε_r,故直接影响刀尖强度、导热面积和容热体积。

(5)影响断屑效果和排屑方向 增大主偏角,切屑变厚变窄,容易折断。

2. 合理主偏角的选择

(1)粗加工和半精加工时,硬质合金车刀一般选用较大的主偏角,以利于减小振动,延长刀具使用寿命,容易断屑,可以采用大切削深度。

(2)加工高硬度材料时,如淬火钢和冷硬铸铁,为减轻单位长度切削刃上的负荷,同时为改善刀头导热和容热条件,延长刀具使用寿命,宜取较小的主偏角。

(3)工艺系统刚性较好时,较小主偏角可延长刀具使用寿命;刚性不足时(如车削细长轴)时,应取较大的主偏角,甚至 $\kappa_r \geqslant 90°$,以减小背向力 F_p。

3. 合理副偏角的选择

选取副偏角首先应满足已加工表面质量要求,然后再考虑刀尖强度、导热和容热要求。

(1)在不引起振动的情况下,一般副偏角可选取较小的数值,即 $\kappa_r' = 5°\sim10°$。

(2)精加工刀具的副偏角应取小值,必要时可磨出一段 $\kappa_r' = 0°$ 的修光刃。

(3)加工高强度高硬度材料或断续切削时,应取小的副偏角($\kappa_r' = 4°\sim6°$),以提高刀尖强度。

(4)切断刀、锯片铣刀和槽铣刀等,为了保证刀头强度和重磨后刀头宽度变化较小,只能取很小的副偏角,即 $\kappa_r' = 1°\sim2°$。

4. 刀尖形状

按形成方法的不同,刀尖可分为三种:交点刀尖、修圆刀尖和倒角刀尖(见图 3.9)。交点刀尖是主切削刃和副切削刃的交点,无须用几何参数去描述。将修圆刀尖投影于基面上,刀尖成为一段圆弧,因此,可用刀尖圆弧半径 r_ε 来确定刀尖的形状。而倒角刀尖在基面上投影后,成为一小段直线切削刃,这段直线切削刃称为过渡刃,可用两个几何参数来确定,即过渡刃长度 b_ε 以及过渡刃偏角 κ_{re}。

(1)圆弧刀尖 高速钢车刀 $r_\varepsilon = 1\sim3$ mm;硬质合金和陶瓷车刀 $r_\varepsilon = 0.5\sim1.5$ mm;金刚石车刀 $r_\varepsilon = 1.0$ mm;立方氮化硼车刀 $r_\varepsilon = 0.4$ mm。

(2)倒角刀尖 过渡刃偏角 $\kappa_{re} \approx \frac{1}{2}\kappa_r$;过渡刃长度 $b_\varepsilon = 0.5\sim2$ mm 或 $b_\varepsilon = \left(\frac{1}{4}\sim\frac{1}{5}\right)a_{sp}$。

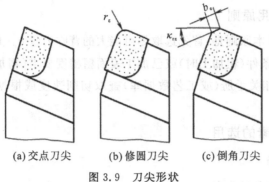

$$(a)\ 交点刀尖 \qquad (b)\ 修圆刀尖 \qquad (c)\ 倒角刀尖$$

图 3.9　刀尖形状

3.3.4　刃倾角的选择

刃倾角可控制排屑方向,正刃倾角切屑流向待加工面,负刃倾角切屑流向已加工面。负刃倾角的车刀刀头强度好,散热条件也好。绝对值较大的刃倾角可使刀具的切削刃实际钝圆半径较小,切削刃锋利。刃倾角不为零时,刀刃是逐渐切入和切出工件的,可以减小刀具受到的冲击,提高切削平稳性。

加工一般钢和灰铸铁时,粗车取 $\lambda_s = 0° \sim -5°$,精车取 $\lambda_s = 0° \sim +5°$,有冲击负荷作用时取 $\lambda_s = -5° \sim -15°$,冲击特别大时取 $\lambda_s = -30° \sim -45°$;加工高强度钢、淬硬钢时,取 $\lambda_s = -20° \sim -30°$;工艺系统刚性不足时,为避免背向力 F_p 过大而导致工艺系统受力变形过大,不宜采用负的刃倾角。

3.4　切削用量的选择

切削用量的选择,对生产率、加工成本和加工质量均有重要影响。所谓合理的切削用量是指在保证加工质量的前提下,能取得较高的生产效率和较低成本的切削用量。约束切削用量选择的主要条件有,工件的加工要求,包括加工质量要求和生产效率要求;刀具材料的切削性能;机床性能,包括动力特性(功率、扭矩)和运动特性;刀具耐用度要求等。

1. 切削用量与生产效率、刀具耐用度的关系

机床切削效率可以用单位时间内切除的材料体积 $Q(\mathrm{mm^3/min})$ 表示:

$$Q = a_p f v_c \tag{3.1}$$

从式 3.1 可知,切削用量三要素 a_p、f、v_c 均同 Q 保持线性关系,三者对机床切削效率影响的权重完全相同的。从提高生产效率考虑,切削用量三要素 a_p、f、v_c 中任一要素提高一倍,机床切削效率 Q 都提高一倍,但提高 v_c 一倍与提高 f、a_p 一倍对刀具耐用度带来的影响却是完全不相同的。由第 2 章可知,切削用量三要素中对刀具耐用度影响最大的是 v_c,其次是 f,再其次是 a_p。根据上述分析可知,在保持刀具耐用度一定的条件下,提高背吃刀量 a_p 比提高进给量 f 的生产效率高,比提高切削速度 v_c 的生产效率更高。

2. 切削用量的选用原则

选择切削用量的基本原则是，首先选取尽可能大的背吃刀量 a_p；其次根据机床进给系统强度、刀杆刚度等限制条件（粗加工时）或已加工表面粗糙度要求（精加工时），选取尽可能大的进给量 f；最后根据相关手册（或工艺数据库）查取切削速度或根据切削速度计算公式进行计算。

3. 切削用量三要素的选用

1）背吃刀量的选择

背吃刀量根据加工余量确定。

（1）在粗加工时，一次走刀应尽可能切去全部加工余量，在中等功率机床上，a_p 可达 8～10 mm。

（2）下列情况可分几次走刀：

①加工余量大，一次走刀切削力太大，会产生机床功率不足或刀具强度不够时。

②工艺系统刚性不足或加工余量不均匀，引起很大振动时，如加工细长轴或薄壁工件。

③断续切削，刀具受到很大的冲击而造成打刀时。

在上述情况下，如分两次走刀，第一次的 a_p 也应比第二次的大，第二次的 a_p 可取加工余量的 $1/3$～$1/4$。

（3）切削表层有硬皮的铸锻件或切削不锈钢等冷硬较严重的材料时，应尽量使背吃刀量超过硬皮或冷硬层厚度，以防刀刃过早磨损或破损。

（4）在半精加工时，$a_p = 0.5$～2 mm。

（5）在精加工时，$a_p = 0.1$～0.4 mm。

2）进给量的选择

粗加工时，对工件表面质量没有太高要求，这时切削力往往很大，合理的进给量应是工艺系统所能承受的最大进给量。这一进给量要受到下列因素的限制：机床进给系统刚度、刀具强度和刚度、硬质合金或陶瓷刀片强度及工件装夹刚度等。

精加工时，最大进给量主要受加工精度和表面粗糙度的限制。

工厂生产中，进给量常常根据经验选取。粗加工时，根据加工材料、车刀刀杆尺寸、工件直径及已确定的背吃刀量从相关手册（或数据库）中查取进给量。

在半精加工和精加工时，则按粗糙度要求，根据工件材料、刀尖圆弧半径、切削速度，从相关手册（或数据库）中查得进给量。

然而，按经验确定的粗车进给量在一些特殊情况下，如切削力很大、工件长径比很大、刀杆伸出长度很大时，有时还需对选定的进给量进行调整。

3）切削速度的确定

根据已选定的背吃刀量 a_p、进给量 f 及刀具耐用度 T，就可按下列公式计算切削速度 v_c。

$$v_c = \frac{C_v}{T^m f^{y_v} a_p^{x_v}} \cdot K_v (\text{m/min}) \tag{3.2}$$

式中，C_v、x_v、y_v 为根据工件材料、刀具材料、加工方法等在相关手册(或数据库)中查表；K_v 为切削速度修正系数。

实际生产中也可以从相关手册(或数据库)中选取 v_c 的参考值，通过 v_c 的参考值可以看出：

(1)粗车时，a_p、f 均较大，所以 v_c 较低；精加工时，a_p、f 均较小，所以 v_c 较高。

(2)工件材料强度、硬度较高时，应选较低的 v_c；反之，v_c 较高。材料加工性越差，v_c 越低。

(3)刀具材料的切削性能越好，v_c 越高。

此外，在选择 v_c 时，还应考虑以下几点：

(1)精加工时，应尽量避免积屑瘤和鳞刺产生的区域。

(2)断续切削时，为减小冲击和热应力，宜适当降低 v_c。

(3)在易发生振动的情况下，v_c 应避开自激振动的临界速度。

(4)加工大件、细长件、薄壁件以及带硬皮的工件时，应选用较低的 v_c。

3.5　数控刀具的选择

现代化的金属切削加工可以由两个重要环节构成，一是数控机床，二是数控刀具，它们共同构成切削加工的基础工艺装备。数控机床主要用于传递转速、扭矩、精度，数控刀具主要用于承载不同的加工工艺，并与工件发生直接物理接触。数控机床和数控刀具是一对"孪生兄弟"，相辅相成、相互配合，共同完成材料切削加工过程。

1.数控刀具

与传统的刀具相比，数控刀具可以自动更换刀具，而且刀身的质量也比传统的要高，可以完成高效率、高精度的作业。

数控刀具具有切削性能好、寿命长、高精度、自调功能强、可靠性、模块化、标准化等特点。具体来说，传统刀具制作工艺相对简单，而数控刀具则必须配合机器进行加工。

数控刀具自动换刀的装置可以很精确地进行自动换刀操作，并且动作快速，这在一定程度上提高了生产制造的效率。数控刀具的特点具体表现为，第一，切削性能好，数控刀具的精度高、刚性好，可以进行强力和高速切削，在使用中，数控刀具刚性和精度等级相对高，适用于各种高度和强度的切削作业。第二，数控刀具材料多具有高性能、高韧性等特点，并且抗磨损程度高，在使用过程中表现出较长的寿命，在没有受到外部冲击的时候，其工作的寿命会更长久。第三，数控刀具精确度高，数控刀具可以在使用中完成各种方向的调整，利用旋转刀片，可以有效地改善数控加工工艺的精确性，保证加工质量。第四，数控刀具具有自调效能，针对各种加工需求，数控刀具采用机内补偿和机内预置方式，可以大大缩短换刀所耗费的时间，从而提高了换刀速度，并具备模块化、标准化、可靠性等诸多优点和特性。

2. 数控刀具分类

从整个数控刀具的宏观维度来进行分类,大致可分为刀柄、刀体、切削耗材,每一类工具的具体功能如下。

(1)刀柄:俗称工具系统,是一端与机床主轴联接,另一端与刀体或整体式刀具联接,将机床主轴的回转精度、转动扭矩传递给被加工工件的装置。刀柄设计制造的优劣直接决定了数控机床的加工性能能否有效、精准、稳定、持久地向被加工工件传递。

(2)刀体:刀体是一端与刀柄联接,另一端承载切削耗材,用于实现不同切削工艺的装置。通过不同的刀体结构设计,才能实现车、铣、镗、钻、磨等不同种类的加工工艺。刀体的结构设计和制造水平,一是直接决定了能否将特定加工工艺通过切削耗材作用于被加工工件的某个位置,即该工件能否被顺利制造;二是直接决定了在某一工件上完成某种加工工艺所需的有效功率,即决定了加工效率;三是在较大程度上决定了加工精度和精度维持能力,即该工件的精密程度。

由于不同的被加工工件,因其形状、结构、材质、复杂程度各不相同,在不同工件的不同加工位置上实现同一种类的加工工艺所需的刀体结构存在较大差异。同时,完成一个工件的加工,往往需要不同种类加工工艺的相互配合,进而需要设计不同结构的刀体,以满足加工需求;随着被加工工件种类的增加,所需要设计的刀体结构数量将呈现几何增长。所以,对刀体结构持续不断地优化迭代,从而在保证加工精度的同时,实现更高的加工效率,是数控刀具行业的关键和难点之一。

(3)切削耗材:直接与被加工工件发生相互作用的部分,主要包括不同类型的数控刀片、整体式合金刀具。通常,数控刀片以不同的压紧方式安装在刀体上。而整体式刀具根据被加工工件所需的加工工艺不同,既可以安装在刀体上,也可直接与刀柄联接。按照材质不同对切削耗材进行分类,可以大致分为高速钢、硬质合金、陶瓷、超硬材料等产品。

3. 数控刀具选择

数控刀具是"车、铣、镗、钻、滚、铰"等不同切削工艺的载体,制造不同种类的零部件,需要不同种类的工艺组合之间的相互配合和衔接。对于高端精密装备,其零部件结构往往非常复杂,对于一些关键工序,亦需要非常复杂精密的切削加工工艺与之匹配。而要想承载这些复杂的切削加工工艺,必须能自主设计制造出相应的高端数控刀具,否则无论拥有多么先进的数控机床,都难以发挥应有的作用。

数控刀具对于加工效率而言,拥有较强的杠杆效应,合理地选择和应用现代切削刀具是降低生产成本、提升经济效益的关键之一。数控刀具费用一般占企业综合制造成本的2.4%~4%,虽然占比较小,但它对生产成本产生的影响是巨大的,花费较小成本对数控刀具进行优化,可以较大程度降低生产成本,提升生产效率。

高性能的刀具新材料、先进的刀具制造工艺、先进的刀具几何结构共同推动了高精、高效、稳定可靠的机械加工。数控工艺的载体数控程序最终通过刀具和工件的相对运动实现加工,数控刀具是数控机床实现加工的最终执行者。

由于切削对象材料特性的不同,被切削表面几何形状的不同,加工机床性能的不同,加工工艺的不同,不同刀具制造商解决问题的思路方式方法手段不同等一系列原因,造成了刀具种类和规格较多,从而导致了数控加工刀具的选择永远在不断优化的路上,刀具选择是典型的复杂工程问题之一。

数控刀具选择需要考虑多方面的因素,这些因素之间存在复杂的相互影响,应针对具体的切削问题,协同考虑各方面之间关系,抓住主要目标和主要制约因素,进行综合协调,最终形成可行的、初步的刀具选择方案,并在切削加工的实践中不断优化。数控刀具选择思路可归纳为"匹配",具体表现如下所述。

1)机床、刀具、夹具组成的工艺系统之间匹配

为了充分发挥工艺系统硬件机床、刀具及夹具的性能,刀具的选择应本着刀具性能够用为原则从以下方面进行综合选择,如刀具材料、刀具涂层、刀具几何结构、刀具精度等。为了充分发挥工艺系统硬件的功能,数控加工程序的编制应尽可能达到软件和硬件协调、匹配。

2)刀具性能特性和被加工材料特性及要求之间的匹配

这里仅以难加工材料的加工为例说明该问题。加工材料的特性导致的难加工包括以下因素:高强度、高硬度,优良的塑性和韧性,耐热性好、导热性差、对刀具磨损严重等。切削加工具有以下特点:刀具磨损严重耐用度降低、切削力增大、切削温度升高、加工硬化严重。典型难加工材料的加工方案简述如下。

(1)当淬火钢的硬度达到 50～60 HRC 时,其强度增加、几乎没有塑性、导热系数降低,导致切削力大、切削温度高、刀具容易磨损和破损。刀具材料选择兼顾耐磨性、强度及导热性的刀具材料,如热压陶瓷刀具、复合立方氮化硼等超硬材料;刀具几何结构方面:刀具前角适当减小以增加强度,刀具后角适当增大减小摩擦,刃倾角为负增加刀具抗冲击能力;切削工艺方面选择较高的切削速度。

(2)不锈钢加工。马氏体不锈钢淬火后主要由于硬度高,铁素体不锈钢在 Cr 含量较高时主要由于塑性好,奥氏体不锈钢由于高温强度、塑性及韧性好容易冷作硬化等原因导致难加工。不锈钢加工刀具选择主要涉及刀具材料、刀具加工工艺、刀具热处理、刀具几何结构、刀具切削用量及冷却方式等方面。

其他难加工材料如钛合金、高温合金及复合材料等的加工方案,基本上均从刀具材料选择、刀具几何结构及刀具角度、切削用量、切削液选用及热处理等方面针对具体的问题采取综合的解决方案。

3)刀具几何结构尤其是刀刃精度和工件精度之间的匹配

为了达到较高的加工精度,一种方法是采用形状相对简单的如圆弧、直线构成的刀刃,采用数控方法形成复杂母线,如球头铣刀铣削成型模具;另一种是采用相对复杂的刀具刀刃形状,采用相对简单的相对运动来实现工件的加工,如刮齿刀车削齿圈。

4)其他匹配

当从系统的角度考虑刀具选择问题时,至少考虑以下问题:①切削效益和成本;②切削过程和环境保护;③复杂刀具生命周期中的重磨和精度调整;④其他辅助技术,如冷却、刀柄种类、刀具测量、刀具装夹、换刀机构等问题。

因此,数控刀具的选择是一个复杂的系统工程,须多目标地权衡、选择、实践和迭代,才能实现较好的刀具选择方案。

3.6 切削液的选择

在金属切削过程中,合理选用切削液,可以改善金属切削过程的摩擦,减少刀具和切屑黏结,降低切削温度,减小切削力,提高刀具耐用度和生产效率,发挥切削液的冷却及润滑作用。

1. 切削液的作用

(1)冷却作用 切削液能够降低切削区域温度,从而提高刀具使用寿命和加工质量。切削液冷却性能的好坏,取决于它的导热系数、比热容、汽化热、流量与流速等。一般水基切削液的冷却作用高于油基。

(2)润滑作用 金属切削时切屑、工件和刀具间的摩擦可分为干摩擦、流体润滑摩擦和边界润滑摩擦三类。当形成流体润滑摩擦时,才能有较好的润滑效果。金属切削过程大部分属于边界润滑摩擦。所谓边界润滑摩擦,是指流体油膜由于受较高载荷而遭受部分破坏,是金属表面局部接触的摩擦方式。切削液的润滑性能与切削液的渗透性、形成润滑膜的能力及润滑膜的强度有着密切关系。若加入油性添加剂,如动物油、植物油可加快切削液渗透到金属切削区速度,从而减小摩擦。若在切削液中添加一些极压添加剂,如含有 S、P、Cl 等的有机化合物,这些化合物高温时与金属表面起化学反应,生成化学吸附膜,可防止在极压润滑状态下刀具、工件、切屑之间的直接接触,从而减小摩擦,增强润滑作用。

(3)清洗与防锈作用 切削液可以带走切屑,防止划伤已加工表面和机床导轨面。清洗性能取决于切削液的压力和流量。在切削液中加入防锈添加剂,能在金属表面形成保护膜,对机床和工件产生防锈作用。

2. 切削液的选用

切削液的使用效果除取决于切削液的性能外,还与刀具材料、工件材料、加工方法及加工要求等因素有关,应综合考虑,合理选用。

1)根据刀具材料、加工要求选用切削液

高速钢刀具耐热性差,粗加工时,切削用量大,切削热多,容易导致刀具磨损,应选用以冷却为主的切削液;硬质合金刀具耐热性好,可以进行干切削,如采用低浓度乳化液或水溶液,应连续地、充分地浇注,不宜断续浇注,以防止硬质合金刀片由于热应力出现裂纹而断裂损坏;精加工时,为保证较高的表面质量,可选用润滑性好的极压切削油或高浓度极压乳化液。

2)根据工件材料选用切削液

加工塑性材料时,需用切削液;而加工铸铁等脆性材料时,其作用不如钢明显,一般不

用;对于高强度钢、高温合金等,加工时均处于极压润滑摩擦状态,应选用极压切削油或极压乳化液;对于铜、铝及铝合金,为了得到较好的表面质量和精度,可采用 $10\%\sim20\%$ 乳化液、煤油和矿物油的混合液;切削铜时不宜用含硫的切削液,因硫会腐蚀铜。

3)根据加工性质选用切削液

钻孔、攻丝、铰孔、拉削等,排屑方式为半封闭、封闭状态,导向部、校正部分与已加工表面的摩擦严重,对硬度高、强度大、韧性大、冷硬严重的难切削材料尤为突出,宜用乳化液、极压乳化液和极压切削油;成形刀具、齿轮刀具等,要求保持形状、尺寸精度等,应采用润滑性好的极压切削液;具有较好的冷却性能和清洗性能,常用半透明的水溶液和普通乳化液;磨削不锈钢、高温合金宜用润滑性能较好的水溶液和极压乳化液。

3. 切削液的使用方法

切削液既要合理选择又要正确使用,才能取得更好效果,常见切削液使用方法有浇注法、高压冷却法和喷雾冷却法等。

(1)浇注法 以低压力、低流量将切削液浇注在切削区域,具有使用方便成本低的特点,应用较广泛,存在难以渗入刀具最高温度处等问题,因而效果欠佳。

(2)高压冷却法 依靠高压所产生的高流速,使得切削液能够较好地进入刀屑接触区,发挥冷却、润滑作用并带走切屑,例如,深孔钻加工时,切削液压力为 $1\sim10$ MPa、流量为 $50\sim150$ L/min。

(3)喷雾冷却法 喷雾冷却法以 $0.3\sim0.6$ MPa 的压缩空气,通过喷雾装置使切削液雾化,以很高的速度喷向高温切削区。切削液雾化后的微小液滴,能有效渗入切屑、工件与刀具之间,通过液滴汽化带走大量热,相对于热传导更能降低整个切削区温度。

复习与思考题

3.1 金属切削刀具材料应具备哪些性能?

3.2 常用刀具材料的种类有哪些?试述各种刀具材料的特点及使用范围。

3.3 试述刀具角度与工作角度的区别。为什么切断刀切断时,横向进给量不能太大?

3.4 刀具前角有哪些功用?合理前角是怎样定义的?合理前角的选择原则有哪些?

3.5 刀具后角有哪些功用?合理后角的选择原则有哪些?

3.6 刀具刃倾角有哪些功用?合理刃倾角的选择原则有哪些?

3.7 试述切削用量三要素的选用原则?

3.8 简述数控刀具的分类及选用原则

3.9 切削液有哪些作用?如何选用切削液?切削液有哪些使用方法?

金属切削机床

第4章

4.1 概 述

金属切削机床是用切削的方法使机械零件获得所要求几何形状、尺寸精度和表面质量的机器，它是制造机器的机器，所以又称为工作母机或工具机。金属切削机床是切削加工的主要设备，一个国家的机床制造技术水平和性能，对机械产品的质量、生产率和经济效益有着重要影响。

4.1.1 机床的型号编制

机床型号是机床产品的代号，用以简明地表示机床的类型、通用和结构特性、主要技术参数等。GB/T 15375—2008《金属切削机床型号编制方法》中说明型号由基本部分和辅助部分组成，中间用"/"隔开，读作"之"。前者需统一管理，后者纳入型号与否由企业自定。型号构成如下所示。

通用机床型号的表示方法：

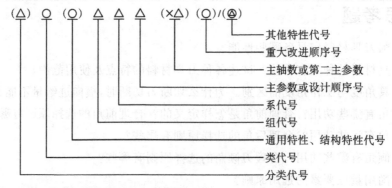

注1 有"（ ）"的代号或数字，当无内容时，则不表示。若有内容则不带括号。

注2 有"○"符号的，为大写的汉语拼音字母。

注3 有"△"符号的，为阿拉伯数字。

注4 有"◎"符号的，为大写的汉语拼音字母，或阿拉伯数字，或两者兼有之。

1. 机床的类别代号

机床的类别代号用汉语拼音字母（大写）表示。例如"车床"的类别代号用"C"表示，读作

"车"。必要时,每类可分为若干分类。分类代号在类代号之前,作为型号的首位,并用阿拉伯数字表示。第一分类代号前的"1"省略,第"2""3"分类代号则应予以表示。例如,磨床类分为 M、2M、3M 三个分类。机床的类别代号如表 4.1 所示。对于具有两类特性的机床编制时,主要特性应放在后面,次要特性放在前面。例如铣镗床是以铣为主、镗为辅。

表 4.1 机床类别代号

类别	车床	钻床	镗床	磨床			齿轮加工机床	螺纹加工机床	铣床	刨插床	拉床	锯床	其他机床
代号	C	Z	T	M	2M	3M	Y	S	X	B	L	G	Q
读音	车	钻	镗	磨	2磨	3磨	牙	丝	铣	刨	拉	割	其

2. 机床的通用特性代号、结构特性代号

这两种特性代号,用大写的汉语拼音字母表示,位于类代号之后。

(1)通用特性代号 当某类机床除了有普通型外,还有某些通用特性时,在类别代号之后加通用特性代号予以区别。通用特性的代号在各类机床中所表示的意义相同。例如 CM6132 型精密普通车床型号中的"M"表示"精密"。当在一个型号中需要同时使用两至三个普通特性代号时,一般按重要程度排列顺序。机床的通用特性代号如表 4.2 所示。

表 4.2 机床通用特性代号

通用特性	高精度	精密	自动	半自动	数控	加工中心（自动换刀）	仿形	轻型	加重型	简式	柔性加工单元	数显	高速
代号	G	M	Z	B	K	H	F	Q	C	J	R	X	S
读音	高	密	自	半	控	换	仿	轻	重	简	柔	显	速

(2)结构特性代号 结构特性代号与通用特性代号不同,它在型号中没有统一的含义,对于主参数值相同而结构、性能不同的机床,在类别代号之后加结构特性代号予以区别。例如,CA6140 型卧式车床型号中的"A",可理解为在结构上有别于 C6140 型卧式车床。型号中有通用特性代号时,结构特性代号排在通用特性代号之后。为避免混淆,通用特性代号已用的字母及"I""O"都不能作为结构特性代号。

3. 机床的组别代号和系列代号

将每类机床划分为十个组,每个组又划分为十个系(系列),分别用数字 0～9 表示。组、系划分的原则如下:

(1)在同一类机床,主要布局或使用范围基本相同的机床,即为同一组。

(2)在同一组机床中,其主参数相同、主要结构及布局型式相同的机床,即为同一系。

机床的组别代号和系列代号用两位阿拉伯数字表示,前者表示组别,后者表示系列。金属切削机床的类、组划分见表 4.3。

表 4.3 金属切削机床的类、组划分表

类别	组别									
	0	1	2	3	4	5	6	7	8	9
车床 C	仪表车床	单轴自动车床	多轴自动、半自动车床	回轮、转塔车床	曲轴及凸轮轴车床	立式车床	落地及卧式车床	仿形及多刀车床	轮、轴、辊、锭及铲皮车床	其他车床
钻床 Z		坐标镗钻床	深孔钻床	摇臂钻床	台式钻床	立式钻床	卧式钻床	铣钻床	中心孔钻床	其他钻床
镗床 T			深孔镗床		坐标镗床	立式镗床	卧式铣镗床	精镗床	汽车、拖拉机修理用镗床	其他镗床
磨床 M	仪表磨床	外圆磨床	内圆磨床	砂轮机	坐标磨床	导轨磨床	刀具刃磨床	平面及端面磨床	曲轴、凸轮轴、花键轴及轧辊磨床	工具磨床
磨床 2M		超精机	内圆珩磨床	外圆及其他珩磨床	抛光机	砂带抛光及磨削机床	刀具刃磨及研磨机床	可转位刀片磨削机床	研磨机	其他磨床
磨床 3M		球轴承套圈沟磨床	滚子轴承套圈滚道磨床	轴承套圈超精机		叶片磨削机床	滚子加工机床	钢球加工机床	气门、活塞及活塞环磨削机床	汽车、拖拉机修理用磨机床
齿轮加工机床 Y	仪表齿轮加工机		锥齿轮加工机	滚齿及铣齿机	剃齿及折齿机	插齿机	花键轴铣床	齿轮磨齿机	其他齿轮加工机	齿轮倒角及检查机
螺纹加工机床 S				套丝机	攻丝机		螺纹铣床	螺纹磨床	螺纹车床	
铣床 X	仪表铣床	悬臂及滑枕铣床	龙门铣床	平面铣床	仿形铣床	立式升降台铣床	卧式升降台铣床	床身铣床	工具铣床	其他铣床
刨插床 B		悬臂刨床	龙门刨床			插床	牛头刨床		边缘及模具刨床	其他刨床
拉床 L			侧拉床	卧式外拉床	连续拉床	立式内拉床	卧式内拉床	立式外拉床	键槽、轴瓦及螺纹拉床	其他拉床
锯床 G			砂轮片锯床		卧式带锯床	立式带锯床	圆锯床	弓锯床	锉锯床	
其他机床 Q	其他仪表机床	管子加工机床	木螺钉加工机		刻线机	切断机	多功能机床			

4. 机床主参数

机床主参数代表机床规格的大小，用折算值（主参数乘以折算系数）表示，位于系代号之后。各类机床的主参数及折算系数见表 4.4。

表 4.4　各类主要机床的主参数和折算系数

机　　床	主参数名称	折算系数
卧式车床	床身上最大回转直径	1/10
立式车床	最大车削直径	1/100
摇臂钻床	最大钻孔直径	1/1
卧式镗床	镗轴直径	1/10
坐标镗床	工作台面宽度	1/10
外圆磨床	最大磨削直径	1/10
内圆磨床	最大磨削孔径	1/10
矩台平面磨床	工作台面宽度	1/10
齿轮加工机床	最大工件直径	1/10
龙门铣床	工作台面宽度	1/100
升降台铣床	工作台面宽度	1/10
龙门刨床	最大刨削宽度	1/100
插床及牛头刨床	最大插削及刨削长度	1/10
拉床	额定拉力（t）	1/1

5. 通用机床的设计顺序号

某些通用机床，当无法用一个主参数表示时，则在型号中用设计顺序号表示。设计顺序号由 1 起始，当设计顺序号小于 10 时，由 01 开始编号。

6. 主轴数和第二主参数的表示方法

1) 主轴数的表示方法

对于多轴车床、多轴钻床、排式钻床等机床，其主轴数应以实际数值列入型号，置于主参数之后，用"×"分开，读作"乘"。单轴，可省略，不予表示。

2) 第二主参数的表示方法

第二主参数（多轴机床的主轴数除外），一般不予表示，如有特殊情况，需在型号中表示。在型号中表示的第二主参数，一般以折算成两位数为宜，最多不超过三位数。以长度、深度值等表示的，其折算系数为 1/100；以直径、宽度值表示的，其折算值为 1/10；以厚度、最大模数值等表示的，其折算系数为 1。

7. 机床的重大改进顺序号

当机床的性能及结构布局有重大改进，并按新产品重新设计、试制和鉴定时，在原有机床型号的尾部，加重大改进号，以区别于原有机床型号。序号按 A、B、C、…的字母顺序选用。

8. 其他特性代号

其他特性代号主要用以反映各类机床的特性。如对于数控机床,可用来反映不同的控制系统等;对于加工中心,可用以反映控制系统、联动轴数、自动交换主轴头、自动交换工作台等;对于柔性加工单元,可用以反映自动交换主轴箱;对于一机多能机床,可用以补充表示某些功能;对于一般机床,可以反映同一型号机床的变型等。其他特性代号用汉语拼音字母或阿拉伯数字或二者的组合来表示。

4.1.2 机床的传动联系及传动原理图

1. 机床的传动联系

机床在加工过程中所需的各种运动,是通过具体的传动而得到的。机床上任何运动的实现,均须具备以下三个基本部分:

1)执行件

执行件即机床运动的具体执行部件,如主轴、刀架、工作台等。其任务是安装刀具或工件,并直接带动其完成一定形式的运动并保持其准确的运动轨迹。

2)动力源

动力源是给机床运动提供动力和运动的装置,是执行件的运动动力来源。

3)传动装置

传动装置为传递运动和动力的装置,通过它可把动力源的运动和动力传给执行件。通常情况下,传动装置同时可完成变速、变向、改变运动形式等任务,使执行件获得所需的运动形式、运动速度和运动方向。

机床的传动装置按其所采用的传动介质不同,可分为机械传动、液压传动、电气传动和气压传动等传动形式。

各种类型机床所需运动的性质、形式和数目各有不同,实现其运动的传动路线及方式也各有不同,但均是将动力源、传动装置及执行件或将执行件、传动装置及执行件按需要联系起来,构成机床的传动联系。

2. 机床的传动链

在机床上,为了得到所需要的运动,需要通过一系列的传动件把执行件和动力源(如电机),或执行件之间连接起来。构成一个传动联系的一系列传动件,称为传动链。根据传动联系的性质,传动链可以分为两类:外联系传动链和内联系传动链。

1)外联系传动链

外联系传动链联系的是动力源与机床执行件,并使执行件得到预定速度的运动,且传递一定的动力。此外,外联系传动链不要求动力源与执行件之间有严格的传动比关系,而是仅仅把运动和动力从动力源传送到执行件上去,这样的传动链称其为外联系传动链。如图4.1

(a)所示,车削圆柱面时,工件的旋转 B 和刀架的移动 A 是两个互相独立的成形运动,有两条外联系传动链。工件的旋转和刀架的移动之间,也没有严格的相对速度关系。主轴的转速和刀架的移动速度,只影响生产率和工件表面粗糙度,不影响圆柱面的形成。外联"传动链的传动比不要求很精确。

2)内联系传动链

内联系传动链联系的是复合运动中的多个分量,也就是说它所联系执行件自身的运动,同属于一个独立的成形运动,即成形运动是"复合的"。因而对执行件之间的相对位移有严格的要求,以保证运动的轨迹。如图 4.1(b)所示,形成渐开线的展成运动是由滚刀的旋转 B_1 和工件的旋转 B_2 复合而成,两个运动之间有严格的相对运动关系:滚刀 $1/K$ 转-工件 $1/Z_工$ 转。

为了保证准确的传动比,在内联系传动链中不能采用摩擦传动(由于打滑的原因而引起传动比的变化),或者是瞬时传动比有变化的传动件(如链传动)。

外联系传动链不影响发生线的性质,只影响发生线形成的速度。内联系传动链影响发生线的性质和执行件运动的轨迹,内联系传动链只能保证执行件具有正确的运动轨迹,要使执行件运动起来,还须通过外联系传动链把动力源和执行件联系起来,使执行件得到一定的运动速度和动力。

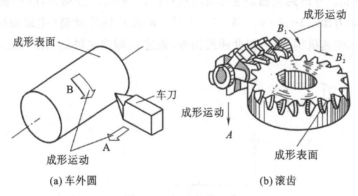

(a) 车外圆　　　　　　　(b) 滚齿

图 4.1　表面成形运动

3. 机床的传动原理图

为了使执行件获得所需运动,或者使有关执行件之间保持某种确定的运动关系,传动链中通常有两类传动机构。一类是具有固定传动比的传动机构,如带传动、定比齿轮副、蜗杆副、丝杠副等,称为定比结构,另一类是能根据需要变换传动比的传动机构,如交换齿轮、滑移齿轮变速机构等,称为换置机构。

通常,机床需要多少个运动,其传动系统中就有多少条传动链。根据执行件运动的用途和性质不同,传动链可相应地区分为主运动传动链、进给运动传动链、空行程传动链、分度运动传动链等。

为了便于研究机床的传动联系,常用一些简明的符号把传动原理和传动线路表示出来,这就是传动原理图,在图中仅表示与形成某一表面直接有关的运动及其传动联系。图 4.2

是传动原理图经常使用的一部分符号。

(a) 电动机　　(b) 主轴　　(c) 车刀　　(d) 滚刀　　(e) 合成机构

(f) 传动比可变换　(g) 传动比不变　(h) 电的联系　(i) 脉冲发生器　(j) 快调换量机构
的换置机构　　的机械联系　　　　　　　　　　　　　　　　　（如数控系统）

图 4.2　传动原理图常用的一些示意符号

图 4.3 中由主轴至刀架的传动联系为两个执行件之间的传动联系,由此保证刀具与工件间的相对运动关系。这个运动是复合运动。它可分解为两部分:主轴的旋转 B 和车刀的纵向移动 A。因此,车床应有两条传动链:

(1)复合运动两部分 A 和 B 的内联系传动链:主轴—4—5—u_x—6—7—丝杠。u_x 表示该传动链(螺纹传动链)的换置机构,如挂轮架上的交换齿轮和进给箱中的滑移齿轮变速机构等,可通过 u_x 来调整并得到被加工螺纹的导程。

(2)联系动力源与这个复合运动的外联系传动链。外联系传动链可由动力源联系复合运动中的任意环节。考虑到主轴是主运动的执行件,需要大部分动力,故外联系传动链联系动力源与主轴:动力源—1—2—u_v—3—4—主轴。u_v 表示该传动链(主运动传动链)的换置机构,如滑移齿轮变速机构、离合器变速机构等,通过 u_v 调整主轴的工作转速,以适应切削速度的需要。

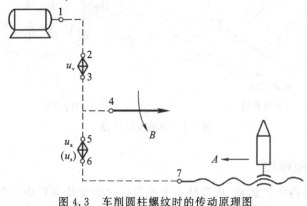

图 4.3　车削圆柱螺纹时的传动原理图

4.2　常见的金属切削机床

4.2.1　车　床

在机械制造中,车床是金属切削机床中应用最广泛的一种,加工时主运动一般为工件的旋转运动,进给运动由刀具直线移动来完成。车床主要用来加工各种回转表面,如内外圆柱、圆锥表面,成形回转表面和回转体的端面以及内外螺纹面。车床加工所使用的刀具主要是车刀,很多车床还可以使用钻头、扩孔钻、铰刀、丝锥、板牙等刀具加工孔和螺纹。

按结构和用途的不同,车床可分为卧式车床、立式车床、转塔车床、单轴自动车床、多轴自动和半自动车床,以及各种专门化车床,如凸轮轴车床、曲轴车床,轮、轴、辊、锭及铲齿车床等,其中卧式车床的应用最广。

1. 卧式车床

卧式车床的加工范围很广,它能完成多种加工,主要包括:各种轴类、套类和盘类等零件上的回转表面,如车外圆、镗孔、车锥面、车环槽、切断、车成形面等;车端面;车螺纹;还能进行钻中心孔、钻孔、铰孔、攻丝、滚花等,如图 4.4 所示。

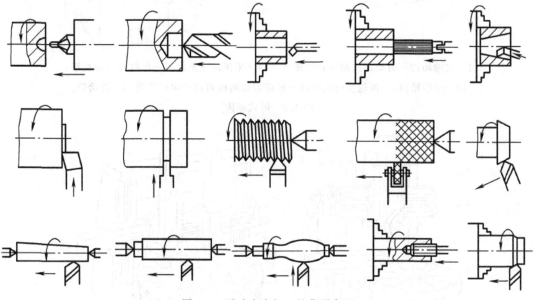

图 4.4　卧式车床加工的典型表面

卧式车床由主轴箱、进给箱、溜板箱、刀架、尾座和床身等部件组成,如图 4.5 所示。

2. 立式车床

立式车床是主轴垂直布置的车床,适用于加工直径大而高度小于直径的大型工件,按其结构形式可分为单立柱式和双立柱式两种,如图 4.6 所示。

4.2.2　铣　床

铣床是主要用多刃铣刀进行铣削加工的机床。其工艺范围较广,可以加工平面、台阶、沟槽、螺旋面、多齿零件以及曲面等(见图 4.7)。因此铣床是机械制造业中应用十分广泛的一种机床。

铣床的主运动是铣刀的旋转运动,切削速度较高,而且是多刃连续切削,故可获得较高的生产率。铣床的主要类型有卧式升降台式铣床、立式升降台式铣床、龙门铣床、床身式铣床、工具铣床、仿形铣床以及各种专门化铣床等。

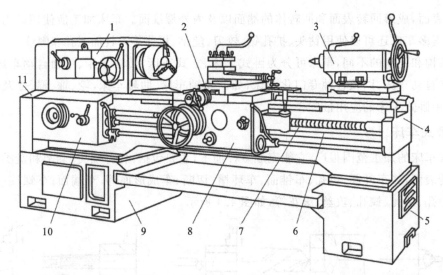

1—主轴箱；2—刀架；3—尾座；4—床身；5、9—床腿；6—光杠；7—丝杠；8—溜板箱；
10—进给箱；11—挂轮变速机构；6—转塔刀架溜板箱；7—定程装置；8—进给箱。

图 4.5　卧式车床

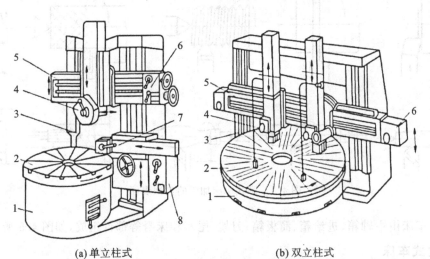

(a) 单立柱式　　　　　　　　　　　(b) 双立柱式

1—底座；2—工作台；3—立柱；4—垂直刀架；5—横梁；
6—垂直刀架进给箱；7—侧刀架；8—侧刀架进给箱。

图 4.6　立式车床外形

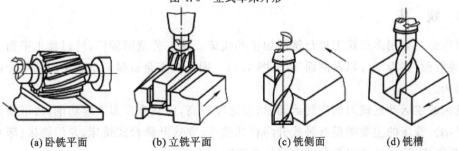

(a) 卧铣平面　　　(b) 立铣平面　　　(c) 铣侧面　　　(d) 铣槽

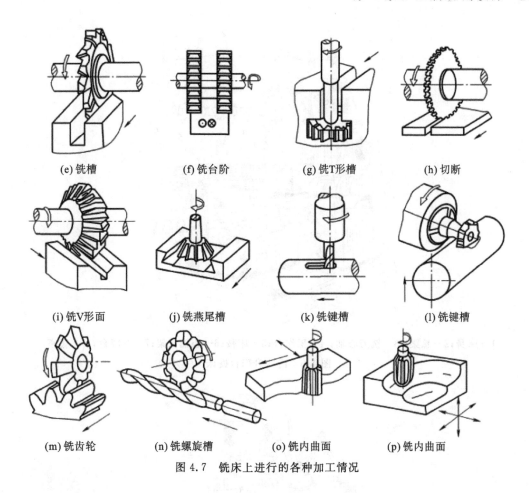

(e) 铣槽   (f) 铣台阶   (g) 铣T形槽   (h) 切断

(i) 铣V形面   (j) 铣燕尾槽   (k) 铣键槽   (l) 铣键槽

(m) 铣齿轮   (n) 铣螺旋槽   (o) 铣内曲面   (p) 铣内曲面

图 4.7 铣床上进行的各种加工情况

1. 卧式铣床

升降台式铣床按主轴在铣床上布置方式的不同,分为卧式和立式两种类型。

卧式升降台铣床是一种主轴水平布置的升降台铣床,又称"卧铣",如图 4.8 所示。其主要用于单件和成批生产中,加工中小型零件上的平面、台阶、沟槽,配置相应的附件,可加工多齿零件和螺旋槽等。

万能卧式升降台铣床与一般卧式升降台铣床的区别在于它在工作台 4 与床鞍 5 之间增装了一层转盘,转盘相对于床鞍可在水平面内扳转一定的角度(±45°范围),使工作台的运动轨迹和主轴成一定夹角,以便加工螺旋槽等表面。

2. 立式铣床

立式升降台铣床是一种主轴为垂直布置的升降台铣床,又称"立铣",如图 4.9 所示。主轴 2 上可安装立铣刀、端铣刀等刀具,工作台结构与卧式铣床相同。其主要用于单件和成批生产中,加工中小型零件上的平面、台阶、沟槽,立铣头 1 可根据需要在垂直平面内调整一定角度(±45°范围),可以实现加工斜面,配置相应的附件,可加工齿轮、凸轮及螺旋面等。

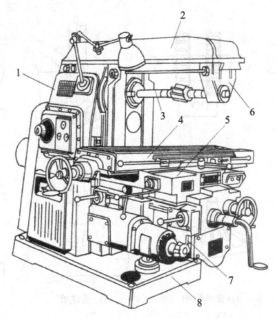

1—床身;2—悬梁;3—铣刀心轴;4—工作台;5—床鞍;6—心轴支架;7—升降台;8—底座。

图 4.8 卧式升降台铣床

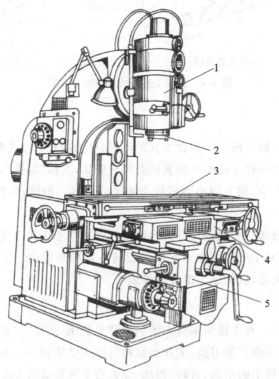

1—立铣头;2—主轴;3—工作台;4—床鞍;5—升降台。

图 4.9 立式升降台铣床

3. 龙门铣床

龙门铣床是一种大型高效通用铣床,主要用来加工大型工件上的平面和沟槽。机床主体结构呈龙门式框架,具有较高的刚度及抗震性,如图 4.10 所示。横梁 5 可以在立柱 4 上升降,以适应加工不同高度的工件。龙门铣床可多刀同时加工多个工件或多个表面,生产率高,适用于成批大量生产,可以对工件进行粗铣、半精铣,也可以进行精铣加工。

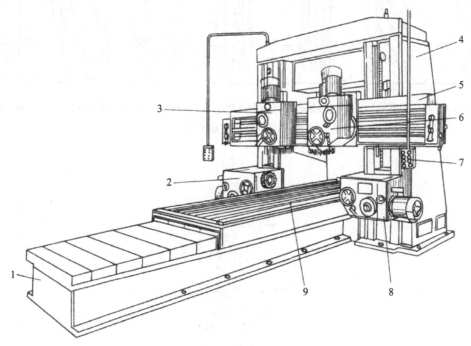

1—床身;2、8—侧铣头;3、6—立铣头;4—立柱;5—横梁;7—操纵箱;9—工作台。

图 4.10　龙门铣床

4.2.3　钻　床

钻床一般用于加工直径不大、精度要求不高的孔。其主要加工方法是用钻头在实心材料上钻孔,此外还可在原有孔的基础上进行扩孔、铰孔、锪平面、攻螺纹等加工。在钻床上加工时,通常是工件固定不动,主运动是刀具的旋转,刀具沿轴向的移动即为进给运动。钻床的加工及其所需运动如图 4.11 所示。

钻床可分为立式钻床、台式钻床、摇臂钻床及深孔钻床等。

1. 立式钻床

立式钻床主轴箱固定不动,用移动工件的方法使刀具旋转中心线与被加工孔的中心线重合,进给运动由主轴随主轴套筒在主轴箱中作直线移动来实现。立式钻床仅适用于单件、小批生产中加工中、小型零件。其外形如图 4.12 所示。

2. 台式钻床

台式钻床简称台钻,是一种放在台面上使用的小型钻床。台钻主要用于小型零件上各种小孔的加工,钻孔直径一般小于 16 mm。台钻的自动化程度较低,但其结构简单,小巧灵活,使用方便,主要用于电器、仪表工业以及一般机器制造业的钳工、装配工作中。其外形如图 4.13 所示。

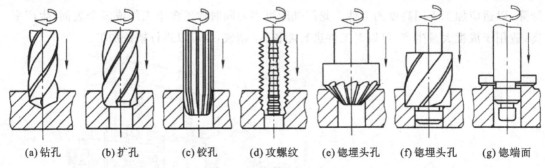

(a)钻孔　　(b)扩孔　　(c)铰孔　　(d)攻螺纹　　(e)锪埋头孔　　(f)锪埋头孔　　(g)锪端面

图 4.11　钻床的加工方法

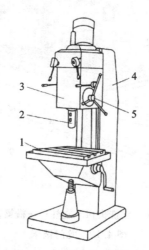

1—工作台;2—主轴;3—主轴箱;4—立柱;5—进给操纵机构。

图 4.12　立式钻床

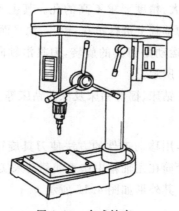

图 4.13　台式钻床

3.摇臂钻床

对于大而重的工件,因移动不便,找正困难,不便于在立式钻床上加工。这时希望工件不动而移动主轴,使主轴中心对准被加工孔的中心(即钻床主轴能在空间任意调整其位置),于是就产生了摇臂钻床,图4.14所示为摇臂钻床。主轴箱4装在摇臂3上,可沿摇臂3的导轨移动,而摇臂3可绕立柱2的轴线转动,因而可以方便地调整主轴5的位置,使主轴轴线与被加工孔的中心线重合。此外,摇臂3还可以沿立柱升降,以适应不同的加工需要。

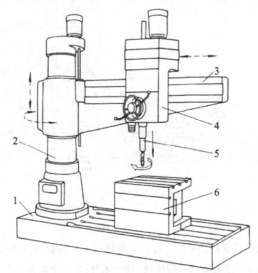

1—底座;2—立柱;3—摇臂;4—主轴箱;5—主轴;6—工作台。

图4.14　摇臂钻床

4.深孔钻床

深孔钻床是专门化机床,专门用于加工深孔,例如加工枪管、炮筒和机床主轴等零件的深孔。这种机床加工的孔较深,为了减少孔中心线的偏斜,加工时通常是由工件转动来实现主运动,深孔钻头并不转动,只作直线进给运动。此外,由于被加工孔较深而且工件又往往较长,为了便于排除切屑及避免机床过于高大,深孔钻床通常是卧式布局。

4.2.4　镗　床

镗床的主要工作是用镗刀进行镗孔,除镗孔外,大部分镗床还可以进行铣削、钻孔、扩孔、铰孔等工作。镗床主要分为卧式镗床、坐标镗床、金刚镗床等。

1.卧式镗床

图4.15所示为卧式铣镗床的外形。由工作台3、上滑座12和下滑座11组成的工作台部件装在床身导轨上。工作台通过上、下滑座可实现横向、纵向移动。工作台还可绕上滑座12的环形导轨作转动运动。主轴箱8可沿前立柱7的导轨上下移动,以实现垂直进给运动或调整主轴在垂直方向的位置。此外,机床上还有坐标测量装置,以实现主轴箱和工作台之

间的准确定位。加工时,根据加工情况不同,刀具可以装在镗轴 4 锥孔中或装在平旋盘 5 的径向刀具溜板 6 上。镗轴 4 除完成旋转主运动外,还可沿其轴线移动作轴向进给运动(由后尾筒 9 内的轴向进给机构完成)。平旋盘 5 只能做旋转运动。装在平旋盘径向导轨上的径向刀具溜板 6,除了随平旋盘一起旋转外,还可作径向进给运动,实现铣平面加工。

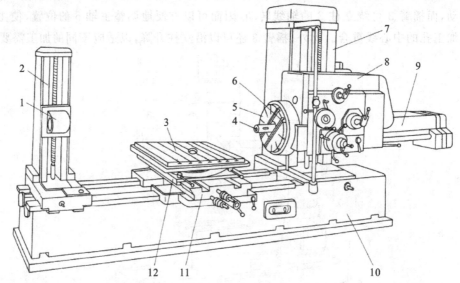

1—后支架;2—后立柱;3—工作台;4—镗轴;5—平旋盘;6—径向刀具溜板;
7—前立柱;8—主轴箱;9—后尾筒;10—床身;11—下滑座;12—上滑座。

图 4.15 卧式铣镗床

图 4.16(a)所示为用装在镗轴上的悬伸刀杆镗孔,图 4.16(b)所示为利用长刀杆镗削同一轴线上的两孔,图 4.16(c)所示为用装在平旋盘上的悬伸刀杆镗削大直径的孔,图 4.16(d)所示为用装在镗轴上的端铣刀铣平面,图 4.16(e)、(f)所示为用装在平旋盘刀具溜板上的车刀车内沟槽和端面。

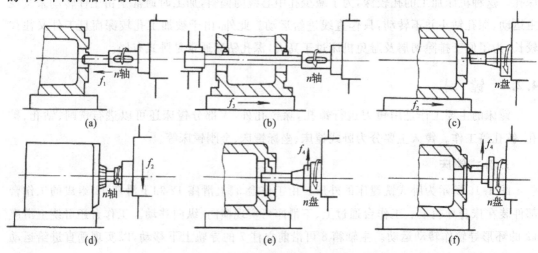

图 4.16 卧式铣镗床的典型加工方法

2. 坐标镗床

坐标镗床是一种主要用于加工精密孔系的高精度机床。这种机床装备有测量坐标位置的精密测量装置,其坐标定位精度达 0.002～0.01 mm,从而保证刀具和工件具有精确的相对位置。因此,坐标镗床可以保证被加工孔本身能达到很高的尺寸和形状精度,而且可以不采用导向装置,保证孔间中心距及孔至某一面距离达到很高的精度。坐标镗床除了能完成镗孔、钻孔、扩孔、铰孔、锪端面、切槽及铣平面等工作外,还能进行精密刻线和划线,以及孔距和直线尺寸的精密测量等工作。坐标镗床主要用于工具车间中加工夹具、模具和量具等,也可用于生产车间加工精度要求高的工件。坐标镗床按其布局形式有单柱(见图 4.17)、双柱(见图 4.18)和卧式坐标镗床(见图 4.19)3 种类型。

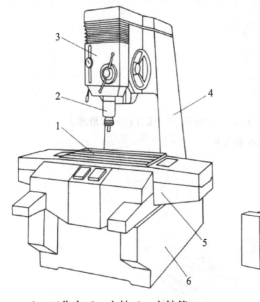

1—工作台;2—主轴;3—主轴箱;

4—立柱;5—床鞍;6—床身。

图 4.17　单柱坐标镗床

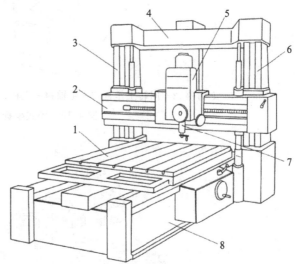

1—工作台;2—横梁;3、6—立柱;

4—顶梁;5—主轴箱;7—主轴;8—床身。

图 4.18　双柱坐标镗床

4.2.5　刨　床

刨床类机床主要包括刨床和插床。刨床作水平方向的主运动,而插床则作垂直方向的主运动,机床的主运动和进给运动均为直线运动。由于机床的主运动是直线往复运动,运动部件换向时需克服惯性力,形成冲击载荷,使得主运动速度难以提高,切削速度较低。但由于机床和刀具较为简单,应用较灵活,因此刨床在单件、小批量生产中常用于加工各种平面(水平面,斜面,垂直面)、沟槽(T 形槽,燕尾槽等)以及纵向成形表面等。

1. 牛头刨床

牛头刨床因其滑枕刀架形似"牛头"而得名,它主要用于加工中小型零件。其外形如图 4.20 所示,底座 6 上装有床身 5,主运动机构装在床身 5 内,滑枕 4 带着刀架 3 作往复直线运动主运动。工件装在工作台 1 上,工作台 1 在横梁 2 上作横向进给运动,进给是间歇运动。横梁 2 可在床身上升降，以适应加工不同高度的工件。刀架 3 可沿刀架座上的导轨垂直移动（一般为手动），以调整刨削深度，以及加工垂直平面和斜面时作进给运动。刀架可以左右回转 60°，以便加工斜面或斜槽。

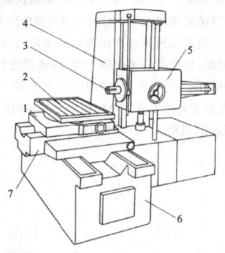

1—上滑座；2—回转工作台；3—主轴；4—立柱；5—主轴箱；6—床身；7—下滑座。

图 4.19　卧式坐标镗床

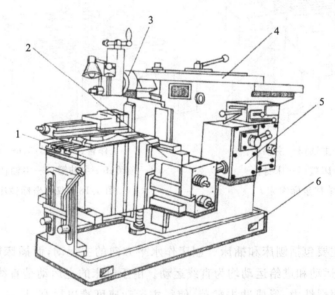

1—工作台；2—横梁；3—刀架；4—滑枕；5—床身；6—底座。

图 4.20　牛头刨床

2. 龙门刨床

如图 4.21 所示为龙门刨床的外形图。机床的主运动是工作台 9 沿床身 10 上的导轨作水平的直线往复运动。床身 10 的两侧固定有立柱 3、7，两立柱由顶梁 4 连接，形成结构刚性较好的龙门框架。横梁 2 上装有两个垂直刀架 5、6，可分别作横向和垂直方向进给运动及快速调整移动。横梁沿立柱垂直导轨作升降移动,以调整垂直刀架的位置,适应不同高度的工件加工。横梁升降位置确定后,由夹紧机构夹紧在两个立柱上。左右立柱分别装有侧刀架1、8,可分别沿垂直方向作自动进给和快速调整移动,以加工侧平面。

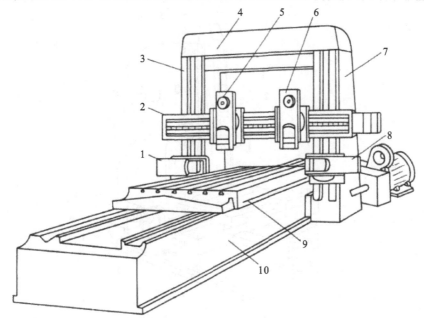

1、8—侧刀架;2—横梁;3、7—立柱;4—顶梁;5、6—垂直刀架;9—工作台;10—床身。

图 4.21　龙门刨床

　　龙门刨床主要用于加工大型或重型零件上的各种平面、沟槽和各种导轨面,也可在工作台上一次装夹数个中小型零件进行多件加工。

3. 插床

　　插床多用于加工与安装基面垂直的面,一般为立式,其外形如图 4.22 所示。滑枕 2 可沿滑枕导轨座 3 上的导轨作上下方向的往复运动,使刀具实现主运动,向下为工作行程,向上为空行程。滑枕导轨座 3 可以绕销轴 4 在小范围内调整角度,以便加工倾斜的内外表面。床鞍 6 和溜板 7 可分别作横向及纵向进给,圆工作台 1 可绕垂直轴线旋转,完成圆周进给或进行分度。圆工作台在上述各方向的进给运动均在滑枕空行程结束后的短时间内进行。分度装置 5 用于完成对工件的分度。

　　插床主要用于加工件的内表面,如内孔键槽及多边形孔等,有时也用于加工成形内外表面。插床的生产率较低,一般只用于单件、小批生产。

4.2.6　拉　床

　　拉床是用拉刀进行加工的机床。拉床可加工各种形状的通孔、平面及成形表面。图4.23 所示为适于拉削的一些典型表面形状。

　　拉床进行拉削时,拉刀作平稳的低速直线运动,而进给则由拉刀刀齿的齿升量来完成,加工表面在拉刀的一次运动中形成。所以拉床的运动比较简单,它只有拉刀所作的主运动而没有进给运动。在拉削过程中,拉刀承受的切削力很大,为了获得平稳的切削运动,拉床的主运动通常采用液压驱动。

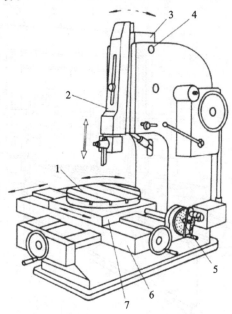

1—圆工作台;2—滑枕;3—滑枕导轨座;4—销轴;5—分度装置;6—床鞍;7—溜板。

图 4.22 插床

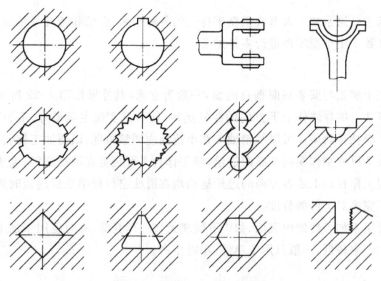

图 4.23 拉削的典型表面形状

拉床的拉削余量小,切削运动平稳,粗、精加工在拉刀的一次行程中完成。因而拉削有较高的加工精度和较小的表面粗糙度值,生产率也高。但拉刀结构复杂,且拉削每种表面都需要专门的拉刀,因而拉床仅适用于大批量生产。

拉床按用途可分为内拉床和外拉床,按布局可分为卧式、立式、连续式拉床等。

1. 卧式内拉床

卧式内拉床是拉床中最常用的机床,主要用于加工工件的内表面,如拉花键孔、键槽、精加工孔。卧式内拉床外形如图 4.24 所示,加工时,工件以其端面紧靠在支承座 3 的平面上(见图 4.30)。

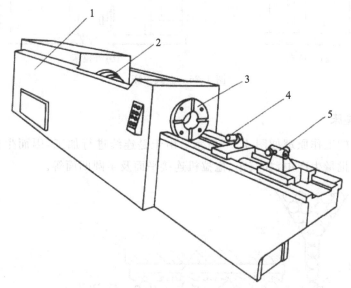

1—床身;2—液压缸;3—支承座;4—滚柱;5—护送夹头。

图 4.24　卧式内拉床

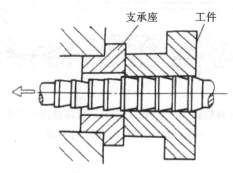

图 4.25　工件安装

2. 立式拉床

立式拉床按用途又可分为立式内拉床和立式外拉床。立式内拉床外形如图 4.26(a)所示。这种机床可用拉刀或推刀加工工件的内表面。如齿轮淬火后,用于校正花键孔的变形等。立式外拉床的外形如图 4.26(b)所示,可用于加工工件的外表面,如汽车、拖拉机行业加工气缸体等零件的平面。

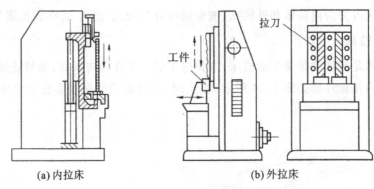

(a)内拉床　　　　　　　　　　(b)外拉床

图 4.26　立式拉床

3.连续式拉床

连续式拉床的工作原理如图 4.27 所示。由于是连续进行加工,因而生产率较高,常用于小型零件的大批量生产中,如汽车、拖拉机连接平面及半圆凹面等。

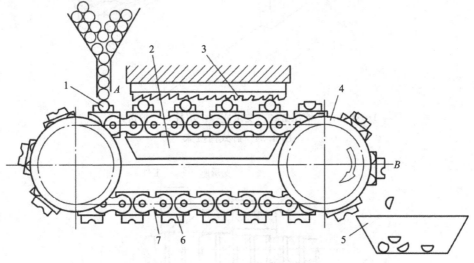

1—工件;2—导轨;3—拉刀;4—链轮;5—成品箱;6—夹具;7—链条。

图 4.27　连续式拉床工作原理

4.2.7　磨　床

磨床是用磨料磨具(如砂轮、砂带、油石、研磨料等)为工具对工件进行切削加工的机床。磨床可以加工内外圆柱、圆锥表面、平面、渐开线齿廓面、螺旋面以及各种成形面,还可以刃磨刀具和进行切断等工作。磨床主要用于精加工,尤其硬度很高的淬硬钢及其他高硬度的特殊金属材料和非金属材料。因此,磨床的使用范围日益扩大,它在金属切削机床中所占的比例不断上升。磨床的种类很多,其中主要类型有以下几种。

(1)外圆磨床　包括普通外圆磨床、万能外圆磨床、无心外圆磨床等。

(2)内圆磨床　包括内圆磨床、无心内圆磨床、行星式内圆磨床等。

（3）平面磨床 包括卧轴矩台平面磨床、立轴矩台平面磨床、卧轴圆台平面磨床、立轴圆台平面磨床等。

（4）工具磨床 包括工具曲线磨床、钻头沟槽磨床、丝锥沟槽磨床等。

（5）刀具刃磨磨床 包括万能工具磨床、拉刀刃磨磨床、滚刀刃磨磨床等。

（6）专门化磨床 专门用于磨削某一类零件的磨床，如曲轴磨床、凸轮轴磨床、轧辊磨床、叶片磨床、齿轮磨床、螺纹磨床等。

（7）其他磨床 包括珩磨机、抛光机、超精加工机床、砂带磨床、研磨机、砂轮机等。

1. M1432A 型万能外圆磨床

如图 4.28 所示为 M1432A 型万能外圆磨床，主要用于磨削圆柱形或圆锥形的外圆和内孔，也能磨削阶梯轴的轴肩和端平面。工件最大磨削直径为 320 mm。这种磨床属于普通精度级，精度可达圆度 5 μm，表面粗糙度为 Ra0.16～0.32 μm，通用性较大，但自动化程度不高，磨削效率较低，适用于单件、小批生产的车间。图 4.29 是万能外圆磨床上四种典型的加工示意图。

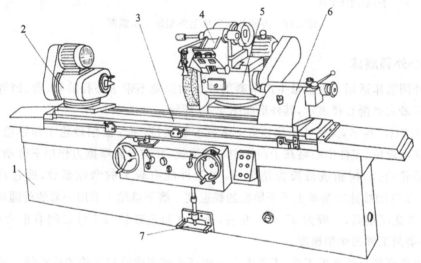

1—床身；2—头架；3—工作台；4—内圆磨头；5—砂轮架；6—尾座；7—脚踏操纵板。

图 4.28 M1432A 型万能外圆磨床

2. 普通外圆磨床

普通外圆磨床的结构与万能外圆磨床基本相同，不同的是①头架和砂轮架不能绕轴心在水平面内调整角度位置；②头架主轴直接固定在箱体上不能转动，工件只能用顶尖支承进行磨削；③没配置内圆磨头装置。

因此，普通外圆磨床的工艺范围较窄，但由于减少了主要部件的结构层次，头架主轴又固定不转，故机床及头架主轴部件的刚度高，工件的旋转精度好。这种磨床可以采用较大磨削用量，适用于中批及大批量生产磨削外圆柱面、锥度不大的外圆锥面及阶梯轴肩等。

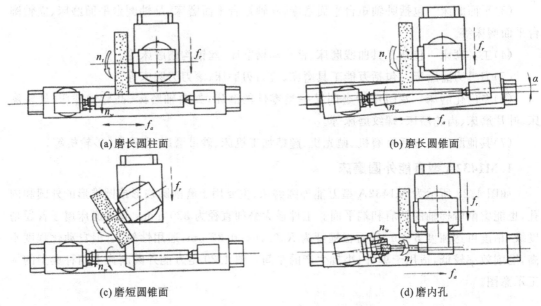

(a) 磨长圆柱面

(b) 磨长圆锥面

(c) 磨短圆锥面

(d) 磨内孔

图 4.29 万能外圆磨床上典型加工示意图

3. 无心外圆磨床

无心外圆磨床适用于大批量生产中磨削细长轴以及不带中心孔的轴、套、销等零件，它的主参数以最大磨削直径表示，其外形如图 4.30 所示。

如图 4.31(a)所示，工件 4 不用顶尖支承或卡盘夹持，置于磨削砂轮 1 和导轮 3 之间并用托板 2 支承定位，工件中心略高于两轮中心的连线，并在导轮摩擦力作用下带动旋转。导轮为刚玉砂轮，它以树脂或橡胶为结合剂，与工件间有较大的摩擦系数，线速度在 10～50 m/min，工件的线速度基本上等于导轮的线速度。磨削砂轮 1 采用一般的外圆磨砂轮，通常不变速，线速度很高，一般为 35 m/s 左右，所以在磨削砂轮与工件之间有很大的相对速度，这就是磨削工件的切削速度。

为了避免磨削出棱圆形工件，工件中心必须高于磨削砂轮和导轮的连心线。这样，就可使工件在多次转动中逐步被磨圆。

由于工件定位基准是被磨削的外圆表面，而不是中心孔，所以就消除了工件中心孔误差、外圆磨床工作台运动方向与前后顶尖连线的不平行以及顶尖的径间跳动等项误差的影响。所以磨削出来的工件尺寸精度和几何精度比较高，表面粗糙度也比较好。如果配备适当的自动装卸料机构，就很容易实现全自动加工。

无心磨削通常有纵磨法(贯穿磨法)和横磨法(切入磨法)两种磨削方式，图 4.31(b)所示为纵磨法，将工件从机床前面放到托板上，推入磨削区域后，工件旋转，同时又轴向向前移动，从另一端出去后就完成了磨削。而另一个工件可相继进入磨削区，这样就可以一件接一件连续加工。导轮轴线相对于工件轴线偏转 $\alpha = 1° \sim 4°$ 的角度，粗磨时取大值，精磨时取小值。为了保证导轮与工件间的接触线呈直线形状，需将导轮的形状修正为回转双曲面形。

图 4.31(c)所示为横磨法，先将工件放在托板和导轮之间，然后使磨削砂轮横向切入进

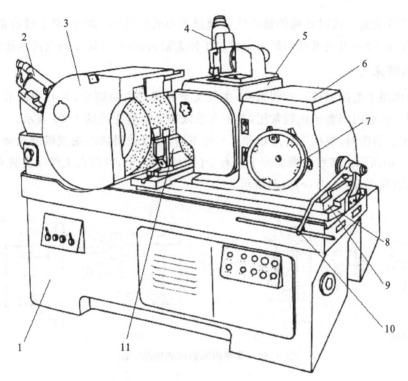

1—床身；2—砂轮修整器；3—砂轮架；4—导轮修整器；5—转动体；6—座架；

7—微量进给手轮；8—回转底座；9—导轮架；10—快速进给手柄；11—托板。

图 4.30　无心外圆磨床

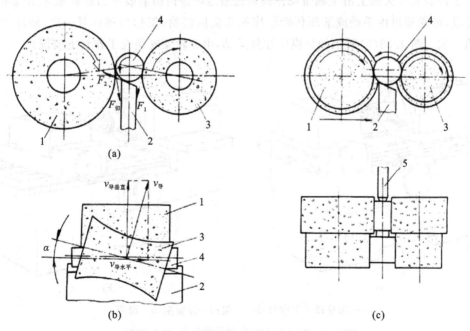

(a)　　　　　　　　　　　　　　

(b)　　　　　　　　　　　(c)

1—磨削砂轮；2—托板；3—导轮；4—工件；5—挡块。

图 4.31　无心外圆磨工作原理

给,来磨削工件表面。这时导轮的轴心线仅倾斜很小的角度(约 $30'$),对工件有微小的轴向推力,使它靠住挡块,得到可靠的轴向定位。工件无轴向运动,导轮作横向进给运动。

4. 内圆磨床

内圆磨床用于磨削圆柱孔和圆锥孔,主要类型有普通内圆磨床、无心内圆磨床、行星式内圆磨床等。普通内圆磨床比较常用,其主参数以最大磨削孔径的 1/10 表示。磨削方法如图 4.32 所示。磨削时,根据工件形状和尺寸的不同,可以采用纵磨法或横磨法磨削内孔,如图 4.32(a)、(b)所示。某些内圆磨床上配有专门的端磨装置,可以在工件一次装夹中完成内孔和端面的磨削,如图 4.32(c)、(d)所示。

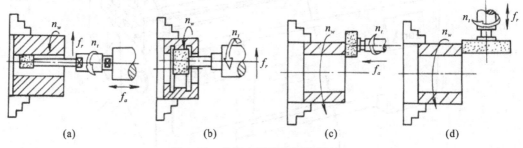

(a)　　　　　　(b)　　　　　　(c)　　　　　　(d)

图 4.32　普通内圆磨床的磨削方法

如图 4.33 所示为常见的两种普通内圆磨床布局形式。图 4.33(a)中头架 3 安装在工作台 2 上,可随同工作台沿床身导轨做纵向往复运动,还可在水平面内调整角度位置以磨削圆锥孔。工件装夹在头架上由主轴带动作圆周进给运动。内圆磨砂轮由砂轮架 4 主轴带动做旋转运动,砂轮架可由手动或液压传动沿床鞍作横向进给,工作台每往复一次,砂轮架作横向进给一次。图 4.33(b)所示的是纵向往复运动,由砂轮架安装在工作台上实现。

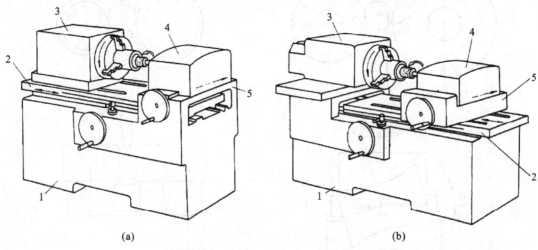

(a)　　　　　　　　　　　　　　(b)

1—床身;2—工作台;3—头架;4—砂轮架;5—滑座。

图 4.33　普通内圆磨床

5. 平面磨床

　　平面磨床用于磨削各种零件的平面。根据砂轮工作面和工作台形状的不同,其磨削方式如图 4.34 所示。平面磨床主要有四种类型:卧轴矩台平面磨床、卧轴圆台平面磨床、立轴矩台平面磨床和立轴圆台平面磨床。其中卧轴矩台平面磨床和立轴圆台平面磨床最为常见。

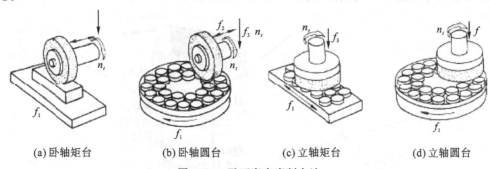

(a) 卧轴矩台　　　　(b) 卧轴圆台　　　　(c) 立轴矩台　　　　(d) 立轴圆台

图 4.34　平面磨床磨削方法

1)卧轴矩台平面磨床

　　卧轴矩台平面磨床如图 4.35 所示,这种磨床主要采用周磨法磨削平面,磨削时工件放在工作台上,由电磁吸盘吸住,机床作如下运动:①砂轮的旋转运动 n_t;②工件的纵向往复运动 f_1;③砂轮的间歇横向进给 f_2(手动或液压传动);④砂轮的间歇垂直进给 f_3(手动)。这种磨床的工艺范围较宽,除了用周磨法磨削水平面外,还可用砂轮端面磨削沟槽及台阶等垂直侧平面。这种磨削方法砂轮与工件的接触面积小,发热量少,冷却和排屑条件好,故可获得较高的加工精度和较好的表面质量,但磨削效率较低。这种磨床的主参数以工作台面宽度的 1/10 表示。

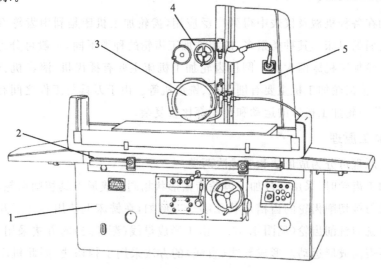

1—床身;2—工作台;3—砂轮;4—进给箱;5—立柱。

图 4.35　卧轴矩台平面磨床

2)立轴圆台平面磨床

这种磨床采用端磨法磨削平面,由于采用端面磨削,砂轮与工件的接触面积大,故生产率较高。但磨削时发热量大,冷却和排屑条件差,故加工精度和表面质量一般不如矩台平面磨床。这种磨床主要用于成批生产中进行粗磨或磨削精度要求不高的工件。这种磨床的主参数以工作台直径的 1/10 表示。机床外形如图 4.36 所示。

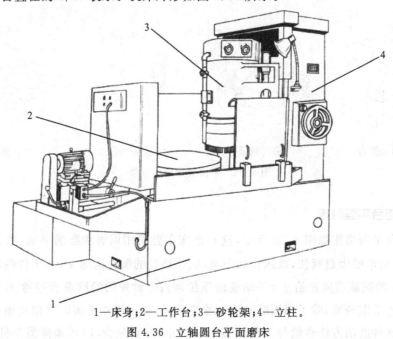

1—床身;2—工作台;3—砂轮架;4—立柱。

图 4.36 立轴圆台平面磨床

4.2.8 齿轮加工机床

齿轮传动在各种机械及仪表中得到广泛应用,齿轮加工机床是利用齿轮刀具加工齿轮轮齿或齿条齿面的机床。其种类繁多,按照被加工齿轮的种类不同,一般可分为圆柱齿轮加工机床和锥齿轮加工机床两大类。圆柱齿轮加工机床主要有插齿机、滚齿机、剃齿机、珩齿机、磨齿机等。锥齿轮加工机主要有刨齿机、铣齿机等。由于刀具与工件之间有严格的相对运动要求,因此齿轮加工机床的运动和传动都比较复杂。

1. 齿形加工原理

齿轮加工原理可分为成形法和展成法两类。

成形法加工齿轮时,采用与被加工齿轮齿槽形状相同的成形刀具切削齿轮,即所用刀具的切削刃形状与被切削齿轮的齿槽形状相吻合。例如,在铣床上使用具有渐开线齿形的盘形铣刀或指状铣刀铣削齿轮(见图 4.37)。由于形成母线(渐开线)的方法采用了成形法,因此机床不需要表面成形运动。形成导线(直线)的方法采用了相切法,因此机床需要两个成形运动:一个是铣刀的旋转 B_1,另一个是铣刀沿齿坯的轴向移动 A。两个都是简单运动。铣完一个齿轮后,铣刀返回原位,齿坯作分度运动——转过 $360°/z$(z 是被加工齿轮的齿数),

然后再铣下一个齿槽,直至全部齿被铣削完毕。

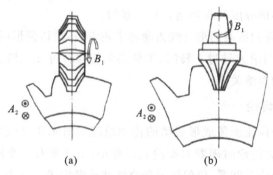

图 4.37　成形法加工齿轮

展成法加工齿轮应用齿轮啮合的原理。在切齿过程中,模拟齿轮副的啮合过程,把其中的一个齿轮转化为刀具,强制刀具和工件作严格的啮合运动,由刀具切削刃的位置连续变化展成出齿廓。展成法加工将在后面通过对滚齿机的讨论作详细介绍。用展成法加工齿轮的优点:只要刀具与被加工齿轮的模数和压力角相同,一把刀具可以加工同一模数不同齿数的齿轮;而且生产率和加工精度都比较高。在齿轮加工中,展成法应用最广泛,如滚齿机、插齿机、剃齿机等都采用这种加工方法。

2. 滚齿机

滚齿机是齿轮加工机床中应用最广泛的一种,可以加工直齿或斜齿外啮合圆柱齿轮,或用蜗轮滚刀加工蜗轮。滚齿加工原理是根据一对轴线交错的斜齿轮啮合传动演变而来(见图 4.38)。用齿轮滚刀加工齿轮的过程,相当于一对斜齿轮啮合滚动的过程[见图 4.38(a)],将其中一个齿轮的齿数减少到几个或一个,使其螺旋角增大(即螺旋升角很小),此时齿轮已演变成蜗杆[见图 4.38(b)],沿蜗杆轴线方向开槽并铲背后,则成为齿轮滚刀[见图 4.38(c)]。

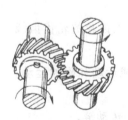
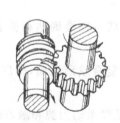
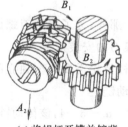
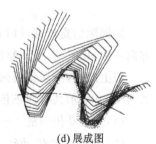

(a) 一对轴线交叉的　　　(b) 其中一个齿轮齿数减少,　(c) 将蜗杆开槽并铲背　　(d) 展成图
　　　螺旋齿轮啮合　　　　　螺旋角很大成了蜗杆　　　　成为滚刀

图 4.38　滚齿原理

在滚切过程中,分布在螺旋线上的滚刀各切削刃相继切去齿槽中一薄层金属,每个齿槽在滚刀旋转过程中,由若干个刀齿依次切出,渐开线齿廓则在滚刀与齿坯的对滚过程中,由刀刃一系列瞬时位置包络而成,如图 4.38(d)所示。成形运动是滚刀的旋转运动 B_1 和工件的旋转运动 B_2 组合而成的复合运动,这个运动称为展成运动。当滚刀与工件连续不断地旋

转时,便在工件整个圆周上依次切出所有齿槽,形成齿轮的渐开线齿廓。也就是说,滚齿时齿廓的成形过程与齿坯的分度过程是结合在一起的。

由上述可知,为了得到所需的渐开线齿廓和齿轮齿数,滚切齿形时滚刀和工件之间必须保证严格的运动关系:当滚刀转过 1 转时,工件必须相应转过 k/z 转(k 为滚刀头数,z 为工件齿数),以保证两者的对滚关系。

3. 滚切斜齿圆柱齿轮

实现滚切斜齿圆柱齿轮所需成形运动的传动原理如图 4.39 所示。由于斜齿圆柱齿轮的导线是螺旋线,滚切斜齿轮时随着刀架的直线移动,工件要有一个附加运动。因而,在刀架与工件之间要有一个传动联系,以保证刀架直线移动螺旋线的一个导程时,通过合成机构使工件得到的附加转动为一转。由于这个传动联系是通过合成机构的差动作用,使工件的转动加快或减慢的,所以这个传动联系一般称为差动传动链。差动传动链是内联系传动链。

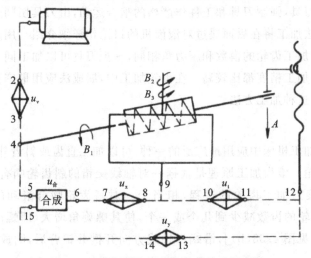

图 4.39 滚切斜齿圆柱齿轮的传动原理图

如同滚切直齿圆柱齿轮那样,为了使滚刀螺旋线方向准确地和被加工齿轮的轮齿齿线方向一致,加工前,要调整滚刀的安装角度。

综上所述,滚切斜齿圆柱齿轮需要两个独立的复合成形运动,即展成运动和附加运动。如图 4.39 所示共有四条传动链。

(1)主运动传动链 1—2—u_v—3—4,该传动链是联系动力源和滚刀的传动链。

(2)展成运动传动链 4—5—$u_合$—6—7—u_x—8—9,该传动链是联系滚刀和工件的传动链。

(3)轴向进给运动传动链 9—10—u_f—11—12,该传动链是联系工件与刀架的传动链。

以上三条传动链与滚切直齿圆柱齿轮时的传动链是一样的。

(4)差动传动链 12—13—u_y—14—15—$u_合$—6—7—u_x—8—9。该传动链是联系刀架和工件的传动链,以保证滚刀轴向进给工件螺旋线的一个导程时,工件产生附加转动一转。

工件附加运动 B_3 的转向与被加工齿轮的齿斜方向及加工时采用顺滚或逆滚有关。

由图 4.39 可以看出,展成运动传动链要求工件转 B_2,差动传动链要求工件转 B_3,这两个运动需同时传给工件,则必须采用合成机构。合成机构把来自滚刀的运动(点 5)和来自刀架的运动(点 15)合并起来,在点 6 输出,传给工作台带动工件旋转。

4. Y3150E 型滚齿机

Y3150E 型滚齿机主要用于加工直齿圆柱齿轮和斜齿圆柱齿轮的齿形,也可采用蜗轮滚刀通过手动径向进给加工蜗轮齿形,还可加工花键轴齿形等。

该机床布局如图 4.40 所示。左立柱 2 固定在床身 1 上,刀架滑板 3 可沿立柱 2 的导轨作垂直方向的直线移动,其上的刀架 5 可绕水平轴线转位,用于调整滚刀和工件间的相对位置。滚刀主轴 4 安装在刀架 5 上,滚刀装在滚刀主轴 4 上做旋转运动。工件安装在工作台的心轴 7 上并随工作台一起旋转。后立柱 8 和工作台 9 连成一体,可沿床身的导轨作水平移动,用于调整工件与滚刀间的径向位置以适应不同直径的工件或加工蜗轮时作径向进给运动。外支架 6 可用轴套或顶尖支承工件心轴 7,以增加心轴的刚性。刀架垂直进给行程可用挡块来调整。

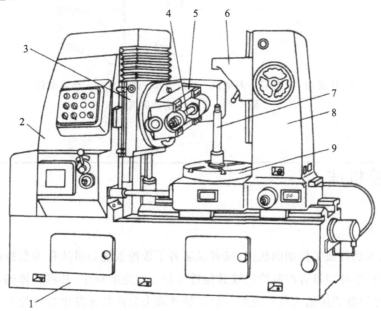

1—床身;2—左立柱;3—刀架滑板;4—滚刀主轴;5—刀架;6—外支架;7—心轴;8—后立柱;9—工作台。

图 4.40　Y3150E 型滚齿机

5. Y5132 型插齿机

常用的圆柱齿轮加工机床除滚齿机外,还有插齿机。插齿机是用插齿刀采用展成法插削内、外圆柱齿轮齿面的齿轮加工机床。这种机床特别适宜加工在滚齿机上不能加工的内齿轮和多联齿轮。插齿机还能加工齿条,但插齿机不能加工蜗轮。Y5132 型插齿机(见图 4.41)主要用来粗、精加工外啮合或内啮合的直齿圆柱齿轮、双联或多联齿轮。也可利用特殊附件,插削斜齿圆柱齿轮。

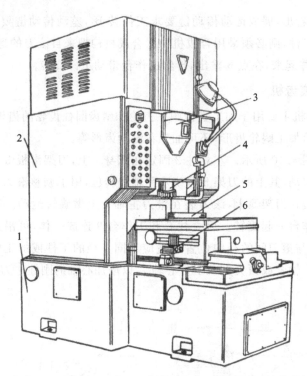

1—床身；2—立柱；3—刀架；4—插齿刀；5—工作台；6—挡块支架。

图4.41 Y5132型插齿机

4.3 数控机床

4.3.1 概 述

用数控技术进行加工控制的机床，或者说装备了数控系统的机床称为数控机床，该控制系统能够有逻辑地处理具有控制编码或其他符号指令规定的程序，并将其译码，用代码化的数字表示，通过信息载体输入数控装置。经运算处理由数控装置发出各种控制信号，控制机床的动作，按图纸要求的形状和尺寸，自动地将零件加工出来。

数控机床按控制运动的方式分为点位控制数控机床、直线控制数控机床以及轮廓控制数控机床；按伺服系统的类型分为开环控制数控机床、闭环控制数控机床和半闭环控制数控机床。

数控机床与普通机床相比较，主要有以下几方面的特点。

(1)具有良好的柔性 当被加工零件改变时，只需重新编制相应的程序，输入数控装置就可以自动地加工出新的零件，使生产准备时间大为减少，降低了成本。

(2)能获得高的加工精度和稳定的加工质量 数控机床的进给运动是由数控装置输送给伺服机构一定数目的脉冲进行控制的，精度较高。对于闭环控制的数控机床，其加工精度还可以利用位移检测装置和反馈系统进行校正及补偿,所以可获得比机床本身精度还要高的加工精度。工件的加工尺寸是按照预先编好的程序由数控机床自动保证的,完全消除了操作者的人为误差,使得同批零件加工尺寸的一致性好,加工质量稳定。

（3）能加工形状复杂的零件　数控机床能自动控制多个坐标联动,可以加工母线为曲线的旋转体、凸轮和各种复杂空间曲面的零件。

（4）具有较高的生产率　数控机床刚性好、功率大、主运动和进给运动均采用无级变速,所以能选择较大的、合理的切削用量,并自动连续地完成整个切削加工的过程,可大大缩短机动时间。又因为数控机床定位精度高,无需在加工过程中对零件进行检测,并且数控机床可以自动换刀,自动变换切削用量和快速进退等,因而大大缩短了辅助时间。

（5）能减轻劳动强度　数控机床是具有很高自动化程度的机床,在数控机床上的加工,除了装卸工件、操作键盘和观察机床运行外,其他动作都是按照预定的加工程序自动连续地进行的,所以能减轻工人的劳动强度,改善劳动条件。

（6）有利于实现现代化的生产管理　用计算机管理生产是实现管理现代化的重要手段。数控机床的切削条件、切削时间等都是由预先编制好的程序决定的,都能实现数据化,有利于与计算机联网,构成计算机控制和管理的生产系统。

4.3.2　车削中心

许多回转体零件除要有一般车削工序外,还常要有钻孔、铣扁、铣平面和铣键槽等工序,并要求最好能在一次装夹下完成。车削中心就是在此要求的基础上发展起来的一种数控机床。如图 4.42 所示是车削中心能够完成的除车削外的其他部分工序(该图为俯视)。车削中心与数控车床的主要区别是,①车削中心具有自驱动刀具(即具有自己独立动力源的刀具),刀具主轴电动机装在刀架上,通过传动机构驱动刀具主轴,并可自动无级变速;②车削中心的工件主轴除实现旋转主运动外,还可作分度运动,以便加工零件圆周上按某种角度分布的径向孔或零件端面上分布的轴向孔。因此,车削中心的工件主轴还单独设有一条由伺服电动机直接驱动的传动链,以便对主轴的旋转运动进行伺服控制。

4.3.3　加工中心

加工中心是一种带有刀库并能自动更换刀具的数控机床,它能使工件在一次装夹后自动连续地完成铣削、钻孔、镗孔、扩孔、铰孔、攻螺纹、切槽等加工。如果加工中心带有自动分度回转工作台或其主轴箱可自动旋转一定的角度,还可使工件在一次装夹后自动完成多个平面或多个角度位置的加工。如果加工中心带有交换工作台,则当工件在工作位置的工作台上进行加工时,另外的工件在装卸位置的工作台上进行装卸,使切削时间和辅助时间重合。采用加工中心可大大减少工件装夹、测量和机床调整的时间,提高工件的加工质量。加工中心主要适用于加工各种箱体类和板类等复杂形状的零件。

1)加工中心的组成

（1）基础部件　加工中心的基础部件包括床身、立柱、横梁、工作台等大件,它们是加工中心重量和体积最大的部件,主要承受加工中心大部分的静载荷和切削载荷,因此必须有足够的刚度和强度,一定的精度和较小的热变形。这些基础部件可以是铸铁件,也可以是焊接的钢结构件。

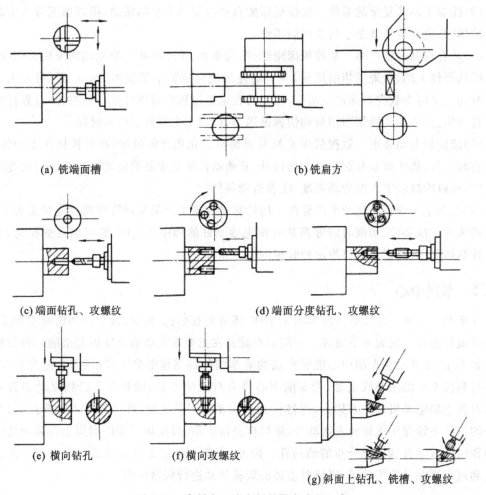

(a) 铣端面槽   (b) 铣扁方

(c) 端面钻孔、攻螺纹   (d) 端面分度钻孔、攻螺纹

(e) 横向钻孔   (f) 横向攻螺纹

(g) 斜面上钻孔、铣槽、攻螺纹

图 4.42　车削中心除车削外能完成的工序

　　(2)主轴部件　主轴部件是加工中心的关键部件,它由主轴箱、主轴电动机和主轴轴承等组成。在数控系统的控制下,装在主轴中的刀具通过主轴部件得到一定的输出功率,参与并完成各种切削加工。

　　(3)数控系统　加工中心的数控系统由 CNC 装置、可编程序控制器、伺服驱动装置以及操纵面板等部分组成。其主要功用是对加工中心的顺序动作进行有效的控制,完成切削加工过程中的各种功能。

　　(4)自动换刀装置　该装置包括刀库、机械手、运刀装置等部件。需要换刀时,由数控系统控制换刀装置各部件协调工作,完成换刀动作。也有的加工中心不用机械手,直接利用主轴箱或刀库的移动来实现换刀。

（5）辅助装置　润滑、冷却、排屑、防护、液压和检测（对刀具或工件）等装置均属于辅助装置。它们虽然不直接参与切削运动，但为加工中心高精度、高效率地切削加工提供保证。

（6）自动托盘交换装置　为提高加工效率和增加柔性，有的加工中心机床还配置有能自动交换工件的托盘，它的使用可使辅助时间大大减少。

2）加工中心的类型

加工中心根据切削加工时，其主轴在空间所处的位置不同分为卧式和立式。

（1）卧式加工中心。卧式加工中心主轴轴线与工作台台面平行（见图 4.43），通常有 3～5 个可控坐标，其中以三个直线运动坐标加一个回转运动坐标的形式居多，它的立柱有固定和可移动两种形式。在工件一次装夹后，能完成除安装定位面和顶面外的其他四个面的加工，特别适合箱体类零件的加工。

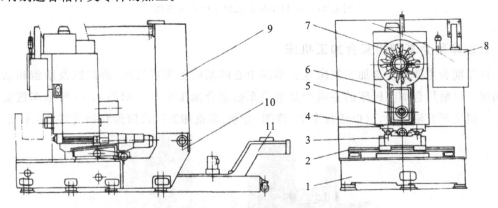

1—床身；2—底座；3—横向滑座；4—横向滑板；5—主轴箱；6—立柱；
7—刀库；8—操作面板；9—电气柜；10—支架；11—排屑装置。

图 4.43　TH6340A 型卧式加工中心外形图

（2）立式加工中心。立式加工中心的主轴轴线垂直于工作台台面（见图 4.44），大多为固定立柱式，工作台为十字滑台形式，以三个直线运动坐标为主。当在工作台上安置了数控转台后它是第四轴，是一个回转坐标，适合箱体类零件的端面加工和其他盘、套类零件的加工。立式加工中心结构简单、占地面积小、价格便宜。

4.3.4　复合加工机床

近年来，在机械加工领域，随着产品种类不断增加而批量不断减少，加上工件结构日趋复杂，以及产品高附加值日趋深化，传统的机床已不能满足生产的要求。为了能在激烈的市场竞争中取得胜利，复合加工机床应运而生，其将成为未来机床发展的重要方向。

复合加工机床突出体现了工件在一次装卡中完成大部分或全部加工工序，从而达到减少机床和夹具，提高工件加工精度，缩短加工周期和节约作业面积的目的。现在的复合加工机床主要是指工艺复合，从工艺角度将复合加工机床分为四大类。

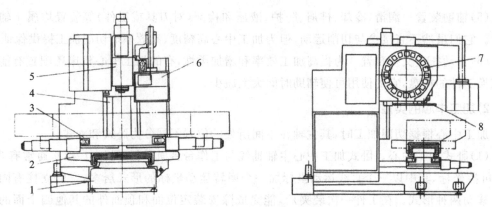

1—床身；2—滑座；3—工作台；4—立柱；5—主轴箱；6—操作面板；7—刀库；8—换刀机械手。

图 4.44   XH715A 立式加工中心外形图

1. 以车削为基础的复合加工机床

以车削为主体的复合加工机床是在车削中心的基础上集成铣削、磨削以及滚齿和插齿等功能。目前复合加工机床的主流产品就是车铣复合加工中心。如图 4.45 所示车铣复合中心可以实现五轴联运，可以进行车削、铣削、磨削、车铣加工以及滚齿和插齿等加工任务。

图 4.45   车铣复合加工中心外形图

2. 以铣削为基础的复合加工机床

以铣削为主体的复合加工机床是在加工中心的基础上集成车削、磨削以及内外齿形加工等功能。从目前需要复合加工的工件来看，铣削加工所需的时间要比车削加工所需的时间多几倍。所以，以铣削为主体的复合加工机床将是未来发展的重点。如图 4.46 所示数控立式车铣复合加工中心可以在一次装夹中对轴类零件实现车、铣完全加工。

3. 以磨削为基础的复合加工机床

以磨削为主体的复合加工机床大多进行的是功能上的扩展，磨削主轴从单轴变为多轴，可以在一台机床上实现平面、外圆、内圆磨削等加工,但仍然没有摆脱单一加工方式的限制。随着硬车技术的发展,车磨复合工艺也逐渐成熟。如图4.47所示为车磨复合加工中心,配备有左、右、正斜砂轮架和转塔刀架,同时具有轴向定位、长度和直径测量等在线测量功能,可一次装夹下完成外圆磨削、内圆磨削、车削等多种加工。

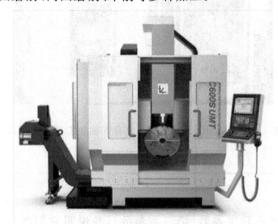

图4.46　数控立式车铣复合加工中心外形图

图4.47　立式车磨复合加工中心外形图

4.增减材复合加工机床

增减材复合加工技术是一种将零件设计、软件控制以及增材制造与减材制造相结合的新技术。增减材复合加工机床主要是指将3D打印技术和数控加工机床相结合的机床,如图4.48所示。增减材混合制造解决了增材制造中部分异形零件难以加工的问题,相比传统的工艺流程大幅降低了成本,改善了增材制造的成形精度与表面质量,并且还降低了凝固过程中引入的残余应力,在模具、医疗、航空航天、国防领域具有广阔的应用前景。

图 4.48　LASERTEC 65 3D 复合五轴加工机床外形图

复习与思考题

4.1　说出下列机床的名称和主参数(第二主参数),并说明它们各具有何种通用和结构特性:C6132、Z3040×16、T6112、XK5040、B2021A、MGl432。

4.2　砂轮的特性主要由哪几个方面决定? 如何选择?

4.3　卧式铣床和立式铣床用途有哪些不同?

4.4　分析用展成法与成形法加工圆柱齿轮各有何特点。

4.5　数控机床主要由哪几部分组成? 各部分有什么作用?

4.6　数控机床按控制运动的方式分为哪几类? 按伺服系统的类型分为哪几类?

4.7　查阅文献资料,了解目前常用的复合加工机床有哪些?

4.8　选用加工中心需要考虑哪些因素?

机床夹具设计

第 5 章

5.1 工件的定位方式及定位元件

5.1.1 基准的概念

机器由若干零件装配而成,零件是由若干几何表面构成的,无论是零件的制造还是装配,零件的几何表面之间必然有相对位置的要求。用来确定零件的几何表面位置所依据的点、线、面称为基准。

基准分为设计基准和工艺基准两大类。

1. 设计基准

设计图样(零件图、装配图)上所采用的基准称为设计基准。如零件图样上标注尺寸、形状、位置及其公差所采用的基准,如图 5.1 所示的传动轴零件图,采用两个轴径 AB 的公共轴线为设计基准,标注三个轴径处的跳动和三个轴肩面的跳动;在长度方向,采用 $\phi30$ 右轴肩面为设计基准,标注出左侧 $\phi24$ 的右轴肩面的位置。

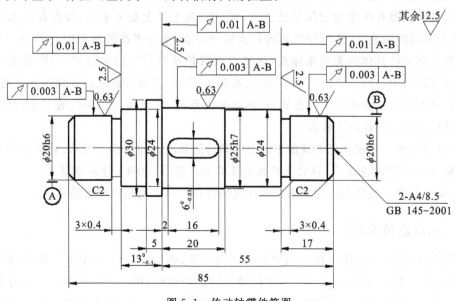

图 5.1 传动轴零件简图

2.工艺基准

工艺基准是在工艺过程中所采用的基准。按其用途又可分为工序基准、定位基准、测量基准和装配基准。

（1）工序基准　是在工序图上用来确定本工序加工表面位置尺寸、形状、位置及其公差的基准。如图 5.2 所示，轴肩 2 的工序基准为轴肩 3，轴肩 4 的工序基准为右端面，外圆 1、5 的工序基准为轴心线。

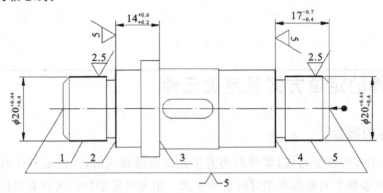

图 5.2　传动轴工序图

在这里简要介绍工序图的画法。按比例画零件的简化结构，即忽略与加工无关的结构，必须保留的结构有加工表面、工序基准，加工表面用粗线或彩色线标出，多个加工表面时应该将加工表面编号；标注上本工序加工要达到的尺寸及公差、形位公差、粗糙度；定位基准或定位面用符号标出，符号中的数字是定位限制的自由度数；夹紧力作用点与方向用符号表示出。

（2）定位基准　是在加工中用作定位的基准。定位基准的实体表面，称为定位基面，即装夹的定位面。但有些作为定位基准的点、线、面，在工件上是无形的，即存在但无对应实体，如孔和外圆的中心线、环形分布相同要素的中心点、平行平面的对称中心面等。无形的定位基准要由某些具体的表面来体现，这些表面就是基准对应的定位基面，即装夹的定位面。如以外圆的中心线为定位基准，其定位基面（定位面）是该外圆表面。如图 5.2 所示，工序的定位基准为两顶尖孔的中心连线，该基准是无形的，它要由两顶尖孔的工作面体现，因此定位基面为两顶尖孔的工作面。

（3）测量基准　是在加工中或加工后用作测量的基准。如图 5.2 所示，轴肩 2 的测量基准为轴肩 3，与工序基准重合；轴肩 4 的测量基准为右端面，也与工序基准重合。

（4）装配基准　是装配时用来确定零件或部件在产品中的相对位置的基准。

5.1.2　六点定位原理

如图 5.3 所示，一个刚体在空间中有六个自由度，即沿 x、y、z 三个坐标轴的移动自由度，用 $\vec{x}$、$\vec{y}$、$\vec{z}$ 表示，和绕 x、y、z 三个坐标轴的转动自由度，用 $\ddot{x}$、$\ddot{y}$、$\ddot{z}$ 表示。在分析工件定位时，将其假设为刚体。工件定位的实质，就是采取约束措施，即夹具的定位元件与工件的对应定位面接触,从而限制工件的某些自由度。

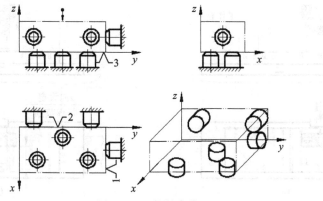

图 5.3　工件的定位

在图 5.3 中,定位元件为六个支承钉(与工件表面接触面积较小,可以近似为点接触)。xy 平面上三个支承钉与工件底面接触,限制了三个自由度 $\vec{z}$、$\hat{x}$、$\hat{y}$;yz 平面上两个支承钉与工件后侧面接触,限制了两个自由度 $\vec{x}$、$\hat{z}$;xz 平面上一个支承钉与工件右侧底面接触,限制了一个自由度 $\vec{y}$;它们限制的自由度都不重复,工件的六个自由度都被限制。

对具体的加工,工件的定位需要限制全部六个自由度,还是限制部分自由度,限制的部分自由度是哪几个,这主要根据加工表面的加工要求确定。

还要再次强调,工件定位后,防止定位元件与工件的对应定位面脱离接触,即防止破坏定位,是夹紧要解决的问题,不能将定位与夹紧混淆。

1. 完全定位和不完全定位

工件在夹具中定位,若六个自由度全部被限制,称为完全定位。如图 5.3 所示,定位就是完全定位。

对工件在夹具中定位,有时限制的自由度少于六个,但根据加工表面设计的几何要求,需要限制的自由度都被限制了,称为不完全定位。

图 5.4(a)所示为一个不完全定位的例子。在平面磨床上磨长方体工件的上表面,用电磁吸盘吸住工件下平面装夹工件,要求保证上下面的厚度尺寸和上表面的平行度、表面粗糙度,那么需要限制的自由度有 $\vec{x}$、$\vec{y}$、$\vec{z}$。换句话说,只要保证工件底面与电磁吸盘面接触,至于工件放在电磁吸盘面的哪个位置(如位置 1 或位置 2)、侧面的方向如何,只要工件位于工作台进给运动行程范围内,对保证加工要求无影响即可。

有时,为使定位元件帮助承受切削力、夹紧力,为保证一批工件进给长度一致,减少机床的调整和操作,常常会对无位置尺寸要求的自由度也加以限制,应该是允许的。如图 5.4(b)所示,在电磁吸盘设置两个条形挡板限制其余三个自由度,目的是缩小进给运动行程,这样只要在 x 和 z 向设定的行程范围进给就可将加工表面完整加工出来。

完全定位和不完全定位都属于定位的正常情况。

2. 欠定位和过定位

有的定位属于定位的不正常情况,包括欠定位和过定位。

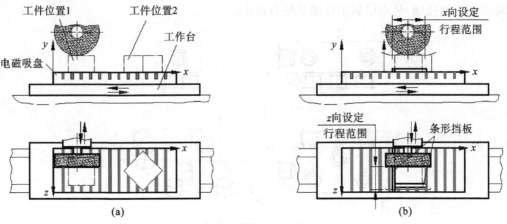

图 5.4　工件的不完全定位

根据加工表面设计的几何要求,需要限制的自由度没有完全被限制,称为欠定位。欠定位不能保证加工表面的几何要求,是绝对不允许的。

某自由度被两个或两个以上的约束重复限制,称为过定位,或重复定位。过定位一般是不允许的,它带来定位元件和定位面接触的不确定性,造成大的定位误差。但在以下两种特殊场合,是允许的。

(1)工件刚度很差,在夹紧力、切削力作用下会产生很大变形,此时过定位只是提高工件某些部位的局部刚度,减小变形。

(2)工件上产生过定位的那些定位面,以及夹具中与这些定位面作用的定位元件,其相关尺寸、形状、位置精度已经很高,能够保证定位时都能可靠地接触,避免了定位接触的不确定性。这时过定位不会影响定位精度,却有利于提高刚度。如图 5.5 所示,使用四个支承钉或两个条形支承板的平面定位,若工件定位平面粗糙,或者支承钉或支承板又不能保证在同一平面,则这种情况是不允许的。若工件定位平面经过较好的加工,保证平整,同时支承钉或支承板又在安装后统一磨削过,保证了它们在同一平面上,则此过定位是允许的。

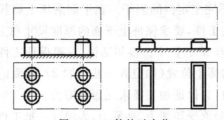

图 5.5　工件的过定位

5.1.3　工件的定位方式

定位是由夹具的定位元件与工件的对应定位面接触实现的。研究工件的定位方式,必须从夹具的定位元件、工件的定位面和限制的自由度来考虑。先介绍最简单的、只有单个定位面的定位,典型的定位方式如表 5.1 所示。

表 5.1　典型的单个定位面定位方式

工件定位面		夹具定位元件及定位示意图			特点与应用
平面	支承钉	一个支承钉 限制 $\vec{x}$	两个支承钉 限制 $\vec{z}$、$\vec{y}$	三个支承钉 限制 $\vec{z}$、$\vec{x}$、$\vec{y}$	支承钉与夹具体孔的配合为 H7/r6 或 H7/n6
	支承板	一块条形支承板 限制 $\vec{y}$、$\vec{z}$	两块条形支承板 限制 $\vec{z}$、$\vec{x}$、$\vec{y}$	一块矩形支承板 限制 $\vec{z}$、$\vec{x}$、$\vec{y}$	支承板用螺钉紧固在夹具体上；采用两个支承板时，装配后磨平工作面，以保证等高性
圆孔	圆柱销	短圆柱销 限制 $\vec{y}$、$\vec{z}$	长圆柱销 限制 $\vec{y}$、$\vec{z}$、$\vec{y}$、$\vec{z}$	削边销（菱形销） 限制 $\vec{z}$	圆柱销工作部分直径根据定位基准尺寸，按基孔制的 g6、f6、f7 制造；与夹具体孔的配合为 H7/r6 或 H7/n6
	心轴	长心轴 限制 $\vec{y}$、$\vec{z}$、$\vec{y}$、$\vec{z}$	短心轴 限制 $\vec{y}$、$\vec{z}$	小锥度心轴（锥度<1∶1000） 限制 $\vec{x}$、$\vec{y}$、$\vec{z}$、$\vec{y}$、$\vec{z}$	间隙配合心轴，工作直径按 h6、g6、f7 制造；过盈配合心轴，工作直径按 r6 制造，基本尺寸为基准孔的最大极限尺寸
圆孔孔口	圆锥销	固定锥销 限制 $\vec{x}$、$\vec{y}$、$\vec{z}$	浮动锥销 限制 $\vec{y}$、$\vec{z}$		工件以单个圆锥销定位时易倾斜，应和其他定位元件组合定位
圆锥孔	圆锥面	固定顶尖 限制 $\vec{x}$、$\vec{y}$、$\vec{z}$	浮动顶尖 限制 $\vec{y}$、$\vec{z}$	锥度心轴 限制 $\vec{x}$、$\vec{z}$、$\vec{x}$、$\vec{y}$、$\vec{z}$	锥度心轴定心精度高，但轴向基准位移较大；适用于精加工

工件定位面		夹具定位元件及定位示意图			特点与应用
外圆柱面	V形块	一个短V形块 限制 $\vec{x}$、$\vec{z}$	两个短V形块 限制 $\vec{x}$、$\vec{z}$、$\hat{x}$、$\hat{z}$	长V形块 限制 $\vec{x}$、$\vec{z}$、$\hat{x}$、$\hat{z}$	V形块定位的对中性好;可用于粗基准或精基准
外圆柱面	定位套	一个短定位套 限制 $\vec{x}$、$\vec{z}$	两个短定位套 限制 $\vec{x}$、$\vec{z}$、$\hat{x}$、$\hat{z}$	长定位套 限制 $\vec{x}$、$\vec{z}$、$\hat{x}$、$\hat{z}$	定位套工作直径根据定位基准尺寸,按基轴制的G7或F7确定

在实际生产中,工件的定位绝大多数不是单个定位面,而是几个定位面的组合。在多个表面参与定位的情况下,按其限制自由度数的多少来区分,限制自由度数最多的定位面称为第一定位面(第一定位基准、第一定位基面)或主定位面,次之称第二定位面或导向面,限制一个自由度的称为第三定位面或定程面。常用的组合定位方式如表5.2所示。

表5.2 常用的组合表面定位方式

工件定位面	夹具定位元件及定位示意图
三平面	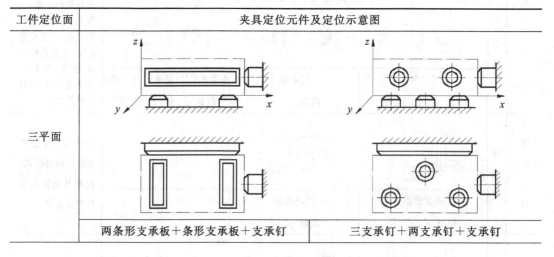 两条形支承板+条形支承板+支承钉　　三支承钉+两支承钉+支承钉

工件定位面	夹具定位元件及定位示意图
一面+两孔	 两条形支承板(大平面)+短销+短削边销
孔+端面	 长销(轴)+小平面 短销(轴)+大平面
外圆+端面	 长 V 形块+支承钉 短长 V 形块+大平面
两中心孔	 固定顶尖+浮动顶尖
中心孔+外圆 (短外圆)	 定心夹紧(三爪卡盘)+浮动顶尖

在确定定位方案时,仅仅考虑将工件需要限制的自由度都限制了还是不够的,还要从工序加工表面的几何精度要求,特别是位置精度要求出发,选择最合理的定位面或定位面组合,以及最恰当的定位元件。

图 5.6 所示为在工件上铣槽的几何尺寸、精度要求和三种定位方案。图 5.6(a)为工序图,为保证槽的几何尺寸和精度要求,本工序应限制的自由度有 $\vec{y}$、$\vec{z}$、$\hat{x}$、$\hat{y}$、$\hat{z}$,并且都有相应定位精度要求;而为避免走刀超程(可能伤到孔表面)和使起刀点统一(可以缩短行程),$\vec{x}$ 自由度也应该限制,只是定位精度要求较低。图 5.6(b)的定位方案限制了全部六个自由度,但 $\vec{y}$ 自由度上产生了过定位,并且不属于允许的两种特殊情况,是不合理的。图 5.6(c)方案去掉一个支承钉,消除了过定位;但此方案不利于或不能保证槽对 A 面的平行度要求,也是不合理的。图 5.6(d)的定位方案将圆销 1 改为在 y 方向的削边销,消除了过定位;同时保留 A 定位面,用两个支承钉为定位元件,有利于保证槽对 A 面的平行度要求,该方案是合理的。图 5.6(d)的定位方案,工件底面为第一定位面,采用一块矩形支承板,限制 3 个自由度 $\vec{z}$、$\hat{x}$、$\hat{y}$;A 面为第二定位面,采用两个支承钉,限制 2 个自由度 $\vec{y}$、$\hat{z}$;孔为第三定位面,采用削边销,限制 1 个自由度 $\vec{x}$。

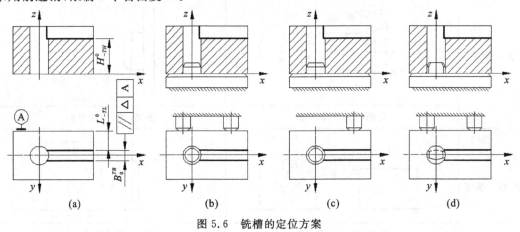

图 5.6　铣槽的定位方案

5.2　定位误差的分析与计算

5.2.1　定位误差及其组成

如前所述,把定位中工件位置不一致造成的那部分加工误差称为定位误差,以 Δ_D 表示。当一批工件用夹具来装夹,并以调整法加工时,它们的工序基准在工序尺寸方向上的变动量多大,该加工尺寸就会产生多大的误差,因此定位误差就等于工序基准在工序尺寸方向上的最大可能变动量。若按试切法加工则不考虑定位误差。

要保证零件加工精度,应满足 $\Delta_z \leqslant \Delta_G$。其中,$\Delta_z$ 为加工过程中产生的误差总和,Δ_G 为被加工零件允许误差。Δ_z 包括:①夹具在机床上的装夹误差;②工件在夹具中的定位和夹紧误差;③机床调整误差;④工艺系统受力变形和受热变形误差;⑤机床和刀具的制造误差和磨损误差。为了方便分析计算,以上五部分也可合并为三部分,即工件在夹具中的定位误差 Δ_D、安装调整误差 Δ_A 和加工过程误差 Δ_J。这时要满足

$$\Delta_D + \Delta_A + \Delta_J \leqslant \Delta_G \tag{5.1}$$

在对定位方案分析时,假设上述三项误差各占工件允许误差的 1/3。

因此,分析计算定位误差 Δ_D 时,Δ_D 满足

$$\Delta_D \leqslant \left(\frac{1}{2} \sim \frac{1}{5}\right)\Delta_G \tag{5.2}$$

时,认为定位误差满足加工要求。常取 $\Delta_D \leqslant \frac{1}{3}\Delta_G$。

由此可见,分析计算定位误差是夹具设计中的一个十分重要的环节。

定位过程中,工序基准在工序尺寸方向上的变动由两部分组成,一是工序基准与定位基准不重合引起的,这部分定位误差称为基准不重合误差,以 Δ_B 表示;二是定位基准和定位元件本身制造不准确引起的,这部分定位误差称为基准位移误差,以 Δ_W 表示;定位误差就是这两个部分的叠加。

5.2.2　定位误差计算

通过计算定位误差,可以搞清楚影响定位误差的因素和影响机理,判定定位误差是否在允许的范围内,判定定位方案能否保证加工要求,评价定位方案是否合理。

计算定位误差有两种方法,一是直接分析计算工序基准在工序尺寸方向上的变动量,称为极限位置法;二是分别分析计算基准不重合误差和基准位移误差,然后计算代数和,称为合成法。下面介绍两种常用定位方式的定位误差计算。

1. 外圆柱面在 V 形块上定位的定位误差

如图 5.7(a)所示的铣键槽工序,定位面为外圆柱面,定位元件为两斜面夹角为 α 的 V 形块,定位基准则为圆柱轴心线,工序基准为外圆柱面下母线 A,工序尺寸 H_1,忽略外圆柱面的形状误差、V 形块的制造误差。

采用极限位置法计算 H_1 的定位误差。能够引起工序基准在工序尺寸方向上变动的原因只有一批工件外圆尺寸的变动,外圆尺寸最大变动量为外圆公差 T_d,引起工序基准的变动情况如图 5.7(b)所示。V 形块两斜面交点为 B,它为一固定点。定位误差为

$$\Delta_{DH1} = A'A'' = BA' - BA'' = (BO' - AO') - (BO'' - AO'') = (BO' - BO'') - (AO' - AO'')$$

$$\Delta_{DH1} = \left(\frac{d_{max}}{2\sin\frac{\alpha}{2}} - \frac{d_{min}}{2\sin\frac{\alpha}{2}}\right) - \left(\frac{d_{max}}{2} - \frac{d_{min}}{2}\right)$$

$$\Delta_{DH1} = \frac{T_d}{2}\left(\frac{1}{\sin\frac{\alpha}{2}} - 1\right) \tag{5.3}$$

键槽有时也以外圆轴线或上母线为设计基准,工序基准取为设计基准时,定位误差计算如下。

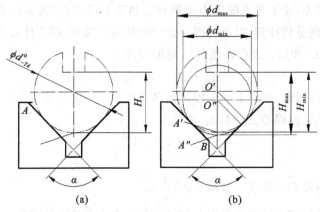

图 5.7　加工键槽的定位与定位误差

工序基准为外圆轴线,工序尺寸为 H_2,参见图 5.8(a),定位误差为

$$\Delta_{DH2} = \frac{T_d}{2\sin\frac{\alpha}{2}} \tag{5.4}$$

$$\Delta_{DH3} = \frac{T_d}{2}\left[\frac{1}{\sin\frac{\alpha}{2}} + 1\right] \tag{5.5}$$

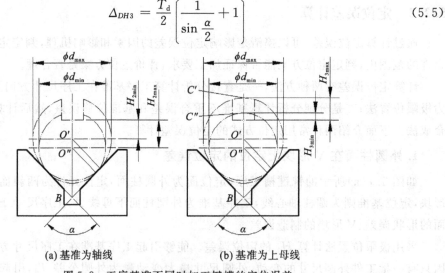

(a) 基准为轴线　　　　　　(b) 基准为上母线

图 5.8　工序基准不同时加工键槽的定位误差

采用三种不同的工序基准,其定位误差不同。上母线时最大,轴线时其次,下母线时最小。V 形块的两斜面夹角 α 增大,三种工序基准的定位误差都减小。外圆直径变大,工序基准为下母线时和轴线时,加工尺寸变小;工序基准为上母线时,加工尺寸变大。

2. 内孔在圆柱心轴(或定位销)上定位的定位误差

如图 5.9(a)所示的铣槽工序,定位面为内孔,定位基准则为内孔轴线,工序基准为外圆柱面轴线,工序尺寸 L,忽略内孔和定位心轴的形状误差。采用合成法计算 L 的定位误差。

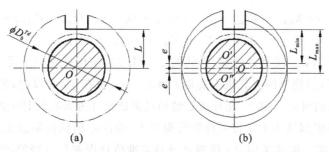

图 5.9　槽加工及基准不重合误差

1)基准不重合误差

定位基准为内孔圆柱轴线,工序基准为外圆柱面轴线,定位基准与工序基准不重合,设这两条轴线产生偏心 e。如图 5.9(b)所示,定位后偏心的位置是随机的,当偏心 e 在最上方和最下方时,就是工序基准在工序尺寸方向的两个极限位置,因此基准不重合误差为

$$\Delta_{BL} = O'O'' = 2e \tag{5.6}$$

这类零件在设计时,一般外圆柱面轴线和内孔轴线是重合的,但如没有特殊要求可以不给出两轴线的同轴度要求。但如此例,如果偏心 e 较大,造成的基准不重合误差超过工序尺寸公差,则应给出两轴线的同轴度要求,对偏心 e 进行限制。

2)基准位移误差

当内孔与定位心轴为无间隙配合时,基准位移误差 $\Delta_{wL} = 0$。这不难实现,如采用定心机构定位(弹性变形心轴)或小过盈配合定位心轴。

绝大多数内孔在圆柱心轴上的定位,其内孔与定位心轴为间隙配合。这种情况,在夹具设计时,要规定最小配合间隙 X_{min} 和公差 T_d。$X_{min} = D_{min} - d_{max}$ 这里 D_{min} 为一批工件中最小孔径,d_{max} 为心轴制造允许的最大轴径;$T_d = d_{max} - d_{min}$,这里为 d_{min} 为心轴制造允许的最大轴径。内孔与定位心轴的配合间隙造成基准位移误差,分两种情况讨论。

第一种情况为内孔与定位心轴任意点接触,如图 5.10 所示。当接触点位于最上方和最下方时,就是工序基准在工序尺寸方向的两个极限位置。设心轴实际直径为 d,d 应介于设计的最大轴径 d_{max} 和最小轴径 d_{min} 之间,即 $d_{max} \leqslant d \leqslant d_{min}$。$d_{max} - d_{min} = T_d$。基准位移误差为

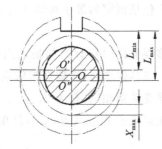

图 5.10　内孔与定位心轴任意接触时槽加工基准位移误差

$$\Delta_{\mathrm{WL1}} = O'O'' = X_{\max} = D_{\max} - d = (D_{\max} - D_{\min}) + (D_{\min} - d_{\max}) + (d_{\max} - d)$$

$$\Delta_{\mathrm{WL}} = T_{\mathrm{D}} + X_{\min} + (d_{\max} - d) \tag{5.7}$$

从式(5.7)看出,若用 $d_{\min}$ 代替 d 计算,得到的 Δ_{WL} 最大。这样处理似乎是不恰当的,因为即使工件为大量生产,但使用的夹具也不会是大量的,一般都在 10 套以内,多数也就 $1\sim2$ 套,那么 d 刚好为 $d_{\min}$ 的可能性很小,况且在心轴轴径制造尺寸分布在设计中值 $(d_{\max} - T_{\mathrm{d}}/2)$ 的可能最大。但是考虑到使用中定位元件的磨损较大,即使心轴轴径制造出来为 $d_{\max}$,也有的可能磨到 $d_{\min}$ 再更换。因此采用 $d_{\min}$ 代替 d 计算基准位移误差是合理的,那么有

$$\Delta_{\mathrm{WL1}} = T_{\mathrm{D}} + X_{\min} + T_{\mathrm{d}} \tag{5.8}$$

定位误差 Δ_{DL1} 是 Δ_{BL} 和 Δ_{WL1} 综合作用。Δ_{BL} 是外圆轴线相对内孔轴线的变动,而 Δ_{WL1} 是内孔轴线相对心轴轴线的变动,两者是独立的;并且两者都是双边变动。那么第一种情况定位误差为

$$\Delta_{\mathrm{DL1}} = \Delta_{\mathrm{BL}} + \Delta_{\mathrm{WL1}} = 2e + T_{\mathrm{D}} + X_{\min} + T_{\mathrm{d}} \tag{5.9}$$

第二种情况为内孔与定位心轴固定点接触。设在最高点接触,如图 5.11 所示。基准位移误差为

$$\Delta_{\mathrm{WL}} = O'O' = O'O - O'O = \frac{D_{\max} - d_{\min}}{2} - \frac{D_{\min} - d_{\max}}{2}$$

$$\Delta_{\mathrm{WL2}} = \frac{T_{\mathrm{D}} + T_{\mathrm{d}}}{2} \tag{5.10}$$

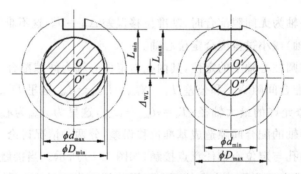

图 5.11 内孔与定位心轴任意接触时槽加工基准位移误差

比较式(5.8)和式(5.10),内孔与定位心轴在固定点接触比任意点接触的基准位移误差小。由于始终是单边接触,因此不包括恒定的最小间隙 $X_{\min}$,并且 T_{D} 和 T_{d} 引起的间隙是单边的作用,量值折半。

接触点在最低点时,基准位移误差的分析计算与最高点接触类似。接触点在水平的左右点时,显然基准位移误差为零。在其他点时,应取在接触点法向的基准变动量向工序尺寸方向投影,各个接触点法向的基准变动量相同,都为 Δ_{WL2}。

第二种情况下,并且接触点在最低点和最高点,Δ_{WL2} 是单边的,但 Δ_{BL} 是双边的,那么定位误差为

$$\Delta_{\mathrm{DL2}} = \frac{\Delta_{\mathrm{BL}}}{2} + \Delta_{\mathrm{WL2}} = e + \frac{T_{\mathrm{D}} + T_{\mathrm{d}}}{2} \tag{5.11}$$

5.3　工件的夹紧

　　机械加工过程中,为保证工件定位时所确定的正确加工位置,防止工件在切削力、惯性力、离心力及重力等外力作用下发生位移和振动,以保证加工质量和生产安全,必须在机床夹具上采用夹紧装置将工件夹紧。夹紧是工件装夹过程中的重要组成部分,工件定位后必须通过一定的装置产生夹紧力把工件固定,使工件保持在准确定位的位置上。因此夹紧装置的合理、可靠和安全性,对工件加工的技术和经济效益有重大影响。

5.3.1　夹紧装置的组成和基本要求

1. 夹紧装置的组成

　　工件定位后将其固定,使其在加工过程中保持定位位置不变的装置,称为夹紧装置。夹紧装置的复杂程度,往往花费设计人员很多心血。夹紧装置的结构取决于被夹紧工件的结构、工件在夹具中的定位方案、夹具的总体布局及工件的生产类型等因素,因此夹具的结构种类很多,根据结构特点和功能,一般夹紧装置由力源装置、中间传力机构和夹紧元件三部分组成。

　　(1)力源装置是产生夹紧力的装置。所产生的力称为原始力。通常是指动力夹紧时所用的气动装置、液压装置、电动装置、电磁装置、气-液联动装置、真空装置等。图 5.1 中的气缸 1 便是气动夹紧装置。手动夹紧的力源来自人力,比较费时费力,没有力源装置。

　　(2)中间传力机构是介于力源和夹紧元件之间的传力机构,如图 5.12 所示中的斜楔 2。中间传力机构可以改变力的方向和大小。一般都具有自锁性能,当原始力消失后仍能保证可靠地夹紧工件,这一点对手动夹紧装置尤其重要。

　　(3)夹紧元件是与工件直接接触完成夹紧功能的最终执行元件,如图 5.12 所示中的压板 4。

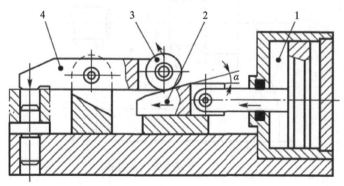

1—气缸;2—斜楔;3—滚子;4—压板。

图 5.12　夹紧装置示例

2. 夹紧装置的基本要求

夹紧装置的设计与选用是否正确、合理,直接影响工件的加工精度、表面粗糙度和加工时间,影响生产率、劳动强度等。因此,夹紧装置必须满足下列基本要求。

①夹紧必须保证定位准确可靠,而不能破坏定位。

②夹紧力大小要可靠和适当。工件和夹具的夹紧变形必须在允许的范围内。

③操作安全、方便、省力,具有良好的结构工艺性,便于制造,方便使用和维修。

④夹紧机构必须可靠。手动夹紧机构必须保证自锁,机动夹紧应有联锁保护装置,夹紧行程必须足够。

⑤夹紧机构的复杂程度、自动化程度必须与生产纲领和工厂生产条件相适应。

5.3.2 确定夹紧力的原则

夹紧力的确定包括夹紧力的方向、作用点和大小三个要素,必须依据工件的结构特点、加工要求、切削力和其他外力作用工件的情况,以及定位元件的结构和布置方式等综合考虑。

1. 夹紧力方向

(1)夹紧力的作用方向应不破坏工件定位的准确性和可靠性。一般要求夹紧力的方向应指向主要定位基准面,把工件压向定位原件的主要定位表面上。如图 5.13 所示,直角支座镗孔时要求孔与 A 面垂直,故应以 A 面为主要定位基准,且夹紧力方向与之垂直,则较易保证质量。反之,若压向 B 面,当工件 A、B 两面有垂直度误差时,就会使孔不垂直 A 面而可能报废。这实际上是夹紧力的作用方向选择不当,改变了工件的主要定位基准面,从而产生了定位误差。

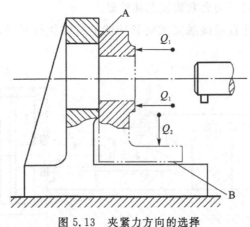

图 5.13 夹紧力方向的选择

(2)夹紧力方向应使工件变形尽可能小。对于薄壁套筒零件,用自定心三爪卡盘夹紧外圆,工件变形比较大。若改用图 5.14 所示特制螺母从工件轴向夹紧,变形就要小很多。

(3)夹紧力方向应使所需夹紧尽可能小。在保证夹紧可靠的前提下,减小夹紧力可以减小工件的变形,对于手动夹紧,还可减轻工人的劳动强度、提高生产效率,同时可以使夹紧机构轻便、紧凑。为此,应使夹紧力 Q 的方向最好与切削力 F、工件重力 G 的方向重合,这时所需的夹紧力最小。一般在定位与夹紧同时考虑时,切削力、工件重力、夹紧力三力的方向与大小也要同时考虑。

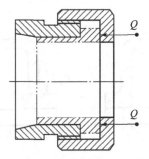

图 5.14　薄壁套筒零件的夹紧

2. 夹紧力作用点

夹紧力作用点的位置和数目将直接影响工件定位后的可靠性和夹紧后的变形。合理选择夹紧力作用点需注意以下几点。

(1)夹紧力作用点应靠近支承元件的几何中心或几个支承元件所形成的支承面内。如图 5.15 所示,夹紧力为 Q 时,因它作用在支承面范围之外,会使工件倾斜或移动;若把夹紧力改为 Q_1,因它作用在支承面范围之内,所以是合理的。

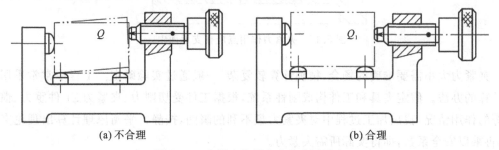

(a)不合理　　　　　　　　　　　　(b)合理

图 5.15　夹紧力作用点应在支承面内

(2)夹紧力的作用点应选在工件刚性较好的部位。这样不仅能增强夹紧系统的刚性,而且可使工件的夹紧变形降至最小。这一原则对刚度较差的工件尤为重要。如图 5.16 所示,夹紧薄壁箱体时,夹紧力不应作用在箱体顶面的一点,如图 5.16(a)所示,而应作用在刚性较好的凸边两点,如图 5.16(b)所示,这样变形大为改善,而且夹紧也可靠。

(3)夹紧力作用点应尽可能靠近被加工表面,这样可减小切削力对工件造成的翻转(颠覆)力矩。必要时应在工件刚性差的部位增加辅助支承,并施加附加夹紧力,以免振动和变形。如图 5.17 所示,辅助支承 a 尽量靠近被加工表面,同时给予附加夹紧力 Q_2。这样翻转(颠覆)力矩减小,又增加了工件的刚性,既保证了定位夹紧的可靠性,又减少了振动和变形。

3. 夹紧力的大小

夹紧力的大小对于保证定位稳定性、夹紧可靠性以及确定夹紧机构的尺寸都有很大影响。夹紧力过小,不仅在加工过程中可能发生位移或振动,影响加工质量,而且可能造成安全事故。而夹紧力过大,则不仅使整个夹具结构尺寸变得过于笨重,而且会增加夹紧变形,同样会影响加工质量。

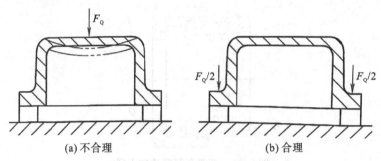

(a) 不合理   (b) 合理

图 5.16 夹紧力作用点应在支承面内

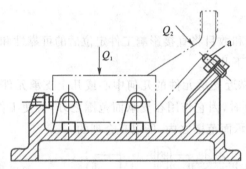

图 5.17 夹紧力作用点应在支承面内

夹紧力大小需要准确的场合,精确计算较复杂,一般通过实验确定。工程中常常采用简化计算的办法。假定夹具和工件构成刚性系统,根据工件受切削力、夹紧力、工件重力、惯性力等的作用情况,找出加工过程中对夹紧力最不利的瞬间,按静力平衡原理计算出理论夹紧力,再乘以安全系数,即得实际所需夹紧力。

$$F_Q = kF_Q'$$ (5.12)

式中,F_Q ——实际所需夹紧力(N);

    F_Q' ——在一定条件下,由静力平衡算出的理论夹紧力(N);

    k ——安全系数,粗略计算时,粗加工取 $k=2.5 \sim 3$,精加工取 $k=1.5 \sim 2$。

夹紧力三要素的确定,实际是一个综合性问题,必需全面考虑工件结构特点、工艺方法、定位元件的结构和布置等多种因素,才能最后确定并具体设计出较为理想的夹紧装置。

5.3.3 常用夹紧装置

夹紧机构的选择需要满足加工方法、工件所需夹紧力大小、工件结构、生产率等方面的要求,因此,在设计夹紧机构时,首先需要了解各种基本夹紧机构的工作特点(如能产生多大的夹紧力、自锁性能、夹紧行程、扩力比等)。夹紧机构的种类虽然很多,但其结构大都以斜楔夹紧机构、螺旋夹紧机构和偏心夹紧机构为基础,这三种夹紧机构合称为基本夹紧机构。

1. 斜楔夹紧机构

斜楔夹紧机构主要用于增大夹紧力或改变夹紧力方向。如图 5.18(a)所示为手动式斜楔夹紧机构,如图 5.18(b)所示为机动式斜楔夹紧机构。

在图 5.18(b)中斜楔 2 在气动(或液动)作用下向前推进,装在斜楔 2 上方的柱塞 3 在弹簧的作用下推动压板 6 向前。当压板 6 与螺杆 5 靠近时,斜楔 2 继续前进,此时柱塞 3 压缩弹簧 7 而压板 6 停止不动。当斜楔 2 再向前前进时,压板 6 后端抬起,前端将工件压紧。斜楔 2 只能在楔座 1 的槽内滑动。当斜楔 2 向后退时,弹簧 7 将压板 6 抬起,斜楔 2 上的销子 4 将压板 6 拉回。

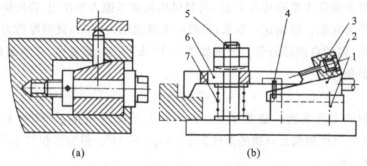

(a)　　　　　　　　　　　(b)

1—楔座;2—斜楔;3—柱塞;4—销子;5—螺杆;6—压板;7—弹簧。

图 5.18　斜楔夹紧机构

1)夹紧力的计算

斜楔在夹紧过程中的受力分析如图 5.19(a)所示,工件与夹具体给斜楔的作用力分别为 Q 和 R;工件和夹具体与斜楔的摩擦力分别为 F_2 和 F_1,相应的摩擦角分别为 φ_2 和 φ_1。R 与 F_1 的合力为 R_1,Q 与 F_2 的合力为 Q_1。

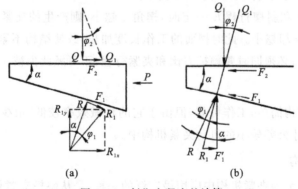

(a)　　　　　　　　　　　(b)

图 5.19　斜楔夹紧力的计算

当斜楔处于平衡状态时,根据静力学平衡:

$$p = F_2 + R_{1X}, Q = R_{1Y}, F_2 = Q\tan\varphi_2, R_{1X} = R_{1Y}\tan(\alpha + \varphi_1)$$

可得斜楔对工件所产生的夹紧力 Q 为

$$Q = \frac{P}{\tan(\alpha + \varphi_1) + \tan\varphi_2} \tag{5.13}$$

式中，P 为夹紧原动力（N）；α 为斜楔的楔角（°），一般为 $6°\sim10°$；φ_1 和 φ_2 分别为斜楔与夹具体和工件间的摩擦角（°）。

由于 α、φ_1 和 φ_2 均较小，设 $\varphi_1 = \varphi_2 = \varphi$，由式（5.11）可得

$$Q = \frac{P}{\tan(\alpha + 2\varphi)} \tag{5.14}$$

2）自锁条件

当工件夹紧并撤除夹紧原动力 P 后，夹紧机构依靠摩擦力的作用，仍能保持对工件的夹紧状态的现象称为自锁。根据这一要求，当撤除夹紧原动力 P 后，此时摩擦力的方向与斜楔松开的趋势相反，斜楔自锁时的受力分析如图 5.19（b）所示，要自锁，必须满足：$F_2 \geqslant F_1'$，则斜楔夹紧的自锁条件为

$$\alpha \leqslant \varphi_1 + \varphi_2 \tag{5.15}$$

钢铁表面间的摩擦系数一般为 $f = 0.1\sim0.15$，可知摩擦角 φ_1 和 φ_2 的值为 $5.75°\sim8.5°$。因此，斜楔夹紧机构满足自锁的条件为 $\alpha \leqslant 11.5°\sim17°$。但为了保证自锁可靠，一般取 $\alpha = 6°\sim10°$ 或更小些。

3）扩力比

扩力比也称为扩力系数 i_P，是指在夹紧原动力 P 的作用下，夹紧机构所能产生的夹紧力 Q 与夹紧原动力 P 的比值。

4）行程比

一般把斜楔的移动行程 L 与工件需要的夹紧行程 s 的比值，称为行程比 i_s，它一定程度上反映了对某一工件夹紧的夹紧机构的尺寸大小。

当夹紧原动力 P 和斜楔行程 L 一定时，楔角 α 越小，则产生的夹紧力 Q 和夹紧行程比就越大，而夹紧行程 s 却越小。此时楔面的工作长度加长，致使结构不紧凑，夹紧速度变慢。所以在选择楔角 α 时，必须同时兼顾扩力比和夹紧行程，不可顾此失彼。

5）应用场合

斜楔夹紧机构结构简单，工作可靠，但由于它的机械效率较低，很少直接应用于手动夹紧，而常用在工件尺寸公差较小的机动夹紧机构中。

2. 螺旋夹紧机构

螺旋夹紧机构是手动夹紧机构中应用最广泛的一种，是从斜楔夹紧机构转化而来的，相当于将斜楔斜面绕在圆柱体上，转动螺旋时即可夹紧工件。如图 5.20 所示为手动单螺旋夹紧机构，转动手柄，使压紧螺钉 1 向下移动，通过浮动压块 5 将工件 6 夹紧。浮动压块既可增大夹紧接触面积，又能防止压紧螺钉旋转时带动工件偏转而破坏定位和损伤工件表面。螺旋夹紧机构的主要元件（如螺杆、压块等）已经标准化，设计时可参考机床夹具设计手册。

螺旋夹紧机构结构简单，制造容易，夹紧行程大，扩力比大，自锁性能好，应用广泛，尤其

适用于手动夹紧机构,但夹紧动作缓慢,效率低,不宜使用在自动化夹紧装置上。如图 5.20 所示,直接用螺钉或螺母夹紧工件的机构,称为单螺旋机构。夹紧机构中,结构型式变化最多的是螺旋压板机构。常见典型的螺旋压板机构可根据夹紧力的大小、工件高度、夹紧机构允许占有的部位和面积进行选择,实际生产应用较多。

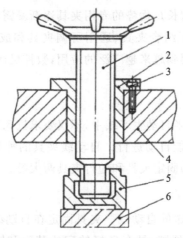

1—压紧螺钉;2—螺纹衬套;3—止动螺钉;4—夹具体;5—浮动压块;6—工件。

图 5.20　手动单螺旋夹紧机构

3. 偏心夹紧机构

偏心夹紧机构是靠偏心轮回转时其半径逐渐增大而产生夹紧力来夹紧工件的,偏心夹紧机构常与压板联合使用,如图 5.21 所示。常用的偏心轮有曲线偏心和圆偏心。曲线为阿基米德曲线或对数曲线,这两种曲线的优点是升角变化均匀或不变,可使工件夹紧稳定可靠,但制造困难;圆偏心外形为圆,制造方便,应用广泛。下面介绍圆偏心夹紧机构。

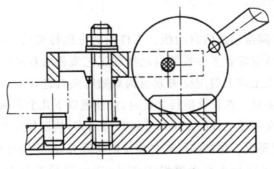

图 5.21　偏心夹紧机构

偏心夹紧机构的夹紧原理与斜楔夹紧机构相似,只是斜楔夹紧的楔角不变,而偏心夹紧的楔角是变化的。圆偏心夹紧机构的扩力比远小于螺旋夹紧机构的扩力比,但大于斜楔夹紧机构的扩力比。

由于圆偏心夹紧机构操作方便、夹紧迅速、结构紧凑;但夹紧行程小、夹紧力小、自锁性能差,因此常用于切削力不大、夹紧行程较小、振动较小的场合。

5.4 现代机床夹具

随着现代科学技术的高速发展和社会需求的多样化,多品种、中小批量生产逐渐占优势,因此在大批大量生产中有着长足优势的专用夹具逐渐暴露出它的不足,因而为适应多品种、中小批量生产的特点发展了组合夹具、通用可调夹具和成组夹具。由于数控技术的发展,数控机床在机械制造业中得到越来越广泛的应用,数控机床夹具也随之迅速发展起来。

5.4.1 自动线夹具

在大批大量生产的自动和半自动生产线中,不仅要求机床能自动进行工作,也要求工件的装卸、定位、夹紧和输送等都能自动进行。自动线夹具的种类取决于自动线的配置形式,按工件的输送方式,可将其分为固定夹具和随行夹具两大类。

1. 固定夹具

固定夹具用于工件直接输送的自动线。夹具固定在自动线的机床上,夹具不随工件的抽送而移动。当工件的形状较规则,具有良好的定位基面和输送基面时常采用这种夹具。如在自动线上加工箱体类零件时所用的夹具。这类夹具的设计原理和功能与一般夹具相似,但在结构上应具有自动定位、自动夹紧及其相应的安全联锁信号装置。在设计中应保证工件的输送和切屑的排除方便、可靠。在设计固定夹具时,应注意以下几个方面:

(1)必须保证工件在夹具中能顺利通过。

(2)定位、夹紧动作应实现自动化。

(3)应有可靠的排屑措施,使工件的定位和夹紧不受影响。

(4)应有一定的预定位措施。

2. 随行夹具

随行夹具用于工件间接输送的自动线。工件安装在随行夹具上,其夹具除了完成对工件的定位和夹紧外,还负责带着工件按照自动线的工艺流程由自动线的输送机构运送到各加工工位上,再由各加工工位上的定位夹紧机构对随行夹具进行定位和夹紧,如图 5.22 所示,因此也称为移动式夹具。在设计随行夹具时,应注意以下几个方面:

(1)由于采用随行夹具使工件的定位尺寸链环节增多,从而使定位误差增加,因此,对随行夹具提出较高的精度要求。提高随行夹具精度的措施有,减少随行夹具的定位次数;提高随行夹具的定位精度;在随行夹具上增设工艺孔;以一随行夹具为基准来调整其他随行夹具。

(2)由于随行夹具在自动线上循环使用,为减少磨损,可在随行夹具的输送基面上镶装耐磨金属,或采用滚道抽送,将输送基面与定位基面分开,以减少定位基面的磨损。

(3)随行夹具的夹紧方式多采用手动螺旋自锁夹紧机构。当工件尺寸小、重量轻时,也可使工件在随行夹具上只定位不夹紧,待工件输送到位后,将工件连同随行夹具一起夹紧。

(4)随行夹具与各加工工位之间多采用一面两孔的定位方式。定位销采用伸缩式结构,以便随行夹具顺利进入和脱离定位状态。

图 5.22　随行夹具

5.4.2　组合夹具

　　组合夹具是一种标准化、系列化和通用化较高的机床夹具,是由一套预先制造好的不同形状、不同规格、不同尺寸,具有完全互换性和高耐磨性、高精度的标准元件及其组件,根据不同工件的加工要求组装而成的夹具。夹具使用完毕后,可将夹具拆卸后,以备再次组装重复使用。组合夹具是为一种某个工件的某道工序而组装的专用夹具,如图 5.23 所示。与一般专用夹具相比具有以下特点。

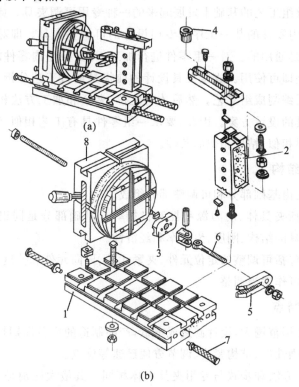

1—基础件;2—支承件;3—定位件;4—导向件;5—夹紧件;6—紧固件;7—其他件;8—合件。

图 5.23　槽系组合夹具组装示意图

(1)不需专门设计和制造夹具。在较短的时间内由标准元件或组件即可组装出一套夹具。特别对新产品试制和产品多品种、中小批量生产,采用组合夹具不会因试制产品改型或加工对象变换而造成原有夹具报废。采用组合夹具后既能保证加工质量,提高生产率,又能节约费用。

(2)由于不需要专门设计和制造夹具,节省了设计和制造夹具所用的工时、材料和相关费用,缩短了产品的生产准备周期,从而降低了产品的制造成本。

(3)减少夹具库存面积,改善仓库的管理工作。解决了中小型企业工艺装备设计与制造能力不足的困难。

组合夹具把专用夹具从设计—制造—使用—报废的单向过程改变为组装—使用—拆卸—再组装—再使用—再拆卸的循环过程。但与专用夹具相比,结构和体积较大,重量较重,刚性较差。其次,夹具在运输和使用过程中的碰撞和元件的磨损将降低夹具的主要性能和精度。

5.4.3 可调夹具和成组夹具

可调夹具是针对通用夹具和夹具的缺陷而发展起来的一类新型夹具。对不同类型和尺寸的工件,只需调整或更换原来夹具上的个别定位元件和夹紧元件便可使用。可调夹具在多品种、小批量生产中得到广泛应用。

成组夹具是在成组工艺的基础上发展起来的一种专用可调夹具。此类夹具是根据成组工艺的要求,针对一组零件的某一工序而专门设计的可调整夹具。即对某一组零件是专用的,而对组内零件则是通用的。对一组零件进行加工,当更换组内零件加工时,只需对夹具上相关元件加以调整即可使用。成组夹具设计的前提是通过工艺分析,把具有相似特征的各种零件进行分组后编制成组工艺。然后才将定位、夹紧和加工方法相同或相似的零件集中起来统筹考虑夹具的设计方案。因此,要求一组零件具有工艺相似、装夹表面相似、形状相似、尺寸相似、材料相似、精度相似的条件。

1. 成组夹具的结构

成组夹具的结构由基础部分和可调整部分组成。

(1)基础部分包括夹具体、动力源和控制机构等。基础部分是同组零件共同使用的部分,它决定了成组夹具的结构、刚度、生产率和经济性。

(2)可调整部分包括可调整的定位元件、夹紧元件、导向元件和分度装置等,按照零件组的加工要求,该部分可作适当调整。

2. 成组夹具的特点

成组夹具具有使用范围大,设计制造成本低,产品制造的准备周期短等特点。与组合夹具相比则有精度高、刚性好、结构紧凑、调节方便迅速等优点。

成组夹具的设计方法和步骤与专用夹具大体相同。其最大区别是,成组夹具要根据同组零件的结构特点和加工要求来确定其定位、夹紧、导向和对刀等方案,并确定这些元件和组件的调整方案和结构。设计成组夹具时,应注意以下几个问题:

(1)成组夹具的精度。成组夹具除专用夹具中已涉及的定位误差、夹紧误差、安装调整误差外,还应考虑适当提高调整元件的制造精度,尽量减少调整环节,提高更换元件的接触刚度。

(2)成组夹具的生产率。成组加工是将零件族的中小批量增加为大批量生产,故调整元件的调整时间将直接影响生产率。应尽量采用各种快速调整结构,以缩短调整时间,提高生产率。

(3)成组夹具加工零件的批量。成组夹具加工零件的批量要适当。加工批量较大的成组夹具可用专用机床进行加工;加工批量较小时,可采用通用机床。因此,批量的大小将影响到成组夹具的尺寸参数、调整方式和动力装置的设计。

5.4.4　数控机床夹具

作为机床夹具,首先要满足机械加工时对工件的装夹要求。同时,数控加工的夹具还有它本身的特点。这些特点是如下:

(1)数控加工适用于多品种、中小批量生产,为能装夹不同尺寸、不同形状的多品种工件,数控加工的夹具应具有柔性,经过适当调整即可夹持多种形状和尺寸的工件。

(2)传统的专用夹具具有定位、夹紧、导向和对刀四种功能,而数控机床上一般都配备有接触试测头、刀具预调仪及对刀部件等设备,可以由机床解决对刀问题。数控机床上由程序控制定位精度,可实现夹具中的刀具导向功能。因此数控加工中的夹具一般不需要导向和对刀功能,只要求具有定位和夹紧功能,就能满足使用要求,这样可简化夹具的结构。

(3)为适应数控加工的高效率,数控加工夹具应尽可能使用气动、液压、电动等自动夹紧装置快速夹紧,以缩短辅助时间。

(4)夹具本身应有足够的刚度,以适应大切削用量切削。数控加工具有工序集中的特点,在工件的一次装夹中既要进行切削力很大的粗加工,又要进行达到工件最终精度要求的精加工,因此夹具的刚度和夹紧力都要满足大切削力的要求。

(5)为适应数控多方面加工,要避免夹具结构包括夹具上的组件对刀具运动轨迹的干涉,夹具结构不要妨碍刀具对工件各部位的多面加工。

(6)夹具的定位要可靠,定位元件应具有较高的定位精度,定位部位应便于清屑,无切屑积留。如工件的定位面偏小,可考虑增设工艺凸台或辅助基准。

(7)对刚度小的工件,应保证最小的夹紧变形,如使夹紧点靠近支承点,避免把夹紧力作用在工件的中空区域等。当粗加工和精加工同在一个工序内完成时,如果上述措施不能把工件变形控制在加工精度要求的范围内,应在精加工前使程序暂停,让操作者在粗加工后精加工前变换夹紧力(适当减小),以减小夹紧变形对加工精度的影响。

5.5 机床夹具设计的基本步骤

5.5.1 机床夹具的设计步骤

合理、有效的夹具设计步骤会对夹具的设计质量及使用性能有很大影响,同时也对机械零件的加工效率起到事半功倍的作用。

1.明确设计要求与收集设计资料

在已知生产纲领的前提下,需要研究被加工零件的零件图、工序图、工艺规程文件及技术要求等,工艺人员在编制零件的工艺规程时,有时也会提出相应的夹具设计要求,其内容主要包含以下几方面。

(1)零件的工序加工尺寸、位置精度要求。

(2)零件加工时的定位基准。

(3)夹具上的夹紧力作用点、大小及方向。

(4)整个工艺系统中机床、刀具、辅具的设置情况。

(5)零件加工过程中所需夹具数量等。

按照上述要求,夹具设计应收集如下资料。

(1)收集与夹具设计相关的被加工件图纸和技术资料。

(2)掌握本企业制造和使用夹具的生产条件、技术现状及工人的技术水平等情况。

(3)明确所使用机床的主要技术参数、性能、规格、精度以及与夹具连接部分结构的联系尺寸等。

(4)获取国内外同类工件的加工方法、所使用夹具及设计指导资料。

2.拟定夹具结构方案与绘制夹具草图

(1)确定工件的定位、夹紧、对刀及导向元件方案。

(2)确定夹具与机床、夹具与其他组成元件或装置的连接方式。

(3)借鉴典型夹具结构,协调各种元件、装置的布局,确定安装方式及夹具体的总体结构。

(4)绘制夹具草图,并初步标注尺寸、公差及技术要求。

3.进行必要的分析计算

工件的加工精度较高时,应进行工件加工精度分析。有动力装置的夹具需计算夹紧力。当有几种夹具方案时,可进行经济分析,选用经济效益较高的方案。

4.审查方案与改进设计

夹具草图画出后,应征求有关人员的意见,并送有关部门审查,然后根据他们的意见对夹具方案作进一步修改。

5. 绘制夹具装配总图

夹具装配总图绘制的一般步骤如下。

(1)绘制夹具装配总图应遵循国家制图标准。

(2)按照加工状态用双点画线画出工件的外形轮廓且视为透明体,不遮挡其他元件。

(3)按照工件的形状及位置绘出定位元件的具体结构。

(4)按照夹紧原则选择最佳夹紧状态及技术经济合理的夹紧系统,画出夹紧工件的状态。

(5)围绕工件的几个视图依次绘出对刀、导向元件以及定向键等。

(6)标注夹具装配总图有关尺寸。

5.5.2　夹具总图上尺寸、公差与配合和技术条件的标注

夹具总图上应标注 5 类尺寸和有关尺寸的公差与配合,还应标注 4 类技术条件。由于夹具总图上的调刀尺寸直接影响工件对应尺寸精度的保证,因而它是夹具总图中的重要尺寸。下面将对这些尺寸和技术要求的标注方法分别进行分析讨论。

1. 夹具总图上应标注的 5 类尺寸

(1)夹具的外形轮廓尺寸:即夹具在长、宽、高 3 个方向上的外形最大极限尺寸。若夹具上有可动部分,应包括可动部分极限位置所占的空间尺寸。标注此类尺寸的作用在于避免夹具与机床或刀具发生干涉。如图 5.24 所示的外形轮廓尺寸 A。

(2)工件与定位元件的联系尺寸:主要指工件定位面与定位元件定位工作面的配合尺寸和各定位元件之间的位置尺寸。如工件以孔在心轴或定位销上(或工件以外圆在内孔中)定位时,工件定位表面与夹具上定位元件间的配合尺寸。如图 5.24 所示的尺寸 B 属此类尺寸。

(3)夹具与刀具的联系尺寸:用来确定夹具上对刀、导引元件位置的尺寸。对于铣、刨床夹具,是指对刀元件与定位元件的位置尺寸;对于钻、镗床夹具,则是指钻(镗)套与定位元件间的位置尺寸、钻(镗)套之间的位置尺寸,以及钻(镗)套与刀具导向部分的配合尺寸等。如图 5.24 所示的尺寸 C 属于此类尺寸。

(4)夹具与机床的联系尺寸:用于确定夹具在机床上正确位置的尺寸。对于车、磨床夹具,主要是指夹具与主轴端的配合尺寸;对于铣、刨床夹具,则是指夹具上的定向键与机床工作台上的 T 型槽的配合尺寸。标注尺寸时,常以夹具上的定位元件作为相互位置尺寸的基准。

(5)夹具内部的配合尺寸:总图上凡是夹具内部有配合要求的表面,都必须按配合性质和配合精度标注配合尺寸。它们与工件、机床、刀具有关,主要是为了保证夹具装配后能满足规定的使用要求。如图 5.24 所示的尺寸 E 属于此类尺寸。

上述尺寸公差的确定可分为两种情况处理:一是夹具上定位元件之间,对刀、导引元件之间的尺寸公差,直接对工件上相应的加工尺寸发生影响,因此可根据工件的加工尺寸公差确定,一般可取工件加工尺寸公差的 $1/3 \sim 1/5$;二是定位元件与夹具体的配合尺寸公差,夹

紧装置各组成零件间的配合尺寸公差等,则应根据其功用和装配要求,按一般公差与配合原则决定。

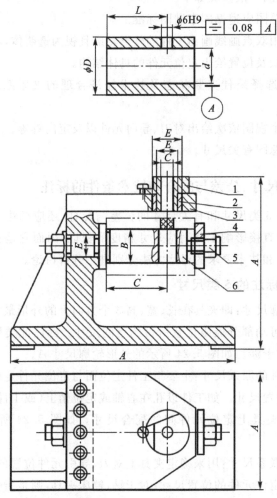

1—钻套;2—衬套;3—钻模板;4—开口垫片;5—夹紧螺母;6—定位心轴。

图 5.24　钻孔夹具

2. 夹具总图上应标注的 4 类技术条件

夹具总图上应标注的 4 类技术条件,指夹具装配后应满足的各有关表面的相互位置精度要求。有如下几个方面。

(1)定位元件之间的相互位置要求,其作用是保证定位精度。

(2)定位元件与连接元件(或找正基面)间的位置要求。夹具在机床上安装时,是通过连接元件或夹具体底面来确定其在机床上的正确位置的,而工件在夹具上的正确位置,是靠夹具上的定位元件来保证的。因此,定位元件与连接元件(或找正基面)之间应有相互位置精度要求。

(3)对刀元件与连接元件(或找正基面)间的位置要求。

(4)导引元件与定位元件间的位置要求。

上述技术条件是保证工件相应的加工要求所必需的,其数量应取工件相应技术要求所规定数值的 1/3～1/5。当工件没注明要求时,夹具上的那些主要元件间的位置公差,可以按经验取为(0.02/100)～(0.05/100)mm,或在全长上不大于 0.03～0.05 m。

复习与思考题

5.1　什么叫基准?工艺基准包括哪些方面?

5.2　粗基准、精基准的选择原则有哪些?

5.3　什么是"六点定位原理"?

5.4　什么是完全定位、不完全定位、过定位以及欠定位?

5.5　不完全定位和欠定位是否都不允许使用?为什么?

5.6　图示零件的 A、B、C 面,$\phi 10_0^{+0.027}$ mm 及 $\phi 30_0^{+0.033}$ mm 孔均已加工。试分析加工 $\phi 12_0^{+0.018}$ mm 孔时,选用哪些表面定位最合理?并选择合适的定位元件?

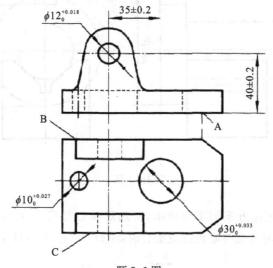

题 5.6 图

5.7　下图所示为连杆小头侧面加工的定位方案示意图,下方为大平面定位,左侧为固定短圆柱销,右侧为固定短 V 型块,试分析:(1)该方案限制的自由度有哪些?(2)判断有无欠定位或过定位?(3)若该定位方案不合理,请提出改进意见。

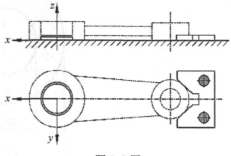

题 5.7 图

5.8　下图所示为在车床上车削轴类零件的定位方案示意图,右侧顶尖为活动顶尖,左侧三抓卡盘夹持长度较长,试分析:(1)该方案

限制的自由度有哪些？(2)判断有无欠定位或过定位？(3)若该定位方案不合理，请提
出改进意见。

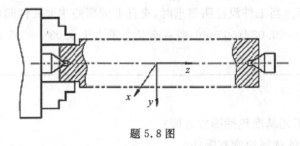

题 5.8 图

5.9 定位误差产生的原因有哪些？其实质是什么？

5.10 以图示的定位方式在阶梯轴上铣槽，V 形块的夹角 $\alpha = 90°$，试计算加工尺寸 74 ± 0.1 m 的定位误差。

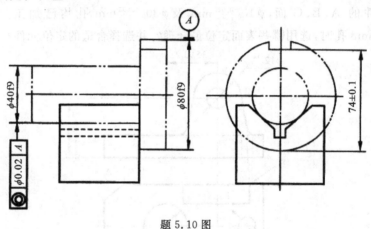

题 5.10 图

5.11 在轴上铣键槽，定位方案如下图所示，所选定位心轴尺寸 $d_{1-Td_1}^0$，工件圆孔与外圆的同轴度为 $2e$，当定位孔与心轴过盈配合时，请计算 H_1, H_2, H_3, H_4 的定位误差。

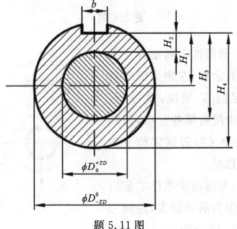

题 5.11 图

工艺规程设计

6.1 机械加工工艺规程的作用及其所需的原始资料与制订步骤

6.1.1 机械加工工艺规程的作用

规定产品或零部件制造工艺过程和操作方法等的工艺文件称为工艺规程。自然地,将规定零件的机械加工工艺过程和操作方法等的工艺文件称为机械加工工艺规程,而将规定部件或产品的装配工艺过程和操作方法等的工艺文件称为装配工艺规程。同理就有铸造工艺规程、锻造工艺规程、冲压、焊接工艺规程、热处理工艺规程等。

工艺规程具有十分重要的作用,主要作用有如下几方面。

1. 工艺规程是组织和指导生产的主要技术文件

根据工艺规程规定的要求,编制生产作业计划,组织工人进行生产,并按工艺规程要求验收产品。

2. 工艺规程是生产准备工作的主要依据

以工艺规程为主要依据,作生产准备工作,包括原材料和毛坯的供应,加工设备的配置和调整,工艺装备的设计制造,生产成本核算,人员配备等。

3. 工艺规程是新建和扩建工厂(或车间)的主要依据

根据工艺规程,确定加工设备、工艺装备和辅助设备的种类、型号规格和数量,厂房面积,设备布置,生产工人的工种、等级及数量等。

被采用的工艺规程应该是在具体生产条件下,最合理或比较合理的工艺过程和操作方法。合理性是设计工艺规程根本要求,衡量是否合理时,必须考虑到生产单位(企业、车间、或班组)的生产条件(规模、设备、人员等),对一个生产单位来说是最合理的工艺过程和操作方法,而对生产同样零件的另一个生产单位来说可能是不适用的。

工艺规程具有十分重要的作用,必须依据科学理论、工艺试验和生产实践经验慎重设计,并应逐级(班组、车间、厂等)论证审批才能采用。一经采用有关人员必须严格执行。

工艺规程也不是一成不变的,随着科学技术的进步和生产的发展,工艺规程应该及时修改,注意吸纳合理的建议、新技术和新工艺,注意采用先进制造装备,使其达到更加合理。

6.1.2 工艺文件

常用的工艺文件有机械加工工艺过程卡片、机械加工工序卡片、机械加工工序操作指导卡片、检验卡片等。目前,工艺文件尚无统一格式,零件的机械加工工艺规程应具备的工艺文件及其详细程度是根据零件的生产类型和复杂程度而定的。

1.机械加工工艺过程卡片

机械加工工艺过程卡片是简要说明零件整个机械加工过程的一种卡片,主要包括零件机械加工所经过的工序及顺序,完成工序的车间、工部、工段,使用的加工设备和工艺装备,工时定额等内容,对任何生产类型,零件的机械加工工艺规程都是应具备的工艺文件。如表6.1所示为一种适合中、大批和大量生产的机械加工工艺过程卡片,单件和小批生产也可以采用。

表 6.1 机械加工工艺过程卡

(公司名称)		机械加工工艺过程卡片		产品型号		零件图号		共　页
				产品名称		零件名称		第　页
毛坯种类		材料牌号	毛坯尺寸	每一毛坯可制件数		每台件数		
工序号	车间	工序名称	工序内容	加工设备	夹具 名称 规格	刃具 名称 规格	量具 名称 规格	工时/min
编制		校对	审核	会签		批准	日期	

2.机械加工工序卡片

机械加工工序卡片是以工序为单位详细说明该工序内容的一种卡片,主要包括工序名称、工序简图(标明加工表面、定位基准、工序尺寸及公差、形位公差和表面粗糙度要求、夹紧点等),每个工步的加工内容、工艺参数、操作要求以及所用加工设备和工艺装备等。机械加工工序卡片是大批大量生产必须的工艺文件。中批生产中的关键零件,以及单件小批生产中的关键工序也应具备。如表6.2所示为一种机械加工工序卡片。

表 6.2 机械加工工序卡

(公司名称)	机械加工工艺过程卡 机械加工工序卡	产品型号		零件图号		共 页
		产品名称		零件名称	工序号 工序名称	第 页
		车间	工序号			
		材料	名称	牌号		机械性能
		毛坯	种类	尺寸		每一毛坯可制件数
				净重		毛重
		每台件数		批量		

(工序图)

工步号	工步名称	工步内容	加工面号数	定位表面号数	同时加工零件数	加工设备（名称、型号、财产号）	工艺装备名称、编号				加工尺寸/mm				加工用量						工时定额/mm					
							夹具	刀具	量具	辅具	计算的行程长度	加工长度	直径或宽度	每边余量	切削速度(m/min)	主轴转速(r/min)	进给量(mm/r)	背吃刀量(mm)	进给次数	切削功率(kw)	机动时间	辅助时间	布置工作地时间	休息时间	准备与终结时间	合计

编制		校对	审核	会签	批准	日期

6.1.3　制订机械加工工艺规程的原始资料

机械加工工艺规程设计需要下列原始资料：

(1)零件图及该零件所在部件或产品的装配图。

(2)产品质量及零件质量的验收标准。

(3)产品和零件的生产纲领。

(4)毛坯的生产和供应情况。

(5)企业现有生产条件,包括现有加工设备、工艺装备及使用状况,专用加工设备和工艺装备的制造能力,工人的技术水平,电力、燃气、动力供应情况等。

(6)有关设计手册、标准、指导性文件和国内外相关先进制造技术和生产方面的资料。

6.1.4　制订机械加工工艺规程的步骤

机械加工工艺规程的内容及制订步骤如下。

1.分析零件图及装配图

通过详细分析,熟悉产品的工作原理;熟悉零件在机器中所起的作用、材料热处理方法、精度要求、表面粗糙度要求、其他技术加工要求、结构特点,确定零件制造的技术关键和采取的相应工艺措施;检验图样是否正确、统一、完整,审查零件的工艺性,提出发现的问题和解决问题建议,包括下面几个内容。

1)分析和审查零件图纸

通过分析产品零件图及有关的装配图,了解零件在机械中的功用,在此基础上进一步审查图纸的完整性和正确性。例如,图纸是否符合有关标准,是否有足够的视图,尺寸、公差和技术要求的标注是否齐全等。若有遗漏或错误,应及时提出修改意见,并与有关设计人员协商,按一定手续进行修改或补充。

2)审查零件材料的选择是否恰当

零件材料选得不合理,可能会使整个工艺过程的安排发生问题。例如图 6.1 所示方销,方头部分要求淬硬到 $55\sim60$ HRC,零件上有一个 $\phi 2H7$ 的孔,装配时和另一个零件配作,不能预先加工好。若选用的材料为 T8A(优质碳素工具钢),因零件很短,总长只有 15 mm,方头淬火时,势必全部被淬硬,以致 $\phi 2H7$ 不能加工。若改用 20Cr,局部渗碳,在 $\phi 2H7$ 处镀铜保护,淬火后不影响孔的配作加工,这样就比较合理了。

3)分析零件的技术要求

零件的技术要求包括下列几个方面:

(1)加工表面的尺寸精度。

(2)加工表面的几何形状精度。

(3)各加工表面之间的相互位置精度。

(4)加工表面粗糙度及表面质量方面的其他要求。

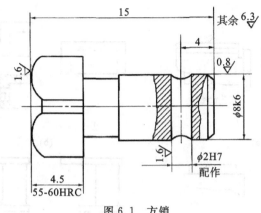

图 6.1 方销

(5)热处理要求及其他要求。

通过分析,了解这些技术要求的作用,并进一步分析这些技术要求是否合理,在现有生产条件下能否达到,以便采取相应的措施。

4)审查零件的结构工艺性

零件的结构工艺性是指零件的结构在保证使用要求的前提下,是否能以较高的生产率和最低的成本方便地制造出来的特性。使用性能完全相同而结构不同的两个零件,它们的制造方法和制造成本可能有很大的差别。

结构工艺性涉及的方面很多,包括毛坯制造的工艺性(如铸造工艺性,锻造工艺性和焊接工艺性等)、机械加工的工艺性、热处理工艺性、装配工艺性和维修工艺性等。下面着重介绍机械加工中的零件结构工艺性问题。

(1)零件的结构应便于安装,安装基面应保证安装方便,定位可靠,必要时可增加工艺凸台,如图 6.2(a)所示。工艺凸台可在精加工后切除。零件结构上应有可靠的夹紧部位,必要时可增加凸缘或孔,使安装时夹紧方便可靠,如图 6.2(b)所示。

(2)被加工面应尽量处于同一平面上,以便于用高生产率的方法(如端铣、平面磨等)一次加工出来,如图 6.2(c)所示。同时被加工面应与不加工面清楚地分开。

(3)被加工面的结构刚性要好,必要时可增加加强筋,这样可以减少加工中的变形,保证加工精度,如图 6.2(d)所示。

(4)空的位置应便于刀具接近加工表面,如图 6.2(e)所示。空口的入端和出端应与孔的轴线垂直,以防止钻头的引偏和折断,提高钻孔精度,如图 6.2(f)所示。

(5)台阶轴的圆角半径、沉割槽和键槽的宽度及圆锥面的锥度应尽量统一,以便于用同一把刀具进行加工,减少换刀与调整的时间,如图 6.2(g)所示。

(6)磨削、车削螺纹都需要设置退刀槽,以保证加工质量和改善装配质量,如图 6.2(h)所示。

(7)应尽量减少加工面的面积和避免深孔加工,以保证加工精度和提高生产率。

2. 确定生产类型

根据产品和零件的生产纲领、大小和结构复杂程度确定生产类型。

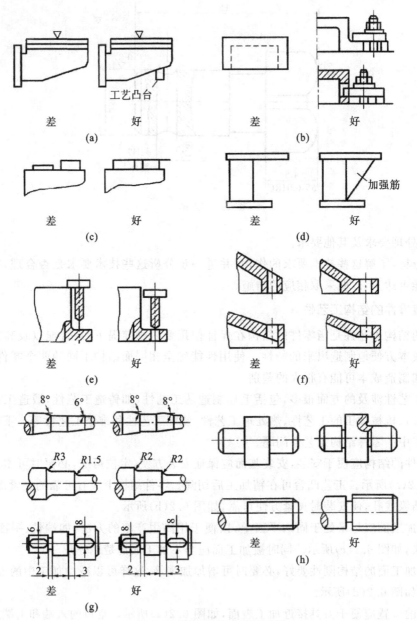

图 6.2 零件结构工艺性示例

3. 设计毛坯零件图及确定其制造方式

毛坯是根据零件(或产品)所要求的形状、工艺尺寸等而制成的供进一步加工用的生产对象。毛坯种类、形状、尺寸及精度对机械加工工艺过程、产品质量、材料消耗和生产成本有着直接影响。在已知零件工作图及生产纲领之后,即需进行如下工作:

1)确定毛坯种类

机械产品及零件常用毛坯种类有铸件、锻件、焊接件、冲压件及粉末冶金件和工程塑料件等。根据要求的零件材料、零件对材料组织和性能的要求、零件结构及外形尺寸、零件生产纲领及现有生产条件,可参考表 6.3 确定毛坯的种类。

表 6.3　机械制造业常用毛坯种类及特点

毛坯种类	毛坯制造方法	材　料	形状复杂性	公差等级(IT)	特点及适应的生产类型	
型材	热轧	钢、有色金属(棒、管、板、异形等)	简单	11~12	常用作轴、套类零件及焊接毛坯分件,冷轧坯尺寸、精度高但价格贵,多用于自动机	
	冷轧(拉)			9~10		
铸件	木模手工造型	铸铁、铸钢和有色金属	复杂	12~14	单件小批量生产	铸件毛坯可获得复杂形状,其中灰铸铁因其成本低廉、耐磨性和吸振性好而广泛用作机架、箱体类零件毛坯
	木模机器造型			~12	成批生产	
	金属模机器造型			~12	大批大量生产	
	离心铸造	有色金属、部分黑色金属	回转体	12~14	成批或大批大量生产	
	压铸	有色金属	可复杂	9~10	大批大量生产	
	熔模铸造	铸钢、铸铁	复杂	10~11	成批或大批大量生产	
	失蜡铸造	铸铁、有色金属		9~10	大批大量生产	
锻件	自由锻造	钢	简单	12~14	单件小批量生产	金相组织纤维化且走向合理,零件机械强度高
	模锻		较复杂	11~12	大批大量生产	
	精密模锻			10~11		
冲压件	板料加压	钢、有色金属	较复杂	8~9	适用于大批大量生产	
粉末冶金件	粉末冶金	铁、铜、铝基材料	较复杂	7~8	机械加工余量极小或无机械加工余量,适用于大批大量生产	
	粉末冶金热模锻			6~7		
焊接件	普通焊接	铁、铜、铝基材料	较复杂	12~13	用于单件小批量生产,因其生产周期短、不需准备模具、刚性好及材料省而常用以代替铸件	
	精密焊接			10~11		
工程塑料件	注射成型吹塑成型精密模压	工程塑料	复杂	9~10	适用于大批大量生产	

2)确定毛坯的形状

从减少机械加工工作量和节约金属材料出发,毛坯应尽可能接近零件形状。最终确定的毛坯形状除取决于零件形状、各加工表面总余量和毛坯种类外,还要考虑:

(1)否需要制出工艺凸台以利于工件的装夹。

(2)是一个零件制成一个毛坯还是多个零件合制成一个毛坯。

(3)哪些表面不要求制出(如孔、槽、凹坑等)。

(4)铸件分型面、拔模斜度及铸造圆角;锻件敷料;分模面、模锻斜度及圆角半径等。

3)绘制毛坯图

绘制毛坯图,以反映出确定的毛坯的结构特征及各项技术条件。

4. 拟定工艺路线

拟定工艺路线是机械加工工艺规程设计的核心和关键内容,包括:选择定位基准,确定定位、夹紧方法,确定各个表面的加工方法,确定工序的集中和分散,划分加工阶段,安排工序顺序等。一般需要提出几种可能的方案,进行技术和经济对比分析,从中选出最优方案或整合成最优方案。

5. 确定各工序所采用的加工设备和工艺装备

对通用加工设备和工艺装备确定具体型号,对专用加工设备和工艺装备提出具体技术参数和要求,对需要改装和添置全新的专用加工设备和工艺装备提出设计任务书。

6. 确定各工序的加工余量、工序尺寸及公差

7. 确定各工序的技术检验要求以及检验方法

8. 确定各工序的切削用量和工时定额

9. 编写工艺文件

6.2 制订机械加工工艺规程时要解决的主要问题

6.2.1 定位基准的选择

定位基准的选择会影响装夹的可靠性;加工表面的位置精度,有时还会影响形状精度及夹具的结构复杂程度和操作性。使用未加工的毛坯表面作定位基准,这样的基准称为粗基准。使用已加工的表面作定位基准,这样的基准称为精基准。在首道机械加工工序,只能使用粗基准,而后面的工序都有可能、也尽可能使用精基准,因为这样会使定位可靠和准确。因此必须尽早把作为精基准的那些表面加工出来,最好是在首道加工工序中完成。

1. 精基准的选择原则

1)基准重合原则

应尽量选用被加工表面的设计基准作为精基准,这样可以避免由于基准不重合引起的定位误差,从而提高加工表面的位置精度,或减少机械加工的难度(有可能简化工艺、使用较低精度的加工设备等,提高加工的经济性)。

2)基准统一原则

应尽可能选择同一组精基准加工工件上尽可能多的加工表面,这有利于保证各加工表面之间的相对位置精度,有利于减少夹具种类,降低夹具的设计制造费用。

例如,加工轴类零件时,一般都采用两个顶尖孔作为统一精基准来加工轴类零件上的所有外圆表面和端面,这样可以保证各外圆表面间的同轴度和端面对轴心线的垂直度。另外还有箱体类零件"一面两孔"定位。

3)互为基准原则

当工件上两个加工表面之间的位置精度要求比较高时,可以采用两个加工表面互为基准反复加工的方法。其实每次这种加工都符合基准重合原则,因此不仅具有基准重合原则的优点,两个加工表面还可获得很高的相互位置精度。

如图 6.3 所示车床的主轴,前后间有较高的同轴度要求。支承轴颈 A、B 与锥孔精加工中,先以锥孔为基准精磨支承轴颈 A、B,然后再以支承轴颈 A、B 为基准磨锥孔,以保证图样上规定的同轴度要求。

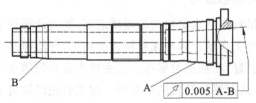

图 6.3　车床主轴简图

4)自为基准原则

一些表面的精加工工序,要求加工余量小而且均匀,因此常以加工表面自身为精基准来加工自己。浮动铰刀铰孔、圆拉刀拉孔、珩磨头珩磨孔、无心磨床磨外圆等都是以加工表面本身作为精基准的例子。

如图 6.4 所示为镗连杆小头孔以自身作为精基准的例子。工件以大头孔轴线为主定位基准,以小头孔为导向基准,以端面为定程基准。以小头孔采用可退出的长削边销定位,定位以后,在小头两侧用浮动平衡夹紧装置夹紧,然后拔出定位插销,伸入镗杆对小头进行加工。

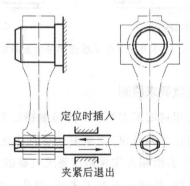

定位时插入

夹紧后退出

图 6.4　镗连杆小头孔的定位

5)定位可靠性原则

精基准应平整光洁,具有相应的精度,确保定位简单准确、便于安装、有利于可靠夹紧。

如果工件上没有能作为精基准选用的恰当表面,可以在工件上专门设计和加工出作为精基准的表面,称为辅助基准。辅助基准的表面在零件工作时不起作用,仅仅是工艺上的需要,其结构及几何精度、粗糙度要求也是从工艺上的需要考虑的。采用基准统一原则时的统一基准往往都是专门设置的辅助基准,如轴类零件的两端面顶尖孔、箱体类零件"一面两孔"定位时的两定位孔等。

2. 粗基准的选择原则

选择粗基准主要考虑的是保证各加工表面有足够的余量及保证不加工表面相对加工表面的尺寸、位置精度的设计要求。

1)保证重要表面余量足够原则

零件上具有加工余量较小且余量均匀的重要表面,则应选择该表面作为粗基准,这有利于该表面获得最均匀的加工余量。如车床导轨面的加工,导轨面是车床床身的重要表面,要求精度高且精度保持性要好,在加工时尽可能切去较小而均匀的余量,以便保留有致密和均匀金相组织的铸件表层,从而增加导轨的耐磨性。加工时先以铸造的导轨面为粗基准,加工床身床腿处的底平面,加工过的底平面与铸造的导轨面具有一定的平行度,再以加工过的底平面做精基准加工导轨面,就可以最大程度获得较小和均匀的加工余量,如图 6.5(a)所示。若先以铸造的底平面做为粗基准加工导轨面,则由于铸造的底平面和导轨面不平行,造成导轨面加工的余量不均匀,如图 6.5(b)所示。

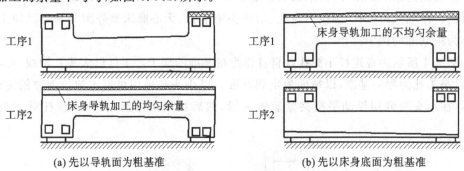

(a) 先以导轨面为粗基准   (b) 先以床身底面为粗基准

图 6.5 床身加工粗基准选择对余量的影响

2)保证工件表面间相互位置要求原则

如果零件上的不加工表面相对加工表面有一定位置精度要求(目的是达到壁厚均匀、外形对称等),则应以不加工表面作为粗基准,这有利于保证上述的位置精度。如果有很多不加工的表面,则应以其中与加工表面相互位置精度要求较高的不加工表面作粗基准。

如图 6.6 所示的杯形盖零件,外圆是不加工表面,内孔为加工表面,铸铁毛坯的外圆与内孔不同轴,有偏心 e,加工后要求壁厚均匀。应该选择不加工的外圆为粗基准加工内孔,有利于保证加工后壁厚均匀,但余量是不均匀的,就是因为切去不均匀的余量,才校正了不均匀的铸造壁厚,如图 6.6(a)所示。若选用需要加工的内孔自身作为粗基准,可保证所切去的余量均匀,但加工后壁厚不均匀,如图 6.6(b)所示。

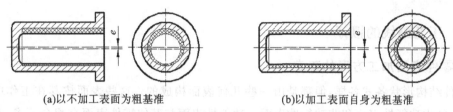

(a)以不加工表面为粗基准   (b)以加工表面自身为粗基准

图 6.6   杯形盖粗基准选择对壁厚均匀的影响

3)保证所有加工表面余量足够原则

如果零件上有多个表面需要加工,则应选择加工余量最小的表面为粗基准,以保证各加工表面都具有足够的加工余量。

如图 6.7 所示,在模锻的毛坯上加工阶梯轴,锻件大小头有偏心 e,小头单边余量 3.5 mm,大头单边余量 7.5 mm。因毛坯偏心,以大头或小头为基准都会产生余量不均匀。由于小头余量小,因此若选小头外圆作为粗基准来加工大小头外圆,余量不均匀发生在大头,对保证小头余量够用有利。如果以小头外圆作为粗基准,先加工大头外圆,然后以加工过的大头外圆为基准加工小头外圆,则更有利于小头加工获得均匀的余量。

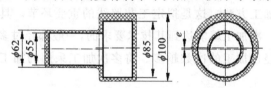

图 6.7   多表面需要加工时粗基准的选择

4)同一自由度方向粗基准不重复使用原则

粗基准的定位精度低、一致性差,在同一自由度方向重复使用粗基准会造成较大的定位误差。

5)便于装夹原则

为使工件装夹稳定、可靠、操作方便,要求所选择的粗基准应尽可能平整、光洁,避开铸造分型面,无锻造飞边、铸造冒口切痕或其他表面缺陷,并且用于定位和夹紧的面积要足够大。

无论是选择精基准,还是选择粗基准,一般不可能同时满足上述所讲的全部原则。具体使用时,应根据具体情况,本着趋利避害的原则灵活运用,保证主要加工要求,兼顾次要加工要求,从整体上达到定位基准选择的合理。

基准选择一般按以下顺序进行,首先选定最终完成零件主要表面加工和保证主要技术要求所需的精基准;接着考虑了为可靠地加工出上述主要精基准,是否需要选择一些表面作为中间精基准,然后再结合选择粗基准所应遵循的原则,考虑粗基准的选择。

6.2.2 工艺路线的拟订

1. 零件表面加工方案的确定

零件结构形状各式各样,但都是由一些几何表面构成的。这些表面按其在工作中的作用不同,分为功能性表面和非功能性表面。功能性表面与其他零件表面有配合要求,它的几何精度和表面质量在机器运转中起着重要作用,决定着机器的使用性能,根据其功能要求都规定有合理的几何精度和表面质量要求。非功能性表面与其他零件表面无配合要求,其几何精度和表面质量要求不高。零件的加工就是为了获得其构成表面,并保证构成表面的几何精度和表面质量要求,特别是对功能表面的要求。

构成零件的表面类型很多,从工艺性需要考虑,设计时如非特别要求,一般选择形状简单、易于加工或加工工艺成熟的表面。外圆、孔、平面是最常用的构成零件的表面,另外螺旋面、渐开线齿面等也较常见。

同一种表面可以采用不同的加工方法来加工,但每种方法的加工质量、加工时间、成本等是不同的。必须根据具体加工条件,包括加工表面的技术要求、生产类型、企业现有生产条件等,选用最合理的加工方法。这是拟定工艺路线的重要环节。具有一定技术要求的加工表面,往往不是通过一次加工就能达到其技术要求的,一般都经过多次加工。几何精度和表面粗糙度要求越高,经过加工的次数越多。将多次加工采用的加工方法的组合称为加工方案。

在确定加工方案时,必须按表面加工技术要求的高低,确定零件的主要加工表面(一般是功能表面)。再逐步选定前导工序的加工方法,也就是"从后往前推"制订工序。选择前导工序的加工方法必须满足本工序对待加工表面的余量、几何精度和表面粗糙度的要求。

主要加工表面的加工方案确定后,再确定非主要加工表面的加工方案。对于非主要加工表面(一般非功能表面都是非主要加工表面)应尽量减少加工次数,以便缩减零件总加工时间,提高劳动生产率,降低成本。

图 6.8、图 6.9 和图 6.10 分别示出了外圆、孔和平面的常用加工方案。

2. 工序的集中与分散

确定了零件各表面加工方法和加工方案后,需要将这些表面的各次加工划分为若干工序,划分工序有两个的原则,即工序集中原则和工序分散原则。按工序集中原则来划分工序,和按工序分散原则划分工序,会得到两种差别极大的结果。

1)工序集中

所谓工序集中,就是使每个工序所包括的加工内容尽量地多,即尽可能在一个工序中加工多个表面,及对一个表面进行多种和多次加工。极端的工序集中就是在一个工序中完成零件所有表面加工。按工序集中原则划分工序的特点如下:

(1)减少机床和夹具的数量,相应减少了操作工人、生产场地和半成品存放面积。

(2)对机床的工艺范围要求变宽,如机床应具备多种加工方法、能自动换刀、自动更换主

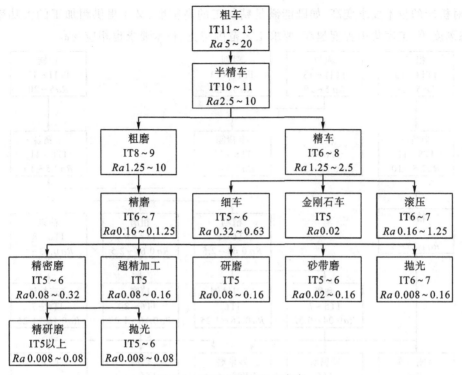

图 6.8 外圆的常用加工方案

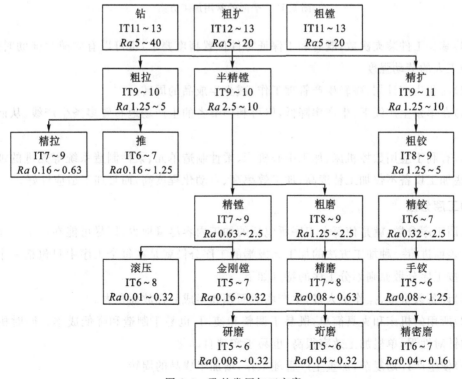

图 6.9 孔的常用加工方案

轴等,对机床的技术要求变高,如既能满足精加工的高精度、又要提供粗加工的大功率和好的动态刚度等,工序集中程度越高,要求工艺范围越宽、技术要求也相应变高。

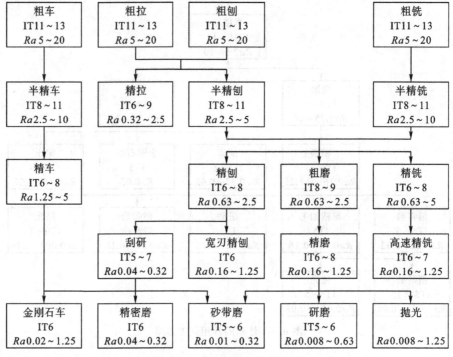

图 6.10 平面的常用加工方案

(3)减少工件装夹次数,既有利于保证零件位置精度要求,也可以有效减少辅助时间,还可减轻工人的劳动强度。

(4)简化生产计划,减轻生产管理工作,减少半成品的周转。

(5)在单条生产线下,生产率降低,但可利用节省的生产场地布置多条生产线,从而提高生产率。

(6)有利于应用数控机床、加工中心机床、柔性制造单元、柔性制造系统等先进的加工设备,这些加工设备不仅加工精度高、加工效率高、自动化程度高,而且加工适应性好。

2)工序分散

所谓工序分散,就是使每个工序所包括的加工内容尽量地少,即尽可能在一个工序中只对一个表面进行一种加工方法的加工。极端的工序分散就是在每个工序中只包括一个简单工步。按工序分散原则划分工序的特点如下:

(1)设备数量多,操作工人多,生产场地面积和半成品存放面积大。

(2)所用的机床和夹具简单,既易于调整和使用,也易于制造和降低成本。同时机床和夹具的针对性强,单机加工效率很高,也易于实现自动化。

(3)使生产计划复杂,加重生产管理工作,增加半成品的周转。

(4)在单条生产线下,可以获得最高的生产率。

(5)增加工件装夹次数,不利于保证零件位置精度要求,辅助时间增加幅度较大,也增强了工人的劳动强度。

3)合理确定工序集中和分散程度

由上述可见,按工序集中原则和工序分散原则划分工序各有优缺点。在生产中一般不会按极端的工序集中和极端的工序分散来划分工序,而是工序集中和工序分散并用,体现在从工艺过程总体上偏重一面,合理考虑另一面的优势,达到优势互补;而在工艺过程局部上,根据生产实际情况合理选择集中或分散,不受总体制约,灵活处理。

选择工序集中和分散的依据主要是生产类型;其次是零件的结构、大小和重量,零件的技术要求和生产现场加工设备条件。

对单件、小批生产,提高生产率是极次要的,主要考虑的是简化生产流程,缩短在制品的生产周期,减少使用的加工设备和工艺装备的数量,应采用工序集中方式。

对大批大量生产,提高劳动生产率是必须考虑的主要问题之一,从这一点出发可以工序集中,也可以工序分散。

3. 加工阶段的划分

工件的精度和表面粗糙度要求较高时,其加工过程都应划分加工阶段,一般可分为粗加工、半精加工和精加工三个阶段。几何精度要求特别高时,还可增加超精密加工阶段。表面粗糙度要求特别高时,还可增加光整加工阶段。当毛坯余量特别大时,在粗加工阶段前可增加荒加工阶段,该阶段一般在毛坯车间进行。

1)加工阶段的主要任务

(1)粗加工阶段的主要任务是切除大部分加工余量,使工件在形状和尺寸上接近成品零件,并为后续工序加工出精基准,此阶段应尽量提高生产率。

(2)半精加工阶段的主要任务是去除粗加工后主要表面留下的形状、尺寸误差和表面缺陷,达到一定精度,为零件主要表面的精加工做准备,同时完成一些次要表面的加工,该阶段一般在热处理前进行。

(3)精加工阶段的主要任务是保证主要表面的几何精度设计要求,此阶段从工件上切除较少余量,对加工表面的精度和表面质量要求都比较高。

(4)光整加工阶段的主要任务是用来获得很光洁表面或强化其表面,只有在表面粗糙度要求特别高时才设此阶段。

(5)超精密加工阶段的主要任务是按照稳定、超微量切除等原则,实现尺寸和形状误差小于 $0.1~\mu m$,只有几何精度要求特别高时才设此阶段。

2)划分加工阶段的目的

(1)利于保证加工质量。因粗加工的加工余量大,切削力和切削热也较大,且加工后内应力会重新分布。在这些因素的作用下,工件会产生较大变形,因此划分加工阶段,可逐步修正工件的原有误差,此外各加工阶段之间的时间间隔相当于自然时效,有利于消除残余应力和充分变形。

(2)便于合理地使用机床设备。粗加工使用功率大、刚性好、生产率高、精度较低的设备;精加工使用精度高的设备。

(3)便于热处理工序安排。例如,粗加工后,可安排时效处理,消除内应力;半精加工后,可进行淬火,然后采用磨削进行精加工。

(4)便于及时发现毛坯缺陷。例如,毛坯的气孔、砂眼和加工余量不足等,在粗加工后即可发现,便于及时修补或报废,以免造成浪费。

(5)保护精加工过后的表面。精加工或光整加工放在最后可少受磕碰损坏,受到保护。

加工阶段的划分是针对零件整个工艺过程而言的,不能拘泥于某一表面,如工件的定位面在精加工或半精加工之前就需要加工的很精确;又如在精加工阶段,有时出于工艺上的方便,也安排非主要表面的加工(钻小尺寸孔、攻小尺寸螺纹、切槽等)。

加工阶段划分也不是绝对必要的。对于质量要求不高、刚性好、毛坯精度高的工件可不划分加工阶段。对于重型零件,由于装夹运输困难,常在一次装夹下完成全部粗、精加工,也无需划分加工阶段。

4. 工序顺序的安排

一个零件上往往有多个表面需要加工,这些表面本身有一定的尺寸和形状精度要求,各表面间还有一定的位置精度要求,因此各表面的加工顺序就不能随意安排,一般应遵循以下几个原则。

1)机械加工工序的安排

(1)先基准后其他。作为精基准的表面应在工艺过程一开始就进行加工,因为后续工序中加工其他表面时要用它来定位。

(2)先粗加工后精加工。对同一个加工表面,按照加工、半精加工、精加工、超精度加工、光整加工的顺序进行加工是必然的。对整个零件来说,所有那些需要分阶段加工的加工表面,其加工总体上应先粗加工后精加工的原则安排,即先将这些表面的粗加工都进行完,再安排这些表面的半精,再精加工。

(3)先主要后次要。对精度要求较高的主要表面加工,也应按先粗后精的顺序安排,将次要表面的加工穿插其间安排。要求最高的主要表面精加工一般安排在最后进行,可避免工序转换时碰伤已加工的主要表面,避免其他加工影响已加工的主要表面精度。

但对于和主要表面有位置精度的次要表面,应安排在相关主要表面精加工后进行,并应满足次要表面加工不致影响已加工主要表面的精度,如机床箱体上主轴孔端面上的轴承盖螺钉孔,对主轴孔有位置要求,就排在主轴孔加工后加工。

在精度要求较高的主要表面加工前,可安排一次精基准的修正加工,以利于保证精度要求较高表面的加工精度,如对同轴度要求较高的几个阶梯外圆精磨前,安排修研顶尖孔工序。

(4)先加工平面后加工孔。对于箱体、支架、连杆、底座等零件先安排平面的加工,然后以平面定位加工孔,因为采用平面定位有利于定位和夹紧。

2)热处理工序的安排

热处理主要用来改善材料的性能和消除内应力,其方法、次数和在工艺过程中的位置,应根据零件材料和热处理的目的而定。

(1)退火与正火。退火与正火的目的是消除工件的内应力,改善材料的切削加工性,消除材料组织的不均匀、细化晶粒。退火与正火,一般应安排在粗加工前后进行。安排在粗加工前,有利于改善粗加工的切削性,减少工件在不同车间的转换。安排在粗加工后,可以消除粗加工中产生的内应力。

(2)时效。时效的目的是消除残余应力,时效包括人工时效和自然时效。时效主要应用于尺寸较大,而加工精度要求较高的支承件。对于尺寸大、结构复杂的铸件,需在粗加工之前进行一次时效处理,一般多为自然时效;粗加工之后、精加工之前还要安排一次时效处理,绝大多数是人工时效。对一般铸件,只需在粗加工后进行一次人工时效处理,或者在铸造后安排一次时效处理。对精度要求特别高的铸铁零件,在加工过程中可进行两次时效处理,即在半精加工之后、精加工前,增加一次人工时效处理。

(3)淬火或渗碳淬火。淬火的目的是提高材料的硬度和抗拉强度等,从而提高工件的耐磨性和强度。淬火分整体淬火和表面淬火,表面淬火只为提高工件的耐磨性。由于工件淬火后常产生较大的变形,特别是渗碳淬火,因此淬火一般安排在精加工阶段前进行,淬火后只能进行磨削加工。

另外氮化处理也是为了提高零件表面硬度,同时提高抗腐蚀性,一般安排在表面的最终加工之前。

(4)表面处理。表面处理为了提高零件的抗腐蚀能力、耐磨性、抗高温能力、导电率等,也有的是为了表面美观。如在零件的表面镀上一层金属镀层(铬、锌、镍、铜及金、银、钼等)或使零件表面形成一层氧化膜(如钢的发蓝、铝合金的阳极化和镁合金的氧化等)。表面处理工序一般均安排在工艺过程的最后进行。

3)辅助工序的安排

辅助工序种类很多,包括检验、洗涤、防锈、退磁等。

(1)检验。检验有中间检验、终检和特种检验。中间检验工序一般安排在精加工之前;送往外车间加工的前后;工时定额大的工序和重要工序的前后。以便及时控制质量,避免后续加工的浪费。

终检顾名思义是产品最终质量的检验,安排在全部工艺过程之后,装配或出厂之前。

特种检验也有几种。射线、超声波探伤等多用于工件材料内部质量的检验,一般安排在工艺过程的开始。荧光检验、磁力探伤主要用于工件表面质量的检验,通常安排在精加工阶段。如荧光检验用于检查毛坯的裂纹,则安排在加工前进行。

(2)清洗、涂防锈油。清洗一般安排在终检之前,有时也在加工阶段的转换、或工序的特殊需要时安排。涂防锈油一般安排在终检之后。

4)加工设备和工艺装备的选择

拟定好工艺路线后,应从保证各加工工序的技术要求为出发点,合理选择各工序加工设备与工艺装备。这对保证零件的加工质量,提高生产率和经济效益十分重要。

(1)加工设备的选择。加工设备是实现工件加工的核心设备,选择时应主要注意下述几个方面。

①所选择加工设备应与该工序的工件加工相适应。这包括:工件加工的几何精度和表面粗糙度要求相适应;与加工零件的外廓尺寸相适应;与零件的生产纲领相适应。

②熟悉生产现场的实际情况,包括现有设备的类型、规格及实际精度、设备的分布排列及负荷情况、操作者的实际水平等。充分利用现有设备,节省投资,提高经济效益。

③要关注生产技术的进步,要树立采用先进技术来提高加工质量和生产率的意识。选择加工设备时,在条件允许情况下,尽可能选用先进的,高生产率的专用、自动、组合、数控加工设备。

还要注意尽量采用国产机床,以促进我国机械制造设备技术的进步。

(2)工艺装备的选择。

①夹具的选择。单件小批量生产应尽量选用通用夹具,如机床自带的卡盘、平口钳、转台等。大批大量生产时,应采用高生产效率的专用夹具。有条件和要求时,可采用成组夹具、组合夹具等。夹具的装夹精度应与零件的加工精度相适应。

②刃量具的选择。优先采用标准刀具,大批大量生产中,尽量采用各种高效的专用刀具、复合刀具和多刃刀具等。刀具的类型、规格和精度等级应符合加工要求。单件小批生产应广泛采用通用量具。大批大量生产应采用极限量规和高效的专用检验量具和量仪等。量具的精度必须与加工精度相适应。

6.2.3　加工余量的确定

1. 加工余量的概念

机械加工过程中,将工件上待加工表面的多余金属通过机械加工的方法去除掉,获得设计要求的加工表面,零件表面预留的(需切除掉的)金属层的厚度称为加工余量,简称余量。在一个工序中,工件表面预留的金属层的厚度称为工序余量。从零件毛坯表面到最终设计表面预留的金属层的总厚度称为总余量,也称毛坯余量。一般毛坯余量需要经过多道工序的机械加工才能去除掉。

总余量和工序余量的关系为

$$Z_\Sigma = \sum_{i=1}^{n} Z_i \tag{6.1}$$

式中,Z_Σ 为总余量;Z_i 为第 i 道工序余量,$Z_i = |Z_a - Z_b|$,Z_a 为上道工序的工序尺寸,Z_b 为本道工序的工序尺寸;n 为工序数量。

由于工序尺寸有公差,实际上同一批工件所切除的余量是变化的,因此余量有基本余量(或称公称余量、名义余量)、最大余量和最小余量之分。从加工表面是否具有对称性,工序余量还有单边余量和双边余量之分。工序尺寸及公差一般均按"入体原则"标注,对被包容尺寸(如轴径),其基本尺寸即为最大工序尺寸,上偏差为 0;对包容尺寸(如孔径,槽宽),其基本尺寸则为最小工序尺寸,下偏差为 0。对孔距类工序尺寸和毛坯尺寸,一般按对称偏差标注。

2. 影响工序余量的因素

工序余量的大小,必须保证经过本道工序加工后的表面精度,能完全去除上道工序留下的加工痕迹和缺陷。但余量不应过大,否则会浪费原材料及机械加工的工时,增加机床、刀具、能源等的消耗。在确定加工余量时主要应考虑下列几方面的因素。

1)上道工序留下的表面粗糙层及表面缺陷层

上道工序加工后,表面粗糙度的最大高度 R_y 和表面缺陷层的深度 H_a 如图 6.11 所示,工序余量应包括两者的和。

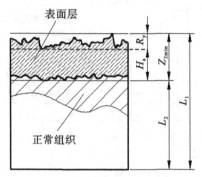

图 6.11　表面粗糙层和缺陷层

2)上道工序留下的表面尺寸误差和部分形状误差

上道工序加工后,加工表面存在尺寸误差和形状误差,加工表面尺寸误差和部分形状误差(如圆度误差等)的总和不超过上道工序的工序尺寸公差 T_a。工序余量应包括 T_a。

3)上道工序留下的表面位置误差和部分形状误差

上道工序加工后,加工表面相对其他几何要素还存在位置误差,如同轴度、平行度、垂直度误差等,这些位置误差,以及不包括在上道工序尺寸公差内的形状误差(如轴线的直线度等),必须给以单独考虑。设这些误差综合作用的总误差为 W_a(每项位置误差对总误差 W_a 的影响机理不同),W_a 是向量,在工序余量中应包括 W_a 的影响部分。

轴类零件如图 6.12 所示,上道工序留下了轴线的直线度误差 e,造成本道工序的工序余量最少需增加 $2e$,并且余量是不均匀的。

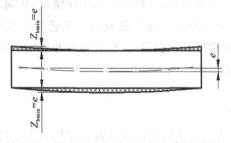

图 6.12　轴线直线度误差对加工余量的影响

4)本道工序的装夹误差

本道工序存在装夹误差 J_a,它是定位误差、夹紧误差和夹具本身制造误差的综合作用。在工序余量中应包括 J_a 的影响部分。

如图 6.13 所示磨内孔工序,用四爪卡盘找正外圆装夹工件,找正存在误差,使装夹轴线(工件外圆轴线)与机床主轴回转轴线产生偏心 e。在上道工序已加工底孔与外圆同心的条件下,最小双边余量为 $2e$,余量也是不均匀的。使用三爪自动定心卡盘装夹,若卡盘本身定心不准确造成装夹偏心,对余量具有同样的影响。

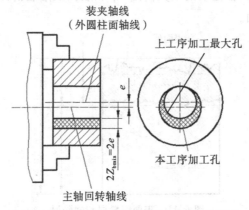

图 6.13　卡盘定心不准确对加工余量的影响

3.确定加工余量的方法

1)计算法

按上述对影响工序余量的因素分析,确定每个因素对工序余量的影响大小,再按上述公式计算工序余量。这样得到的工序余量是最经济合理的。但在确定每个因素对工序余量的影响大小时,难以获得齐全可靠的数据资料,因此计算法一般用得较少。

2)经验估计法

依靠工艺人员的工作经验,采用类比的方法确定工序余量。这种方法简单,但不够精确。为避免因余量不够而产生废品,所取的工序余量一般偏大。仅在单件小批生产采用。

3)查表修正法

使用各种机械加工工艺手册和资料,根据具体工序情况,从确定工序余量的数据表格中查取,并根据实际工序情况予以修正。这些机械加工工艺手册和资料中确定工序余量的数据表格是长期生产实践和试验研究所积累的,比较可靠和准确。这种方法查找方便迅速,在各种生产类型中都被广泛采用。

6.2.4　工序尺寸的确定

机械加工过程中,加工表面应该达到的尺寸及公差称为工序尺寸及其公差(检验工序中的工序尺寸及公差是检验项目要求的尺寸及公差)。工序尺寸及其公差是工序应主要保证的技术要求。而零件图上标注的尺寸及公差是零件加工最终应达到的,而工序尺寸及其公差多数情况不能与零件图上标注的尺寸及公差相对应,特别是非表面最终加工工序。因此,正确地确定工序尺寸及其公差,是制订工艺规程的重要工作之一。

工序尺寸及其公差的确定与工序余量的大小、工序尺寸的标注方法以及定位基准的选择与变换有着密切关系,一般有两种情况:一是在加工过程中工艺基准与设计基准重合的情况下,某一表面需要进行多次加工所形成的工序尺寸,可称为简单的工序尺寸;二是当制订表面形状复杂的零件的工艺规程,或零件在加工过程中需要多次转换工艺基准或工序尺寸需从尚待加工的表面标注时,工序尺寸的计算就比较复杂,这时就需要利用工艺尺寸链来分析和计算。

1. 简单的工序尺寸

对于简单的工序尺寸,只需根据工序的加工余量就可以算出各工序的基本尺寸,其计算顺序是由最后一道工序开始向前推算。各工序尺寸的公差按加工方法的经济精度确定,并按"入体原则"标注,随着自动化加工技术的发展,工序尺寸及其偏差的标注现在也采用"对称偏差"标注。举例如下

某零件孔的设计要求为 $\phi 170J6(^{+0.018}_{-0.007})$,$Ra=0.8\ \mu m$,毛坯为铸件,在成批生产的条件下,其加工工艺路线为,粗镗—半精镗—精镗—浮动镗。求各工序尺寸。

从机械加工手册查得各工序的加工余量和所能达到的经济精度,见表 6.4 中第二、第三列。其计算结果列于第四、第五两列。其中毛坯公差(毛坯公差值按双向布置)可根据毛坯的生产类型、结构特点、制造方法和生产厂的具体条件,参照有关毛坯手册选取。

表 6.4　简单的工序尺寸计算

工序名称	工序双边余量	工序经济精度		最小极限尺寸 /mm	工序尺寸及其偏差	
		公差等级	公差值		入体标注	对称标注
浮动镗孔	0.2	IT6	0.025	$\phi 169.993$	$\phi 170^{+0.018}_{-0.007}$	—
精镗孔	0.6	IT7	0.04	$\phi 169.8$	$\phi 169.8^{+0.04}_{0}$	$\phi 169.82 \pm 0.02$
半精镗孔	3.2	IT9	0.10	$\phi 169.2$	$\phi 169.2^{+0.1}_{0}$	$\phi 169.25 \pm 0.05$
粗镗孔	6.0	IT11	0.25	$\phi 166$	$\phi 166^{+0.25}_{0}$	$\phi 166.125 \pm 0.125$
毛坯	—	—	3	$\phi 158$	$\varphi 160^{+1}_{-2}$	—

6.2.5　工艺尺寸链

1. 尺寸链的概念

在机器设计、零件加工和机器装配过程中,常有一些尺寸,它们之间互相联系、相互影响地合在一起。通常把相互连接的尺寸构成的环形封闭尺寸组称为尺寸链。如图 6.14(a)所示轴承座的加工,先以底面 A 定位,按工序尺寸 H_1 的位置镗孔 B;然后仍以底面 A 定位,按工序尺寸 H_2,铣平面 C;孔 B 中心与平面 C 的距离 H_0 是在两次加工中间接形成的;那么

H_1、H_2 和 H_0 三个尺寸就构成了一个尺寸链,如图 6.14(b)所示。

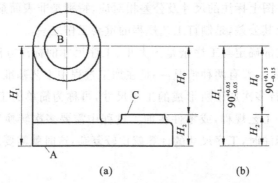

图 6.14 轴承座加工高度方向尺寸链

尺寸链中的每个尺寸称为尺寸链的环。

尺寸链中,间接形成的尺寸叫做封闭环,一个尺寸链只能有一个封闭环。如装配过程中,最后间接形成的间隙;加工过程中,非工序尺寸,而是几个工序完成后间接形成的尺寸,图 6.14(b)所示尺寸链中,H_0 就是封闭环。

非封闭环以外的尺寸都为组成环。组成环中任一环的尺寸变动必然引起封闭环尺寸的变动。当其他组成环尺寸保持不变,一组成环尺寸变动引起封闭环尺寸同向变动,该环称为增环;反之,引起封闭环尺寸反向变动的组成环称为减环。图 6.14(b)所示尺寸链中,H_1、H_2 为组成环,其中 H_1 为增环,H_2 为减环。

2. 尺寸链的分类

按尺寸链的应用场合来分可分为

(1)工艺尺寸链——由加工过程中的各有关工艺尺寸所组成的尺寸链。

(2)装配尺寸链——由机器装配过程中的各相互联接尺寸所组成的尺寸链。

(3)设计尺寸链——由零件的设计图上的尺寸所组成的尺寸链。

按尺寸链中尺寸的空间位置分布可分为

(1)线性尺寸链——组成尺寸链的全部尺寸都是平行的。

(2)平面尺寸链——组成尺寸链的全部尺寸都位于一个或几个平行平面内,如图 6.15 所示。

(3)空间尺寸链——尺寸链中各组成尺寸不在同一平面或彼此平行的平面内。

空间尺寸链可以转化为三个相互垂直的平面尺寸链。每一个平面尺寸链又可转化为两个相互垂直的线性尺寸链。线性尺寸链是尺寸链中最基本的尺寸链。

下面有针对性地讲解线性工艺尺寸链的计算,但有些概念、方法、结论也适用于装配尺寸链和设计尺寸链。

3. 工艺尺寸链的计算

工艺尺寸链计算有两种方法,即极值法和概率法。

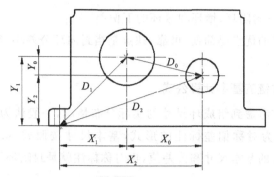

图 6.15　轴承座加工高度方向尺寸链

1)极值法解算尺寸链的基本计算公式

极值法是按误差综合最不利的情况,即组成环处于极值时,来计算封闭环。

(1)封闭环的基本尺寸 A_0。封闭环的基本尺寸等于所有增环基本尺寸之和减去所有减环基本尺寸之和,即

$$A_0 = \sum_{i=1}^{m} A_i - \sum_{j=m+1}^{n} A_j \qquad (6.2)$$

式中　A_i——增环基本尺寸;

　　　A_j——减环基本尺寸;

　　　m——增环个数;

　　　n——组成环个数。

(2)封闭环的公差 T_0。封闭环的公差等于各组成环公差之和,即

$$T_0 = \sum_{k=1}^{n} T_l \qquad (6.3)$$

式中　T_l——组成环的公差。

(3)封闭环的极限尺寸。封闭环的最大极限尺寸等于各增环最大极限尺寸之和减去各减环最小极限尺寸之和;封闭环的最小极限尺寸等于各增环最小极限尺寸之和减去各减环最大极限尺寸之和。即

$$A_{0max} = \sum_{i=1}^{m} A_{imax} - \sum_{j=m+1}^{n} A_{jmin} \qquad (6.4)$$

$$A_{0min} = \sum_{i=1}^{m} A_{imin} - \sum_{j=m+1}^{n} A_{jmax} \qquad (6.5)$$

(4)封闭环的上、下偏差。封闭环的上偏差等于各增环的上偏差之和减去各减环的下偏差之和;封闭环的下偏差等于各增环的下偏差之和减去各减环的上偏差之和。即

$$ES_0 = \sum_{i=1}^{m} ES_i - \sum_{j=m+1}^{n} EI_j \qquad (6.6)$$

$$EI_0 = \sum_{i=1}^{m} EI_i - \sum_{j=m+1}^{n} ES_j \qquad (6.7)$$

式中　ES_0、ES_i、ES_j——封闭环、增环和减环的上偏差;

EI_0、EI_i、EI_j——封闭环、增环和减环的下偏差。

极值法解算尺寸链的优点是简便、可靠;缺点是当封闭环公差小,组成环数目多时,会使组成环公差过于严格。

2)概率法解算尺寸链的基本计算公式

概率法解算尺寸链考虑到组成环尺寸的实际分布情况,一般认为呈正态分布。计算方法是,先把每个尺寸写为对称偏差标注的形式,基本尺寸按照式(6.2)计算,公差按照式(6.8)计算,根据计算出的基本尺寸和公差值,再对称标注就是封闭环尺寸了。

$$T_0 = \sqrt{\sum_{l=1}^{n} T_l^2} \tag{6.8}$$

利用概率的原理来进行尺寸链计算,主要用于封闭环公差小、组成环数目多,以及大批大量自动化生产中。

按计算工艺尺寸链的目的不同,工艺尺寸链的计算分为三类,即正计算、反计算和中间计算。

(1)正计算——已知全部组成环的尺寸及公差,求封闭环的尺寸及公差。多用于验算、校核设计的正确性。

(2)反计算——已知封闭环的尺寸及公差和各组成环尺寸,求各组成环的公差。这种情况实际上是将封闭环的公差值合理地分配给各组成环,按照式(6.3)、式(6.8)进行分配。多用于产品设计、装配和工序设计。

(3)中间计算——已知封闭环的尺寸及公差和部分组成环的尺寸及公差,求某一组成环的公差。该计算广泛应用于工序尺寸计算。

4. 工序尺寸及公差的计算实例

1)基准不重合的计算

图 6.14 所示的轴承座加工,就是一个工序基准与设计基准不重合的典型例子。按工序尺寸 $H_1 = 135 \pm 0.05$ mm 镗孔 B,然后按工序尺寸 H_2 铣平面 C,这两个工序基准为 A 面。间接形成平面 C 与孔 B 中心的距离 H_0,这是需要保证的设计尺寸,$H_0 = 45 \pm 0.15$ mm,基准为孔 B 中心。下面用极值法解算图 6.16(b)所示尺寸链来计算工序尺寸 H_2 及公差 T_2。

H_0 为封闭环,H_1 减环,H_2 增环,根据式(6.2)、式(6.6)和式(6.7)有

$$90 = 135 - H_2$$
$$0.15 = 0.05 - EI_2$$
$$-0.15 = -0.05 - ES_2$$

计算得

$$H_2 = 45$$
$$EI_2 = -0.1$$
$$ES_2 = 0.1$$

工序尺寸 $H_2 = 45 \pm 0.1$ mm,而 $T_2 = 0.2$。按入体原则表示为 $H_2 = 45.1_{-0.2}^{0}$ mm。有结

论:要保证平面 C 与孔 B 中心的距离 $H_0 = 45 \pm 0.15$ mm,铣平面 C 工序尺寸应为 $H_2 = 45.1^{0}_{-0.2}$ mm。

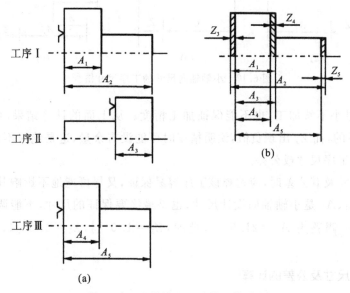

图 6.16　小轴轴向尺寸的工艺过程

2)工序尺寸与余量的工序尺寸链

工序尺寸及其公差就是根据零件的设计要求,考虑到加工中的基准、工序间的余量及工序的经济精度等条件对各工序提出的尺寸要求。因此,零件加工后最终尺寸及公差就和有关工序的工序尺寸及其公差以及工序余量具有尺寸链的关联性,构成一种工艺尺寸链,通常也称工序尺寸链。

如图 6.16(a)所示为某小轴工件轴向尺寸的加工工艺过程。其工艺过程如下:

工序 Ⅰ,粗车小端外圆、肩面及端面,工序尺寸为 $A_1 = 22^{0}_{-0.3}$ 和 $A_2 = 52^{0}_{-0.5}$;

工序 Ⅱ,车大端外圆及端面,工序尺寸为 $A_3 = 20.5^{0}_{-0.1}$;

工序 Ⅲ,精车小端外圆、肩面及端面,工序尺寸为 $A_4 = 20^{0}_{-0.1}$ 和 $A_5 = 50^{0}_{-0.2}$。

试检查轴向余量。

解　①分析工艺过程,判断封闭环。把小轴加工过程的轴向工序尺寸绘制于一个图上,得到轴向尺寸形成过程及余量图,如图 6.16(b)所示。根据小轴轴向尺寸加工过程可知,A_1、A_2、A_3、A_4 和 A_5 都是工序尺寸,也是直接获得(控制)的尺寸。而余量 Z_3、Z_4 和 Z_5 在加工过程中并没有直接控制,是间接控制的尺寸。所以余量 Z_3、Z_4 和 Z_5 是封闭环。

②建立尺寸链。以余量 Z_3、Z_4 和 Z_5 为封闭环,分别建立各自的尺寸链,如图 6.17(a)、(b)、(c)所示。

③解算尺寸链。通过解算尺寸链(过程略),得到 $Z_3 = 1.5^{+0.1}_{-0.3}$,$Z_4 = 0.5^{+0.1}_{-0.1}$,$Z_5 = 0.5^{+0.5}_{-0.6}$。

④调整工序尺寸。从计算结果检查余量的最大值和最小值是否合适,余量过大浪费材

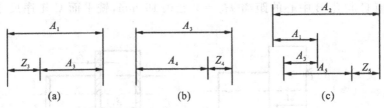

图 6.17　小轴轴向尺寸的工序尺寸链

料及工时,余量过小不够加工,也不能保证加工精度。从上面的计算结果,可以看出 Z_3 和 Z_4 的余量是合适的,而 Z_5 出现负值,说明精车时可能没有余量,这是绝对不允许的,必须重新调整前面有关工序尺寸或公差。

调整工序尺寸及其公差时,应选择该工序容易保证,又尽可能地不影响其他尺寸的工序尺寸。本例中 A_4、A_5 是小轴轴向设计尺寸,也是最终要保证的尺寸,不能调整。所以选择 A_1 进行调整。A_1 调整为 $A_1 = 21.5^{+0}_{-0.2}$,此时,$Z_3 = 1.0^{+0.1}_{-0.2}$,$Z_5 = 1.0^{+0.4}_{-0.6}$,可以满足加工要求。

3)中间工序尺寸及公差的计算

在零件的加工过程中,一个工序的工序尺寸与前后工序的工序尺寸有关,该工序尺寸称为中间工序尺寸。中间工序尺寸引出线的两端,即本工序的加工表面和工序基准,在前后工序发生过变化,即被加工过,这是造成中间工序尺寸与前后工序的工序尺寸有关的根本原因。

例　如图 6.18(a)所示为带键槽盘套类零件的内孔,孔径设计尺寸为 $\phi 70^{+0.03}_0$ mm,键槽设计深度尺寸 $74.9^{+0.2}_0$ mm。内孔及键槽加工工艺过程为

①镗内孔至 $\phi 69.2^{+0.1}_0$ mm;

②插键槽至尺寸 L_2;

③淬火热处理;

④磨内孔至设计尺寸 $\phi 70^{+0.03}_0$ mm,同时要求保证键槽深度尺寸 $L_0 = 74.9^{+0.2}_0$ mm。

L_2 为中间工序尺寸,下面计算 L_2 及公差 T_2。

假设磨内孔时工件的安装刚好使镗好的内孔与主轴旋转轴线同轴。将镗孔工序尺寸 $\phi 69.2^{+0.1}_0$ mm、磨孔工序尺寸 $\phi 70^{+0.03}_0$ mm 转换为单边的半径尺寸 $L_1 = 34.6^{+0.05}_0$ mm 和 $L_3 = 35^{+0.015}_0$ mm,根据工艺过程及各工序工序尺寸画出尺寸链,如图 6.18(b)所示。键槽深度 $L_0 = 74.9^{+0.2}_0$ mm,是间接得到的,为封闭环;插键槽工序尺寸 L_2、磨内孔工序尺寸 $L_3 = 35^{+0.15}_0$ mm 为增环;镗内孔工序尺寸 $L_1 = 34.6^{+0.05}_0$ mm 为减环。用极值法解算该尺寸链。

根据式(6.2)、式(6.6)和式(6.7)有

$$74.9 = L_2 + 35 - 34.6$$

$$0.2 = (ES_2 + 0.015) - 0$$

$$0 = (EI_2 + 0) - 0.05$$

计算得

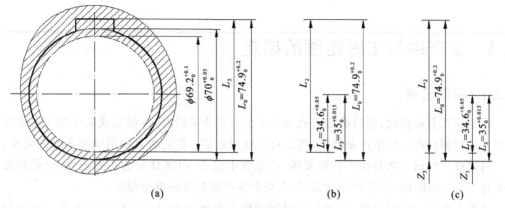

图 6.18 带键槽的孔加工中间工序尺寸及公差计算

$$L_1 = 74.5 \text{ mm}$$

$$ES_2 = 0.185 \text{ mm}$$

$$EI_1 = 0.05 \text{ mm}$$

工序尺寸 $L_2 = 74.5^{+0.185}_{+0.05}$ mm,而 $T_2 = 0.135$。按入体原则表示为 $L_2 = 74.55^{+0.135}_{0}$ mm。

如图 6.18(c)所示,为包括余量 Z_3 的两个尺寸链。解算这两个尺寸链也可得到与上面相同的结果。

4)保证渗层深度的工序尺寸计算

有些零件的表面需进行渗氮或渗碳处理,并且要求精加工后要保持一定的渗层深度。为此,必须确定渗前加工的工序尺寸和热处理时的渗层深度。

例 如图 6.19(a)所示为某零件内孔,孔径为 $\phi 45^{+0.04}_{0}$,内孔表面需要渗碳,渗碳层深度为 $0.3 \sim 0.5$ mm。其加工过程为

工序 I,磨内孔至 $\varphi 44.8^{+0.04}_{0}$ mm;

工序 II,渗碳深度 t_1;

工序 III,磨内孔至 $\varphi 45^{+0.04}_{0}$ mm,并保留渗碳层深度 $t_0 = 0.3 \sim 0.5$ mm。

试求渗碳时深度。

解 在孔的半径方向上画尺寸链,如图 6.19(b)所示,显然 $t_0 = 0.3^{+0.2}_{0}$ mm 是间接获得的,为封闭环。用尺寸链基本计算公式计算出 $t_1 = 0.4^{+0.18}_{+0.02}$ mm。即渗碳层深度为 $0.42 \sim 0.6$ mm。

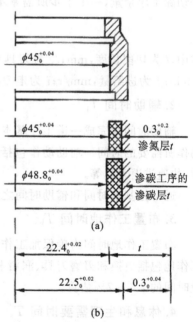

图 6.19 渗碳深度的工序尺寸换算

6.3 生产率与工时定额的确定

6.3.1 时间定额

在制定工艺规程时,还应确定完成每个工艺过程所需的时间,如完成某个加工或装配工序所需的时间。在一定生产条件下,规定有效地完成某一作业所需的时间称为时间定额,也称工时定额。时间定额是生产计划安排、产品成本核算、报酬分配的主要依据;也是新设计或扩建工厂(车间)时,确定所需的设备、人员和生产面积等的重要依据。

必须正确制订时间定额,所制订的时间定额应不低于当时的平均生产水平。过紧与过松的时间定额都不利于提高作业人员的生产积极性,也不利于提高生产水平。

具体地,机械加工时间定额是指有效完成一个零件的一道工序作业所需的规定时间,也称单件时间定额。它由以下几部分组成。

1. 基本时间 T_j

一道工序中直接改变生产对象的尺寸、形状、相互位置、表面状态或材料性质等工艺过程所需要的时间,也称机动时间。对于机械加工,就是去除多余材料的时间。用金属切削方法切除工序余量,一个工步所需基本时间可由下式计算

$$T_j = \frac{(l + l_a + l_b)i}{nf} \tag{6.9}$$

式中,l 为切削长度,mm;l_a 为刀具切入长度,mm;l_b 为刀具切出长度,mm;n 为主轴转速,r/min;f 为进给量,mm/r;i 为走刀次数。

2. 辅助时间 T_f

辅助时间为完成一道工序基本工艺(基本时间 T_j 内的工艺操作)必须进行的各种辅助动作所需要的时间。辅助动作包括装卸零件、操作机床(开、停、变速等),试切、测量零件尺寸、快速进退刀具等。

通常把基本时间和辅助时间之和叫做作业时间 T_z,即 $T_z = T_j + T_f$。

3. 布置工作地时间 T_b

布置工作地时间为确保加工作业的正常进行,工人为照管工作地所消耗的时间。照管工作地包括更换和刃磨刀具、润滑和擦拭机床、清理切屑、准备和收拾工具等。通常按照作业时间的 $2\% \sim 7\%$ 估算。

4. 休息和生理需要时间 T_x

休息和生理需要时间是工人在工作班内为恢复体力和满足生理上需求所需要的时间。一般按作业时间的 2% 来估算。

上述 4 项时间的总和称为单件时间 T_d,即 $T_d = T_j + T_f + T_b + T_x$。

5. 准备与终结时间 T_{zz}

准备与终结时间指在加工一批工件的开始和终了时必须做的准备和结束工作所需要的

时间。

对成批生产,在加工一批零件的开始和结束时,工人必须做下列工作:熟悉图纸和工艺文件,计算和换算相关尺寸,借还工艺装备,安装和调试工艺装备,领取毛坯材料,调整机床,首件试切和检验,送检及发送成品等。对一批零件只给一次准备与终结时间,当一批工件数量为 N,分摊到单个零件上的时间为 T_{zz}/N。

在大批大量生产中,因为每个工作地始终完成某一固定工序一般不考虑准备与终结时间。如果要计算,因 N 值很大,$T_{zz}/N \approx 0$,也可忽略不计。

将分摊到单个零件上的准备与终结时间 T_{zz}/N 加到单件时间中,即为单件时间定额 T_{de},有

$$T_{de} = T_j + T_f + T_b + T_x + T_{zz}/N \tag{6.10}$$

时间定额的确定方法有技术定额法和统计分析法。技术定额法又分为分析研究法和时间计算法。时间计算法在大批大量生产中广泛采用,它以各种手册为依据进行计算。工时定额应随生产水平的提高及时予以修订。

6.3.2 提高生产率的途径

简单地讲,劳动生产率是指在生产中人的劳动效率,它不仅与劳动者本身工作表现有关,还与生产条件有关,如采用的工具和设备、工艺、现场条件等,特别是现代工业生产,后者的作用更大。因此劳动生产率是衡量整个生产效率的一个综合指标。讲劳动生产率必须明确指定其生产范围(单位),如一个企业、工厂、车间、工段、班组或个人。对一个生产单位,用一个工人在单位时间内生产出的合格产品的数量来评价,也可以用一个工人生产出一个合格产品的作业时间来评价。

提高劳动生产率是降低生产成本、提高生产效益、满足社会需求和增加财富积累的主要途径。因此,在制定工艺规程时,必须首先保证零件加工质量和产品装配质量,在这个前提下,还应尽最大可能提高劳动生产率。即必须优质,而又高产。提高劳动生产率是一个综合性的问题,它涉及产品设计、制造工艺、组织管理等有关的各个方面。下面主要介绍提高机械加工生产率的工艺方面的措施。

机械加工的劳动生产率一般通过其时间定额来定量衡量和控制。缩减单件时间定额,减少生产人员数量都可以提高劳动生产率。

1. 缩短基本时间的工艺措施

由式(6.9)知,增大切削用量、减小切削行程长度和加工余量,都可缩短基本时间。

1)提高切削用量

增大切削速度、进给量和被吃刀量都可以缩短基本时间。但提高切削用量受刀具寿命和机床能力的限制。新型刀具材料的出现和砂轮性能的改进,使高速切削和强力磨削得到迅速发展。

2)减少切削行程长度

采用多把刀具同时加工工件的同一表面,即将多次走刀变为一次走刀,有效减少切削行

程,如图 6.20 所示的外圆表面的多刀切削。用宽砂轮作径向切入法磨削较纵向法磨削比,可较大地减少切削行程,如图 6.21 所示。

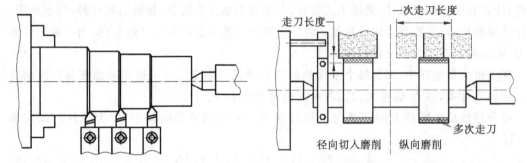

图 6.20　外圆表面的多刀切削　　　图 6.21　径向切入磨削法与纵向磨削法切削行程对比

3)多工位或多工步同时加工

多工位或多工步同时加工可以使多个工位或工步的基本时间重合,基本时间就等于各工位或工步中最长的基本时间。

可以采用多工位专用、组合机床配合回转分度工作台,多轴多工位自动车床等,实现多工位同时加工。图 6.22 所示为连杆接合面孔的多工位同时加工。

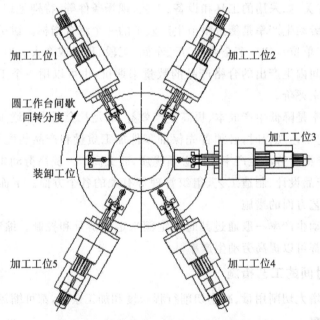

图 6.22　连杆接合面孔的多工位同时加工

多工步布同时加工就是采用多把刀具或复合刀具同时加工工件的多个表面,如图 6.23 所示,在自动转塔车床上,对轴套的内孔、两个外圆使用复合刀具进行同时加工的复合工步。

4)多件加工

在一次走刀行程中完成多个工件的相同表面的加工,均摊到单件的基本时间就小了,同

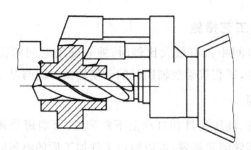

图 6.23　轴套使用复合刀具同时加工 r 复合工步

时加工的零件数越多,单件基本时间就越小。在多件加工中,按工件排列的方式,可有三种方式。

(1)图 6.24(a)为顺序多件加工。即工件在走刀方向上依次安装,切入和切出时间及多次走刀的返程时间是分摊给每个工件的,单件基本时间就缩短了。这种方式多用于在龙门刨床、龙门铣床、平面磨床加工平面,以及滚齿、插齿等加工。

(2)图 6.24(b)为平行多件加工。即工件在走刀的垂直方向上依次平行安装,在走刀长度不变时完成多个工件加工。这种方式多见于铣削和平面磨削等加工。

(3)图 6.24(c)为平行顺序多件加工,它是上述两种方式的综合。它适用于小尺寸工件,多见于在立轴式平面磨床和铣床上加工平面。

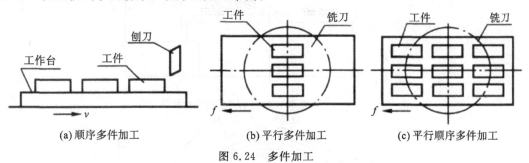

(a)顺序多件加工　　　　(b)平行多件加工　　　　(c)平行顺序多件加工

图 6.24　多件加工

5)采用先进工艺方法

应重视采用先进工艺方法,有些先进工艺对缩短基本时间是非常显著的。

(1)对特硬、特脆、特韧材料及复杂型面的加工,应采用非常规加工方法来提高生产率。例如,用电火花加工锻模、线切割加工冲模、激光加工深孔等。

(2)在毛坯制造中采用冷挤压、热挤压、粉末冶金、失蜡铸造、压力铸造、精锻核爆炸成形等新工艺方法,能提高毛坯精度,减少切削余量,而且还可节约原材料。

(3)采用少、无切屑工艺代替切削加工。例如,用冷挤压齿轮代替剃齿,此外还有滚压、冷轧等。

(4)改变加工方法,如在大批量生产中采用拉削、滚压代替铣、铰和磨削;成批生产中采用精刨、精磨或金刚镗代替刮研。

2. 缩短辅助时间的工艺措施

当辅助时间在单件时间中占有较大比例时,缩短辅助时间对提高生产率有显著影响。缩短辅助时间有两种途径,即直接缩短辅助时间和使辅助时间与基本时间重合。

1)直接缩短辅助时间

采用先进高效的气动、液压夹具和自动上下料装置,可缩短装卸工件时间,还可以减轻工人的劳动强度。采用高效测量装置,可以缩短工件加工后的测量时间。

2)使辅助时间与基本时间重合

采用可装夹多个工件的转位夹具、移动式或回转式工作台,或采用多套夹具,在加工位置上的工件进行加工时,对装卸位置上的工件进行装卸,从而使装卸工件的时间完全与基本时间重合。

如图 6.25 所示的用立轴转台磨床磨削连杆的端面。圆工作台均布有 8 个夹具,在装卸区将磨削完的工件卸掉,装上待加工工件,圆工作台连续回转进给,将装夹好的工件不断送入磨削区,磨削后的工件不断从磨削转到装卸区,装卸工件与磨削加工同时进行。

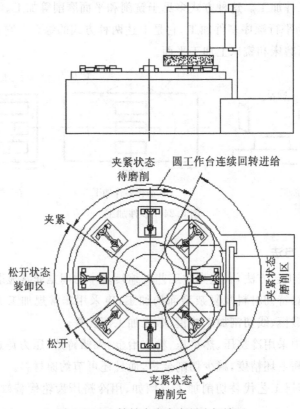

图 6.25 立轴转台磨床磨削连杆端面

如图 6.26 所示为用双面金刚镗床镗削连杆大头孔。主轴箱具有双伸出主轴,可以作左右进给运动,左右对称设置两套相同夹具,当主轴箱向左进给运动加工左侧夹具中的工件时,可以同时对右侧夹具进行装卸工件作业,反之同样。

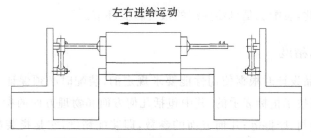

图 6.26 双面金刚镗床镗削连杆大头孔

采用加工中的主动测量装置,在加工过程中测量工件的尺寸,可以免去加工后的测量时间。

3)缩短布置工作地时间的措施

在布置工作地时间中,大部分用在更换和调整刀具上,因此减少布置工作地时间主要措施是缩短微调刀具时间和每次更换刀具的时间,以及提高砂轮和刀具耐用度等。生产中可采用各种快换刀夹、刀具微调机构、专用对刀样板和样件、快速换刀或自动换刀装置。如钻床上采用快速夹头,车床上采用可转位硬质合金刀片。铣床上设置对刀装置,使用数控机床上的自动换刀装置,在磨床上采用金刚石滚轮成形修整砂轮装置等都可以节省换刀、对刀及修整砂轮的时间。

4)缩短准备终结时间的工艺措施

缩短准备和终结时间的主要方法是减少机床、夹具和刀具的调整和安装时间。如采用可调夹具,可换刀架和刀夹,采用刀具的微调机构和对刀辅助工具等。

在成批生产中,应增加零件的批量,或将相似零件组织起来成组加工,以扩大零件"成组批量",从而减少了分摊到每个零件上的准备终结时间。

6.4 机器装配工艺规程设计

任何机器都是由零件、组件和部件组合而成的。所谓组件是指由若干零件组成、在结构上有一定独立性的组合体;所谓部件是指由若干个零件和组件组成,并具有一定独立功能的结构单元。在机械制造、装配过程中,按照规定的技术要求和顺序完成组件或部件组合的工艺过程,称为组件或部件装配;进一步将部件、组件、零件组合成产品的工艺过程,称为机器的总装配。此外,装配还包括对产品的调整、检验、试验、涂装和包装等工艺过程。

任何产品的质量,都是以其工作性能、使用效果、可靠性和寿命等综合指标来评定的,这些除了与产品的设计及零件的制造质量有关外,还取决于产品的装配质量。装配是机器制造生产过程中极重要的最终环节,若装配不当,即使质量全部合格的零件,也不一定能装配出合格的产品;而零件存在某些质量缺陷时,如果在装配中采取合适的工艺措施,也可能使产品达到规定的要求。因此,装配质量对保证产品的质量有十分重要的作用。在机器的装配过程中,可以发现产品设计上的缺陷(如不合理的结构和尺寸标注等),以及零件加工中存在的质量问题。因此,装配也是机器生产的最终检验环节。

6.4.1 机器装配精度

　　装配精度是产品设计时根据使用性能要求规定的、装配时必须保证的质量指标。产品质量标准,通常是用技术指标表示的,其中包括几何方面和物理方面的参数。物理方面的有转速、质量、平衡、密封、摩擦等;几何方面的参数,即装配精度,它是指装配后产品实际能达到的精度。产品的装配精度一般包括:零部件间的距离精度、相互位置精度、相对运动精度、相互配合精度、传动精度、噪声及振动等。这些精度要求又有动态和静态之分。各类装配精度之间有着密切的关系:相互位置精度是相互运动精度的基础,相互配合精度对距离精度和相互位置精度及相互运动精度的实现有一定的影响。为确保产品的可靠性和精度保持性,一般装配精度要稍高于精度标准的规定。

1. 装配的距离精度

　　距离精度是指保证一定间隙、配合质量和尺寸精度要求的相关零件、部件间的距离尺寸准确程度,它还包括间隙、过盈等配合要求。例如卧式车床主轴中心线与尾座套筒中心线之间等高度,即属装配距离精度,如图 6.27 所示。

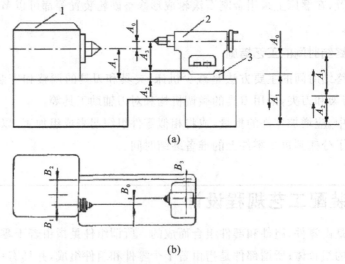

1—主轴箱;2—尾座;3—底板。

图 6.27　卧式车床主轴中心线与尾座套筒中心线等高示意图

　　图 6.27 中,A_0 和 B_0 是装配尺寸的垂直和水平方面精度;A_1 为主轴箱前顶尖的高度尺寸;A_2 为尾座底板的高度尺寸;A_3 为尾座后顶尖的高度尺寸;B_1、B_2、B_3 为床头和床尾水平方向有关尺寸。

　　可以看出,影响装配精度(A_0 和 B_0)的是有关尺寸 A_1、A_2、A_3、B_1、B_2、B_3。亦即装配距离精度反映各有关零件的尺寸与装配尺寸的关系。

2. 装配的相互位置精度

产品装配中的相互位置精度是指产品中相关零件间的平行度、垂直度、同轴度及各种跳动等。如图 6.28 所示为发动机装配的相互位置精度,其中装配的相互位置精度是活塞外圆的中心线与缸体孔的中心线的平行度。

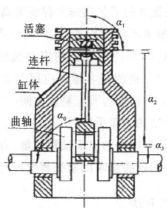

α_1—活塞外圆中心线与其销孔中心线的垂直度;

α_2—曲轴的连杆颈中心线与连杆小头孔中心线的平行度;

α_3—曲轴的连杆轴颈中心线与其主轴轴颈中心线的平行度;

α_0—缸体孔中心线与其曲轴轴承孔中心线的垂直度。

图 6.28 发动机装配的相互位置精度

由图可以看出,影响装配相互位置精度的是 α_1、α_2、α_3、α_0,即装配相互位置精度反映各零件有关相互位置与装配相互位置的关系。

3. 装配的相对运动精度

相对运动精度是指产品中相对运动的零部件间在运动方向和相对运动速度上的精度,主要包括主轴的圆跳动、轴向窜动、转动精度及传动精度等。它主要与主轴轴颈处的精度、轴承精度、箱体轴孔精度、传动元件自身的精度和它们之间的配合精度有关。

4. 装配的接触精度

接触精度是指相互配合表面、接触表面达到规定接触面积的大小与接触点分布情况,它影响接触刚度和配合质量的稳定性。如齿轮啮合,锥体与锥孔配合及导轨副之间均有接触精度要求。

上述各种装配精度之间存在一定的关系。接触精度和配合精度是距离精度和位置精度的基础,而位置精度又是相对运动精度的基础。

影响装配精度的主要原因是零件的加工精度。一般来说,零件的精度越高,装配精度就越容易得到保证。但在生产实际中,并不能单靠提高零件的加工精度去达到高的装配精度。因为零件的加工精度不但在工艺上受到加工条件的限制,而且还受到经济因素的制约。因此要达到所要求的装配精度,不能简单地按照装配精度要求来加工,在装配时应采取一定的工艺措施,即合理选择装配方法也是保证装配精度的重要手段。在单件小批生产及装配精度要求很高时装配方法的合理选择尤为重要。如图 6.27 所示的卧式车床主轴中心线与尾座套通中心线在垂直方向的等高度 A_0 的精度要求是很高的,如果靠控制尺寸 A_1、A_2、A_3 的精度来达到 A_0 的精度是很不经济的。实际生产中常按经济精度来制造相关零部件尺寸 A_1、A_2、A_3,装配时则采用修配底板 3 的工艺措施来保证等高度 A_0 的精度。

人们在长期的装配实践中,根据不同的机器、不同的生产类型和条件,创造了许多巧妙的装配方法。在不同的装配方法中,零件的加工精度与装配精度间具有不同的相互关系。为了定量地分析这种关系,常将尺寸链的基本理论应用于装配过程中,即建立装配尺寸链,通过解算装配尺寸链,最后确定零件精度与装配精度之间的定量关系。因此,装配尺寸链计算是机械产品装配中保证装配精度的重要手段。

此外,影响装配精度的因素还有零件的表面接触质量、力、热、内应力等所引起的零件变形以及旋转零件的不平衡等,因此,这些影响因素在装配过程中也应加以重视。

6.4.2 保证装配精度的工艺方法

机械产品的精度要求最终是靠装配来实现的。为此,就要根据产品的性能要求、结构特点、生产纲领、生产技术条件等诸因素制订具体的装配工艺。装配工艺就是要解决以什么装配方法获得规定的装配精度,如何以较低的零件加工精度达到较高的装配精度,以及怎样以最少的装配劳动量获得装配精度的问题。保证产品装配精度的方法一般有四类:互换法、选配法、修配法和调整法。

1.互换法

互换法是从制造合格的同种零件中任选一个进行装配均能达到装配精度要求的装配方法。采用这种方法装配时,产品的装配精度是靠控制零件的加工精度来保证的,因此要求零件的制造满足互换性。

根据零件可互换程度的不同,互换法又分为完全互换法和不完全互换法。

1)完全互换法

在全部产品中,装配时各影响尺寸(组成环)无需挑选或改变其大小或位置,装入后即能达到装配(封闭环)的公差要求,这种方法称为完全互换法。

完全互换法的优点:装配工作比较简单、生产率高,有利于组织流水作业,易于实现装配机械化和自动化,便于进行零部件的协作加工和专业化生产,有利于产品的维护和零部件的更换。其缺点是,当装配精度较高,尤其是组成环数目较多时,零件难以按加工经济精度加工。因此,完全互换法常用于高精度、少环尺寸链或低精度、多环尺寸链的大批大量机器装配中。采用完全互换法时,装配尺寸链采用极值公差公式进行解算。

2)不完全互换法

完全互换法采用极值法求解装配尺寸链,但所有零件同时出现极限尺寸的概率是很小的,而各增环与减环尺寸都出现极值并达"最坏组合"的机会就更小。因此,可将组成环的公差适当放大,使零件的制造容易一些。这样虽在装配时可能出现不能完全互换的情况,但在绝大多数产品中,装配时无需对各组成环零件进行挑选或改变其大小和位置,直接装入后就能满足封闭环的尺寸要求。这种装配方法称为不完全互换法,也称为大数互换法或部分互换法。这种装配方法适用于大批量生产时,组成环较多而装配精度要求又较高的场合。采用不完全互换法时,需用概率法公式来计算装配尺寸链。

2. 选配法

选择装配法将尺寸链中组成环的公差放大到经济可行的程度,然后选择合适的零件进行装配,使之满足装配精度要求。这种方法常用于装配精度很高而组成环较少的成批或大量生产中。

选配法主要有直接选配法、分组装配法(分组互换法)两种形式。

1)直接选配法

直接选配法是由装配工人从许多待装配的零件中,凭经验挑选合适的零件装配在一起。装配时工人选择零件的时间长短不易准确控制,而且装配质量在很大程度上取决于工人的技术水平。

2)分组选配法

分组装配是将组成环公差按完全互换极值解法所得的数值放大数倍,使其能按加工经济精度制造,然后将零件的有关尺寸进行测量和分组,再按对应组分别进行装配,以满足原定装配精度的要求。由于同组内各零件可以互换,故又叫分组互换法。分组装配法是在大批大量生产中常用的方法。

发动机的活塞销与连杆小头孔的装配关系。装配要求两者的配合间隙为 $0.0005\sim0.0055$ mm,若用完全互换法装配,则要求活塞销的外径为 $\phi25^{-0.0100}_{-0.0125}$ mm,连杆小头孔的孔径为 $\phi25^{-0.007}_{-0.0095}$ mm。显然,加工这样高精度的销和销孔,既困难又不经济。因此,在生产中采用了分组装配法,将销和销孔的公差在相同的方向上扩大四倍,即销的外径为 $\phi25^{-0.0025}_{-0.0125}$ mm;小头孔的孔径为 $\phi25^{+0.0005}_{-0.0095}$ mm。这样,活塞销的外圆可用无心磨,连杆小头孔可用金刚镗等方法来加工。加工后,用精密量具对它们进行测量,并按尺寸大小分为四个组别,涂以不同的色记,以便进行分组装配。具体分组情况见表 6.5。

表 6.5　活塞销和连杆小头孔的分组尺寸/mm

组别	标志颜色	活塞销直径 $d=\phi25^{-0.0025}_{-0.0125}$ mm	连杆小头孔直径 $D=\phi25^{+0.0005}_{-0.0095}$ mm	配合情况	
				最大间隙	最小间隙
Ⅰ	白	24.9975~24.9950	25.0005~24.9980		
Ⅱ	绿	24.9950~24.9925	24.9980~24.9955	0.0055	0.0005
Ⅲ	黄	24.9925~24.9900	24.9955~24.9930		
Ⅳ	红	24.9900~24.9875	24.9930~24.9905		

分组装配的要求如下

(1)为保证分组后各配合件的配合性质及精度不改变,配合件的公差范围应相等,公差增大时要同方向增大,增大的倍数就是以后的分组数。

(2)要保证零件分组后在装配时各组的数量相匹配,应使配合件的尺寸分布为相同的对称分布(如正态分布)。若分布曲线不同或为不对称分布曲线,将产生各组相配零件的数量不等,从而造成一些零件的积压浪费,这在实际生产中往往是很难避免的。

(3)分组数不宜太多,只要使尺寸公差放大到加工经济精度即可,以免增加零件的测量、分组、保管等工作量,而使生产组织工作过于复杂。

(4)分组公差不能任意缩小,只要能满足配合精度即可。

3. 修配法

在成批生产或单件小批生产中,对于装配精度要求较高、组成环数目较多的部件,常用修配法来保证装配精度的要求。这种方法在装配时根据封闭环的实际测量结果,改变尺寸链中某一预定组成环(这个环叫修配环或补偿环)的尺寸,或者就地配制这个环,使封闭环达到规定的精度。采用修配法时,各组成环尺寸均按加工经济精度制造。若直接装配,封闭环有可能超差。因此,需要对修配环进行修配,才能使装配精度达到规定的要求。

修配法的实质是扩大组成环的制造公差,在装配时利用修配某零件尺寸来达到装配精度,所以装配后这些零件是不能互换的;采用修配法时,在装配过程中有时需要进行初装配,然后拆开进行修配,所以装配劳动量增大。作为修配环的零件叫修配件,一般应选择便于装拆、形状比较简单、易于修配加工,并对其他装配尺寸链没有影响(即不为公共环)的零件为修配件。

实际生产中,通过修配来达到装配精度的方法有以下三种。

(1)单件修配法:所谓单件修配法,就是在多环装配尺寸链中选定某一固定的零件作为修配件,装配时进行修配,以保证装配精度。如车床尾座和床头箱装配中修配尾座板。这种修配方法在生产中应用较广。

(2)合并加工修配法:这种方法是将两个或多个零件合并在一起再进行加工修配。将合并后的尺寸作为一个组成环,从而减少了装配尺寸链中组成环的环数,并可相应减少修配劳动量。如前面讨论的尾座装配,将尾座和尾座底板合并加工修配就是一例。

合并加工修配法是将一些零件合并后再加工和装配,会给组织装配生产带来很多不便,因此多用于单件小批生产中。

(3)自身加工修配法:机床的装配精度一般都要求较高,若只靠限制各零件的加工误差来保证,往往对零件的加工精度要求很高,甚至无法加工,而且不易选择适当的修配件。在这种情况下,可采用"自己加工自己"的方法来保证装配精度。这种修配法称为自身加工法。如牛头刨床总装后,用"自刨自"的方法加工工作台表面,可以较容易地保证滑枕运动方向与工作台面平行的要求;又如,在车床上对三爪卡盘进行"自车自"的加工,可保证三爪的中心与机床主轴的同轴度;在平面磨床上对自身工作台面进行"自磨自"的磨削,可以保证平行度等等。

4. 调整法

对于装配精度要求高而且组成环数又较多的机器或部件,在不能用互换法装配时,除了可用修配法外,还可采用调整法来保证装配精度要求。

调整法与修配法实质上是相同的,即各零件仍可按加工经济精度加工,并以某一零件为调整件(也称补偿件)。与修配法不同的是装配时不是去除调整件上的金属层,而是采用改变调整件的位置或更换不同尺寸调整件的方法,以补偿装配时由于各组成环公差扩大后产生的累积误差,以最终保证装配精度。调节调整件相对位置的方法有可动调整法、固定调整法和误差抵消调整法等三种。

(1)可动调整法。采用改变调整件的位置(通过移动、旋转等)来保证装配精度的方法称为可动调整法。

图 6.29 所示为一些可动调整法的实例,其中图(a)是靠转动螺钉来调整轴承内外环的相对位置,以取得合适的间隙或过盈,从而保证轴承既有足够的刚性,又不至于过分发热;图(b)是丝杠螺母副间隙调整的结构;当发现丝杠螺母副间隙不合适时,可转动中间螺钉,通过斜楔的上下移动来改变间隙的大小;图(c)为燕尾导轨副的结构,通过调整螺钉来调节镶条的位置,以保证导轨副的配合间隙。

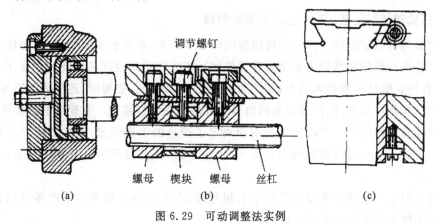

图 6.29　可动调整法实例

可动调整法装配调整方便,不仅可获得较高的装配精度,而且可以通过调整件来补偿由于磨损、热变形所引起的误差,使设备恢复原有的精度。因此,这种方法在生产中的应用十分广泛。

(2)固定调整法。在装配尺寸链中选择某一零件为调整件。作为调整环的零件是按一定尺寸级别制成的一组零件,通常是垫圈、垫片、轴套等。装配时,根据各组成环形成累积误差的大小更换不同尺寸的调整件,以保证装配精度要求,这种方法称为固定调整法。

采用固定调整装配法,各组成环的公差是按加工经济精度确定的。需解决的问题是选择调整范围,确定调整件的分组数和确定每组调整件的尺寸。

固定调整法装配多用于大批大量生产中。在产量大精度高的装配中,固定调整件可用不同厚度的薄金属片冲出,如 0.01 mm、0.02 mm、0.05 mm 等,再加上一定厚度的垫片,如

1 mm、2 mm、5 mm 等,用来组合成各种不同的尺寸,以满足装配精度的要求。这种方法在汽车、拖拉机等生产中应用很广。

(3)误差抵消调整法。可动调整法的进一步发展,产生了"误差抵消法"。这种方法是在装配时通过调整有关零件的相互位置,使各零件的加工误差相互抵消一部分,以提高装配的精度。该方法在机床装配时应用较多。例如,为提高机床主轴回转精度,通过调整前后轴承偏心量(向量误差)的相互位置(相位角),可控制主轴的径向跳动;在滚齿机工作台分度蜗轮装配中,可采用调整二者偏心方向的方法来抵消误差,以提高其同轴度。

6.4.3 机器装配工艺规程的制订

1. 制定机械装配工艺规程的原始资料和基本原则

产品装配过程中,必须按照机械装配工艺规程规定的内容来进行。按规定的技术要求,将零件和部件进行配合和连接,使之成为成品或半成品的工艺过程,称为机械装配工艺过程。机械装配工艺规程则是规定产品或零、部件装配工艺过程和操作方法的工艺文件。它是指导机械装配工作的技术文件,是制订机械装配生产计划、进行技术准备的主要依据,也是作为新建或扩建厂房的基本技术文件之一。

1)制订机械装配工艺规程所必须的原始资料

(1)产品的机械装配图。产品的机械装配图必须齐全,包括整机装配图(总装图)和部件装配图(部装图),要能清楚地表示出所有零件相互连接的结构视图和必要的副视图,装配时应保证的各种装配精度和技术要求,零件的编号及明细表等。必要时,还应能调用零件图。

(2)产品验收技术条件、产品检验的内容和方法也是制订装配工艺规程的重要依据。

(3)产品的生产纲领。产品的生产纲领决定了产品的生产类型,产品生产纲领不同,生产类型也就不同、从而使装配的组织形式、工艺方法、工艺过程的划分及工艺装备等均有较大的不同。

(4)现有的生产条件。在制订装配工艺规程时,应充分考虑现有的生产条件,如装配工艺设备、工人技术水平和装配车间面积等。

2)制订装配工艺规程的基本原则

(1)保证产品装配精度和装配质量,并力求提高质量,以延长机器的使用寿命。

(2)应在合理的装配成本下。

(3)钳工装配工作量尽可能少,以减轻劳动强度,提高装配效率、缩短装配周期。

(4)应按产品生产纲领给定的装配周期,但还应考虑留有适当的余地。

(5)尽可能少占地,不破坏环境,不污染环境。

2. 制定装配工艺规程的方法和步骤

根据上述原始资料和基本原则,装配工艺规程可按下列步骤来制定。

1)进行产品分析

(1)审查产品装配图纸的完整性和正确性,如发现问题提出解决方法。

(2)对产品的装配结构工艺性进行分析,明确各零件、部件的装配关系。

(3)研究设计人员确定的达到装配精度的方法,并进行相关的计算和分析。

(4)审核产品装配的技术要求和检查验收的方法,制订出相应的技术措施。

2)确定装配方法和组织形式

产品设计阶段已经初步确定了产品各部分的装配方法,并据此制订了有关零件的制造公差,但是装配方法是随生产纲领和现有条件而变化的。所以,制订装配工艺规程时,应在充分研究已定装配方法的基础上,根据产品的结构特点(如质量、尺寸、复杂程度等)、生产纲领和现有的生产条件,确定装配的组织形式。

装配的组织形式一般分为固定式和移动式两种。固定式装配是全部装配工作都在同一个固定的地点完成,多用于单件、小批生产或大型产品的装配。移动式装配是将零、部件用输送带或小车,按照装配顺序从一个装配作业位置移到下一个装配作业位置,进行流水式装配。根据零、部件移动的方式不同,又可分为,连续移动式、间歇移动式和变节奏移动式三种。这种装配组织形式多用于产品的大批量生产中,以便组成流水线和自动线装配。

3)划分装配单元,确定装配顺序

(1)划分装配单元。任何产品都是由零件、合件、组件和部件组成的,将产品分解成可以独立进行装配的单元,以便组织装配工作。一般可划分为零件、合件、组件、部件和产品五级装配单元,同一级的装配单元在进行总装之前互不相关,故可同时独立进行装配,实现平行作业,在总装时,则以某一零件或部件为基础,其余零、部件相继就位,实现流水线或自动线作业。这样可缩短装配周期,便于装配作业计划安排和提高专业化程度。

(2)选择装配基准件。无论哪一种装配单元,都要选择某一零件或比它低一级的装配单元作为装配基准件,以便考虑装配顺序。装配基准件通常应是产品的基体和主干零、部件。

选择装配基准件的原则:

①基准件的体积和重量应较大,有足够的支承面保证装配时的稳定性。

②基准件的补充加工量应最少,尽可能不再有后续加工工序。

③基准件的选择应有利于装配过程中的检测、工序间的传递运输和翻转等作业。

(3)确定装配顺序,绘制装配系统图。划分好装配单元、选定装配基准件之后,就可以根据具体结构和装配技术要求,考虑其他零件或装配单元的装配顺序。

安排装配顺序的原则:先下后上,先内后外,先难后易,先重大后轻小,先精密后一般。装配顺序的安排,可以用装配系统图的形式表示出来。装配系统图是表明产品零部件间相互装配关系及装配流程的示意图。它以产品装配图为依据,同时考虑装配工艺要求。对于结构比较简单,零部件较少的产品,可以只绘制产品装配系统图。对于结构复杂、零部件很多的产品,则还需绘制各装配单元的装配系统图,装配系统图有多种形式,图 6.30 所示为较常见的一种,图中每个零件、组件、部件都用长方格表示,在长方格中注明它们的名称、编号及数量。

4)划分装配工序,设计工序内容

装配顺序确定之后,根据工序集中与分散的程度将装配工艺过程划分为若干个工序,并

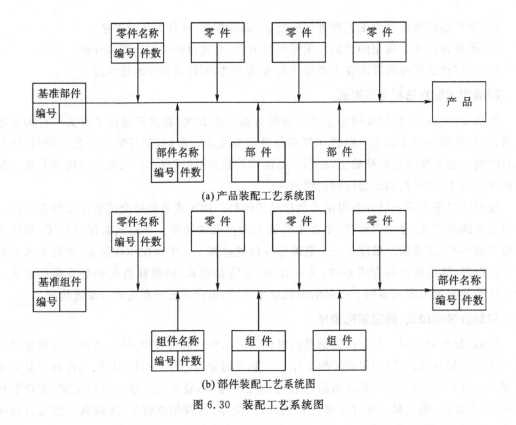

(a)产品装配工艺系统图

(b)部件装配工艺系统图

图 6.30 装配工艺系统图

进行工序内容的设计,其主要工作如下:

(1)确定工序集中与分散的程度。

(2)划分装配工序,确定各工序的内容。

(3)确定各工序所需的设备和工具,如需专用设备与夹具,则应拟定出设计任务书。

(4)制订各工序的装配操作规范。例如,过盈配合的压入力,变温装配的装配温度,紧固螺栓连接的旋紧扭矩以及装配环境要求等。

(5)制订各工序装配质量要求、检测方法及检测项目。

5)确定各工序的时间定额

装配工作的时间定额一般按车间实测值来合理制订制,以便均衡生产和实现流水生产。

6)整理和编写装配工艺文件

整理和编写装配工艺文件主要包括填写装配工艺过程卡片和装配工序卡片。

单件、小批生产时,通常无需制订装配工艺过程卡片,装配时按产品装配图及装配系统图进行装配工作即可。

中批生产时,通常制订部件及总装配的机械装配工艺过程卡片,可不制订机械装配工序卡片。在工艺卡片上要写明以下内容:产品型号、产品名称、部件图号、部件名称、工序号、工序名称、工序内容、装配部门、设备及工艺装备、辅助材料、工时定额等。

大批量生产中,不仅要制订机械装配工艺过程卡片,而且要制订机械装配工序卡片,以直接指导工人进行装配。机械装配工艺过程卡片的内容同上,机械装配工序卡片的主要内容:工序号、工序名称、工序实施地点(车间、工段)、机械装配工艺装备、工序时间等,此外,工序卡片还须填写本工序所有工步的有关内容:工步号、工步装配工作内容、工步所须工艺装备、工序的消耗材料等。

7)制订产品检测与试验规范

产品装配完毕后,在出厂之前要包括以下项目:

(1)检测和试验的项目及检验质量指标。

(2)检测和试验的方法、条件与环境要求。

(3)检测和试验所需要工装的选择与设计。

(4)检测和试验的程序和操作规程。

(5)质量问题的分析方法和处理措施。

一般产品都是按上述步骤制订装配工艺规程,完成整个装配工作的。

复习与思考题

6.1　制订工艺规程时,为什么要划分加工阶段?什么情况下可以不划分或不严格划分加工阶段?

6.2　图示零件加工时,图样要求保证尺寸 6 ± 0.1 mm,但这一尺寸不便直接测量,只好通过度量尺寸 L 来间接保证。试求工序尺寸 L 及其上下偏差。

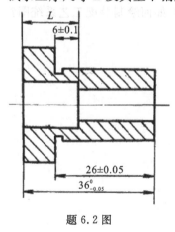

题 6.2 图

6.3　粗基准、精基准的选择原则有哪些?

6.4　表面加工方法选择时应考虑哪些因素?

6.5　机械加工工序和热处理工序应如何安排?

6.6　图示轴套零件图,在车床上已加工好外圆、内孔及各面,现需在铣床上铣出右端槽,并保证尺寸 $5^0_{-0.06}$ mm 及 26 ± 0.2 mm,求试切调刀时的测量尺寸 H、A 及其上、下偏差。

6.7　何谓时间定额?批量生产时,时间定额由哪些部分组成?

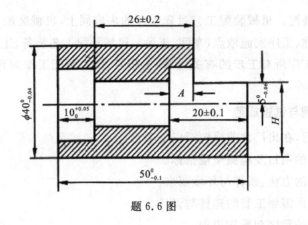

题 6.6 图

6.8 提高机械加工劳动生产率的工艺措施有哪些?

6.9 什么叫装配?装配工作的基本内容有哪些?试各举一例说明。

6.10 装配精度一般包括哪些内容?装配精度与零件的加工精度有何区别,它们之间又有何关系,试举例说明。

6.11 保证机器或部件装配精度的方法有哪几种?各有何特点?它们各自适用于什么装配场合?

6.12 采用分组装配法时,为什么配合件的公差应相等,公差放大方向应一致?否则会出现什么问题?

6.13 试述制订装配工艺规程的意义、内容、方法和步骤。

6.14 为什么要划分装配单元?如何绘制装配工艺系统图?

机械加工质量

第7章

机械产品质量是指用户对机械产品的满意程度。它有三层含义：产品设计质量、产品制造质量和服务。设计质量主要反映所设计的产品与用户（顾客）的期望之间的符合程度。制造质量主要与零件的制造质量、产品的装配质量有关。服务主要包括产品售前的服务，产品售后的培训、维修、安装等。

零件的制造质量是保证产品制造质量的基础，它直接影响产品的性能、效率、寿命及可靠性等质量指标。零件的制造方法很多，本书只限于讨论零件的机械加工质量。它包括两个指标：机械加工精度和加工表面质量，它们之间的关系如下

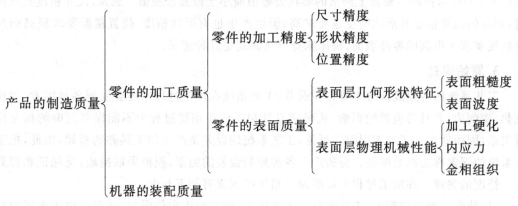

7.1 机械加工精度

7.1.1 概　述

1. 加工精度

加工精度是指零件加工后的实际几何参数（尺寸、形状和相互位置）与理想几何参数的接近（或符合）程度；实际值愈接近理想值，加工精度就愈高。零件的加工精度包含尺寸精度、形状精度和位置精度。

（1）尺寸精度　指机械加工后零件的实际直径、长度和表面间距离等尺寸与理想值的接近程度。

（2）形状精度　指机械加工后零件实际的几何形状与理想几何形状的接近程度。国家

标准中规定用直线度、平面度、圆度、圆柱度、线轮廓度和面轮廓度等作为评定形状精度的项目。

（3）位置精度　指机械加工后零件几何图形的实际位置与理想位置的接近程度。国家标准中规定用平行度、垂直度、同轴度、对称度、圆跳动等作为评定位置精度的项目指标。

2. 加工误差

加工过程中有很多因素影响加工精度，实际加工中不能把零件做得与理想零件完全一致，总会产生大小不同的偏差。从保证产品的使用性能分析，也没有必要把每个零件都加工得绝对精确，而只要求它在某一规定的范围内变动，这个允许变动的范围，就是公差。制造者的任务就是要使加工误差小于图样上规定的公差。零件加工后的实际几何参数（尺寸、形状和相互位置）对理想几何参数的偏离量称为加工误差。加工精度越高则加工误差越小，反之亦然。保证和提高加工精度，实际上就是控制和减少加工误差。

零件表面的尺寸公差、形状公差和位置公差在数值上有一定的对应关系。例如，回转类零件（轴类或盘类）表面的圆度、圆柱等形状公差，应小于其尺寸公差；零件上两表面之间的平行度公差应小于两表面间尺寸公差；零件的位置公差和形状公差一般应为相应尺寸公差的 $1/2 \sim 1/3$，在同一要素上给出的形状公差值应小于位置公差值。通常，尺寸精度要求高时，相应的位置精度和形状精度也要求高；但生产中也有形状精度、位置精度要求极高而尺寸精度要求不很高的零件表面，机床床身导轨面就是这种情况。

3. 原始误差

工艺系统的各组成部分本身存在误差，工艺系统在加工过程中还会受到各种因素，如切削热、切削力、刀具磨损等的影响，从而使刀具和工件在切削过程中不能保持正确的相互位置关系，因而就产生了加工误差。可见，工艺系统的误差是产生加工误差的根源，因此，把工艺系统的误差称为原始误差。分析产生各种原始误差的因素，积极采取措施，是保证和提高加工精度的关键。在加工过程中影响加工精度的因素有如下几个。

（1）装夹　加工过程中，工件要装夹于机床上，就会产生定位误差，还存在由于夹紧力过大而引起的夹紧误差。这两项原始误差统称为工件装夹误差。

（2）调整　包括在安装工件前后对机床的调整，夹具在机床上位置的调整以及对刀，这些都会产生调整误差。另外，机床、刀具、夹具本身的制造误差在加工前就已经存在了，这类原始误差统称为工艺系统的几何误差。

（3）加工　由于在加工过程中产生了切削力、切削热和摩擦，使得工艺系统产生受力变形、热变形和磨损，从而影响了工件与刀具之间的相对位置，产生加工误差。这类在加工过程产生的原始误差统称为工艺系统动误差。

（4）测量　在加工过程中，还必须对工件进行测量，任何测量方法和量具量仪都有误差。这类误差统称为测量误差。

加工过程中可能出现的各种原始误差分类归纳如下：

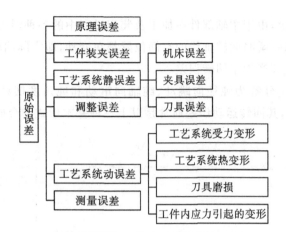

7.1.2　影响加工精度的因素及其分析

1. 原理误差

加工原理误差是指由于采用了近似的加工方法、近似的成形运动或近似的刀具轮廓进行加工所产生的误差。为了获得规定的加工表面,刀具和工件之间必须实现准确的成形运动,机械加工中称此为加工原理。理论上应采用理想的加工原理和完全准确的成形运动以获得精确的零件表面。但在实际工作中,对于有些加工方法,完全精确的加工原理常常很难实现,有时加工效率很低;有时会使机床或刀具的结构极为复杂,制造困难;有时由于结构环节多,造成机床传动中的误差增加,或使机床刚度和制造精度很难保证。因此,采用近似的加工原理以获得较高的加工精度是保证加工质量,提高生产率和经济性的有效工艺措施。

例如,齿轮滚齿加工用的滚刀就有两种原理误差:一是近似廓型原理误差,即由于制造上的困难,采用阿基米德基本蜗杆或法向直廓基本蜗杆代替渐开线基本蜗杆;二是由于滚刀刀刃数有限,所切出的齿形实际上是一条条微小折线组成的折线段,和理论上的光滑渐开线有差异,这些都会产生加工原理误差。又如,用模数铣刀成形铣削齿轮时,模数相同而齿数不同的齿轮,其齿形参数是不同的。理论上,对于同一模数、不同齿数的齿轮就应用相应的锯齿形刀具加工。实际上,为精简刀具数量,常用一把模数铣刀加工一定齿数范围内的齿轮,即采用近似的刀刃轮廓,这样就产生了加工原理误差。

2. 机床误差

机床误差来自三个方面:机床本身的制造、磨损和安装。机床的制造误差对工件加工精度影响较大的主要是主轴的回转误差、导轨的导向误差和传动链的传动误差。

1)主轴回转误差

(1)主轴回转误差的基本形式。机床主轴通常用于装夹工件或刀具,是传递切削运动和动力的重要部件,其回转精度是评价机床精度的一项极重要的指标,对零件加工表面的几何形状精度、位置精度和表面粗糙度都有影响。

机床主轴的回转误差是指主轴的实际回转轴线相对于理想回转轴线(一般用平均回转轴线来代替)的漂移或偏离量。理论上,主轴回转时,其回转轴线的位置是固定不变的,即瞬时速度为零。而实际上,由于主轴部件在加工及装配过程中的各种误差和回转时的受力、受热等因素,使主轴在每一瞬时回转轴线的空间位置都在变动,即实际回转轴线相对于平均回转轴线产生了漂移,也即产生了回转误差。

　　主轴的回转误差可分解为纯径向跳动、纯轴向窜动和纯角度摆动三种基本形式,如图7.1所示。主轴工作时,其回转运动误差通常是以上三种基本形式的合成运动造成的。

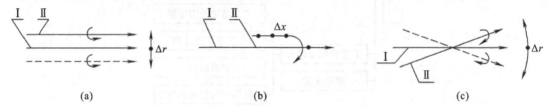

(a)　　　　　　　　(b)　　　　　　　　(c)

Ⅰ—理想回转轴线;Ⅱ—实际回转轴线。

图 7.1　机床主轴回转误差的分解

　　(2)主轴回转误差对加工精度的影响。

　　①纯径向跳动　主轴的纯径向跳动误差在用车床加工端面时不引起加工误差,在车削外圆时对加工误差的影响关系如图7.2所示。

　　在用刀具回转类机床加工内圆表面,例如用钻床镗孔时,主轴轴承孔或滚动轴承外圆的圆度误差将直接复映到工件的圆柱面上,如图7.3所示。

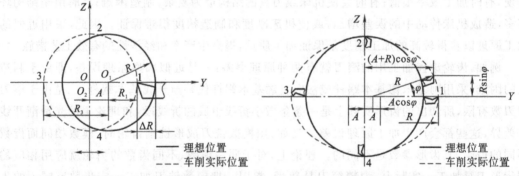

图 7.2　径向跳动对车削外圆的影响　　　图 7.3　径向跳动对镗内孔的影响

　　②纯轴向窜动　在刀具为点刀刃的理想条件下,主轴纯轴向窜动会导致加工的端面如图7.4(a)、(c)所示。端面上沿半径方向上的各点是等高的,工件端面由垂直于轴线的线段一方面绕轴线转动,另一方面沿轴线移动,形成如同端面凸轮一般的形状(端面中心附近有一凸台)。端面上点的轴向位置只与转角有关,与径向尺寸无关。

　　一般情形下刀具不可能是点刀刃,刀具的主、副切削刃在端面最终形成中都会产生影响,最终产生的端面形状如图7.4(b)所示。

　　加工螺纹时,主轴的轴向窜动将使螺距产生周期误差。

　　③纯角度摆动　主轴轴线的纯角度摆动,无论是在空间平面内运动或沿圆锥面运动,都可以投影为加工圆柱面时某一横截面内的径向跳动,或加工端面时某一半径处的轴向窜动。因此,其对加工误差的影响就是投影后的纯径向跳动和纯轴向窜动对加工误差影响的综合。

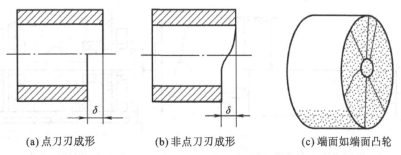

(a) 点刀刃成形　　　　(b) 非点刀刃成形　　　　(c) 端面如端面凸轮

图 7.4　轴向窜动对车削端面的影响

纯角度摆动对镗孔精度的影响如图 7.5 所示。

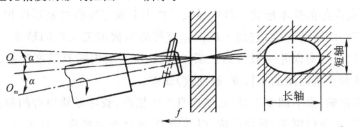

O—工件孔中心线；O_m—主轴回转中心线。

图 7.5　纯角度摆动对镗孔的影响

　　实际上主轴工作时其回转轴线的漂移运动总是上述三种形式的误差运动的合成，故不同横截面内轴心线的误差运动轨迹既不相同，又不相似，既影响所加工工件圆柱面的形状精度，又影响端面的形状精度。

　　(3)提高主轴回转精度的措施。

　　①提高主轴部件的制造精度　首先应提高轴承的回转精度，如选用高精度的滚动轴承，或采用高精度的多油楔动压轴承和静压轴承。其次是提高箱体支承孔、主轴轴颈和与轴承相配合零件有关表面的加工精度。此外，还可在装配时先测出滚动轴承及主轴锥孔的径向跳动，然后调节径向跳动的方位，使误差相互补偿或抵消，以减少轴承误差对主轴回转精度的影响。

　　②对滚动轴承进行预紧　是指对滚动轴承适当预紧以消除间隙，甚至产生微量过盈。由于轴承内外圆和滚动体弹性变形的相互制约，既增加了轴承刚度，又对轴承内外圆滚道和滚动体的误差起到均化作用，因而可提高主轴的回转精度。

　　③使主轴的回转误差不反映到工件上　直接保证工件在加工过程中的回转精度，而使回转精度不依赖于主轴，这是保证工件形状精度的最简单而又有效的方法。例如，在外圆磨床上磨削外圆柱面时，为避免工件头架主轴回转误差的影响，工件采用两个固定顶尖支承，主轴只起传动作用(见图 7.6)，工件的回转精度完全取决于顶尖和中心孔的形状误差和同轴度误差。提高顶尖和中心孔的精度要比提高主轴部件的精度容易且经济得多。又如，在镗床上加工箱体类零件上的孔时，可采用带前、后导向套的镗模(见图 7.7)，刀杆与主轴浮动连接，所以刀杆的回转精度与机床主轴的回转精度也无关，仅由刀杆和导套的配合质量决定。

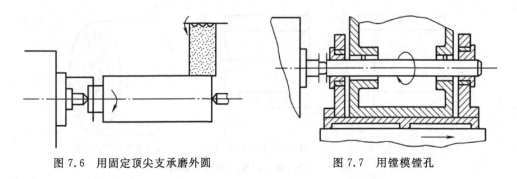

图 7.6　用固定顶尖支承磨外圆　　　　　图 7.7　用镗模镗孔

2)机床导轨导向误差

(1)导轨导向误差的基本形式。机床导轨是机床上确定某些主要部件相对位置的基准，也是某些主要部件的运动基准，它的各项误差直接影响被加工工件的精度。在机床的精度标准中，直线导轨的导向误差一般包括三项：导轨在水平面内的直线度误差、导轨在垂直面内的直线度误差和导轨面间的平行度(扭曲度)误差。

机床安装不正确、水平调整不好，会使床身产生扭曲，破坏导轨原有的制造精度，特别是床身较长的机床，如龙门刨床、导轨磨床，以及重型、刚度差的机床。机床安装时要有良好的安装基础，否则基础下沉会造成导轨弯曲变形。

导轨误差的另一个重要因素是导轨磨损。在使用过程中，导轨由于磨损不均匀，使导轨产生直线度、平行度等误差，从而导致工作台分别在水平面内和垂直面内发生位移。

(2)导轨误差对加工精度的影响。

①导轨在水平面内的直线度误差　在水平面内，车床导轨的直线度误差或导轨与主轴轴心线的平行度误差会使被加工的工件产生鼓形或鞍形。图 7.8(a)表示导轨在水平面内的直线度误差；图 7.8(b)表示导轨的直线度误差使工件产生的鞍形误差。从图(b)可以发现鞍形误差与机床导轨上的直线度误差完全一致，即机床导轨误差被直接反映到了被加工的工件上。

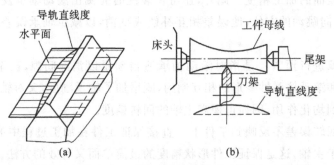

(a)　　　　　　　　　　(b)

图 7.8　导轨在水平面内的直线度误差引起的加工误差

②导轨在垂直面内的直线度误差　在垂直面内车床导轨的直线度误差也同样会使工件产生直径方向的误差，但由于处在误差非敏感方向，所以该误差不大，对零件的形状精度影响很小。从图 7.9 可知半径变化量 ΔR 与刀尖位移量 Δz 的关系

$$R' = \sqrt{R^2 + (\Delta z)^2} \approx R + \frac{(\Delta z)^2}{2R}$$

$$\Delta R = R' - R = \frac{(\Delta z)^2}{2R} = \frac{(\Delta z)^2}{D} \tag{7.1}$$

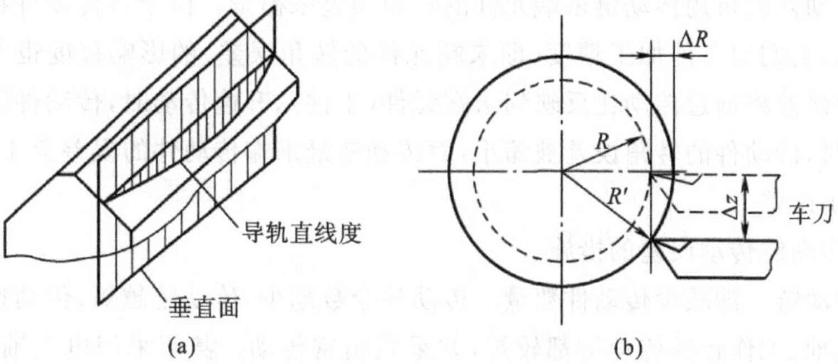

图 7.9 导轨垂直面内的直线度误差

③导轨面间的平行度误差 车床导轨的平行度误差也会使刀尖相对工件产生位移,它对加工精度的影响可以分解为水平方向和垂直方向。

不同的导轨误差对不同的加工方法和加工对象的影响是不同的。在分析导轨误差对加工精度影响时,主要应考虑导轨误差引起刀具与工件在误差敏感方向的相对位移。刨床的误差敏感方向为垂直方向,因此,床身导轨在垂直平面内的直线度误差影响较大,它会引起加工表面的直线度及平面度误差。镗床误差敏感方向是随主轴回转而变化的,故导轨在水平面及垂直面内的直线度误差均直接影响加工精度,在普通镗床上镗孔时,如果工作台进给,那么导轨不直或扭曲都会引起所加工孔的轴线不直。当导轨与主轴回转轴线不平行时,则镗出的孔呈椭圆形。车床纵向导轨对主轴回转轴线的平行度将影响加工圆柱面时的圆柱度误差,横向导轨对主轴回转轴线的垂直度将影响加工端面时的平面度误差。

(3)减小导轨误差的措施。减小机床导轨误差对加工精度影响的关键是提高机床导轨的制造精度及其精度保持性,可采取如下措施。

①选用合理的导轨形状和导轨组合形式,并在可能的条件下增加工作台与床身导轨的配合长度。

②提高机床导轨的制造精度,主要是提高导轨的加工精度和配合接触精度。

③选用适当的导轨类型。例如,在机床上采用滚动导轨、液体或气体静压导轨结构,由于在工作台与床身导轨之间有一层压力油或压缩空气,既可对导轨面的直线度误差起均化作用,又可防止导轨面在使用过程中的磨损,故能提高工作台的直线运动精度及其精度保持性。又如,高速导轨磨床的主运动常采用贴塑导轨,其进给运动采用滚动导轨来提高直线运动精度。

3)机床传动链的传动误差

(1)传动链的传动误差分析。传动链的传动误差是指内联系传动链中首、末两端传动元件之间相对运动的误差。传动链误差是影响螺纹、齿轮、蜗轮以及其他按范成原理加工的零件加工精度的主要因素。例如,在滚齿机上用单头滚刀加工直齿轮时,要求滚刀与工件之间具有严格的运动关系:滚刀转一转,工件转过一个齿。这种运动关系是由刀具与工件间的传动链来保证的。

传动链传动误差可用传动链末端元件的转角误差来衡量。由于各传动件在传动链中所处的位置不同,它们对工件加工精度(即末端元件的转角误差)的影响程度也不同。各个传动元件的转角误差将通过传动比反映到末端元件(工件),升速传动时,传动件转角误差被放大,降速传动时,传动件的转角误差被缩小,而传动链最末端传动件的误差会1∶1反映到工件上,造成加工误差。

(2)减少传动链传动误差的措施。

①缩短传动链　即减少传动件数量。传动件个数越少,传动链越短,传动精度越高。如数控机床的主轴、工作台的传动链都较短,并采用精密传动。甚至采用电主轴、直线电机等直接驱动。

②降低传动比　特别是传动链末端传动副的传动比小,则传动链中各传动元件误差对传动精度的影响就越小。因此,采用降速传动($i<1$),是保证传动精度的重要原则。

③提高传动链中各传动件的加工、装配精度　特别是最后的传动件(末端元件)的误差影响最大,故末端元件(如滚齿机的分度蜗轮、螺纹加工机床的最后一个齿轮及传动丝杠)应做得更精确。

④采用校正装置　考虑到传动链误差是既有大小、又有方向的向量,可以采用误差校正装置,在原传动链中人为地加入一个补偿误差,其大小与传动链本身的误差相等而方向相反,从而使之相互抵消。采用机械式的校正装置只能校正机床静态的传动误差,如果要同时校正机床静态及动态传动误差,则需采用计算机控制的传动误差补偿装置。

需要说明的是,机床导轨误差、主轴回转误差和传动链传动误差对工件的尺寸精度和位置精度也有影响。

3. 刀具误差

机械加工中常用的刀具有一般刀具、定尺寸刀具、成形刀具以及展成法刀具。不同的刀具误差对工件加工精度的影响是不一样的。

一般刀具(如普通车刀、单刃镗刀、面铣刀、刨刀等)的制造误差对加工精度没有直接影响,但当用调整法加工时,刀具的磨损对工件尺寸或形状精度就会有一定影响。这是因为加工表面的形状主要由机床精度来保证,加工表面的尺寸主要由调整尺寸决定。

定尺寸刀具(如钻头、铰刀、圆孔拉刀、键槽铣刀等)的尺寸误差和形状误差直接影响被加工工件的尺寸精度和形状精度。这类刀具如果安装和使用不当,也会影响加工精度。

成形刀具(如成形车刀、成形铣刀、盘形齿轮铣刀、成形砂轮等)的误差主要影响被加工面的形状精度。

展成法刀具(如齿轮滚刀、花键滚刀、插齿刀等)的刀刃形状必须是加工表面的共轭曲线,因此刀刃的几何形状误差会直接影响加工表面的形状精度。

任何刀具在切削过程中都不可避免地要受到磨损,并由此引起工件尺寸和形状的改变

（即误差）。例如用成形刀具加工时,刀具刃口的不均匀磨损将直接复映在工件上,造成形状误差,当加工的表面较大、一次走刀需较长时间时,刀具的磨损会严重影响工件的形状精度。用调整法加工一批工件时,刀具的磨损会扩大工件尺寸的分散范围。

4. 夹具误差

夹具的作用是使工件相对于刀具和机床占有正确的位置,因此夹具的制造误差对工件的加工精度特别是位置精度有很大的影响。例如用镗模进行箱体的孔系加工时,箱体和镗杆的相对位置是由镗模决定的,机床主轴只起传递动力的作用,这时工件上各孔的位置精度就完全由夹具(镗模)来保证。

夹具误差包括制造误差、定位误差、夹紧误差、夹具安装误差、对刀误差等。这些误差主要与夹具的制造与装配精度有关。所以在夹具的设计制造以及安装时,凡影响零件加工精度的尺寸和形状公差均应严格控制。

夹具的制造精度必须高于被加工零件的加工精度。精加工(IT6～IT8)时,夹具主要尺寸的公差一般可规定为被加工零件相应尺寸公差的 1/2～1/3;粗加工(IT11 以下)时,因工件尺寸公差较大,夹具的精度则可规定为零件相应尺寸公差的 1/5～1/10。

夹具在使用过程中,定位元件、导向元件等工作表面的磨损、碰伤均会影响工件的定位精度和加工表面的形状精度。例如镗模上镗套的磨损使镗杆与镗套间的间隙增大,并造成镗孔后的几何形状误差。因此夹具应定期检验、及时修复或更换磨损元件。

辅助工具,如各种卡头、心轴、刀夹等的制造误差和磨损,同样也会引起加工误差。

5. 调整误差

在机械加工的每一道工序中,为了获得被加工表面的形状、尺寸和位置精度,需要对机床、夹具和刀具进行这样或那样的调整。而这些调整不会绝对准确,总会带来一定的误差,这种原始误差称为调整误差。

在单件、小批生产中,常用试切法加工,此时影响调整误差的主要因素是测量误差和进给系统精度。在试切最后一刀低速微量进给中,进给系统常会出现"爬行"现象,其结果使刀具的实际位置比刻度盘的数值要偏大或偏小些,从而造成加工误差。

在采用调整法加工用定程机构调整时,调整精度取决于定程挡块、靠模及凸轮的制造精度和刚度,以及与其配合使用的离合器、控制阀等的灵敏度;在用样件或样板调整时,调整精度取决于样件和样板的制造、安装和对刀精度。

6. 工艺系统受力变形产生的误差

切削加工时,工艺系统在切削力、夹紧力以及重力等的作用下,将产生相应的变形,使刀具和工件在静态下已调整好的相互位置,以及切削时成形运动的正确几何关系发生变化,从而造成加工误差。它是加工中一项很重要的原始误差。不仅严重地影响工件的加工精度,而且还会影响加工表面质量,限制了加工生产率的提高

1) 工艺系统刚度

工艺系统受力通常会产生弹性变形。一般来说,抵抗弹性变形的能力越强,则加工精度

就越高。由于对工艺系统受力变形的研究一般只在误差敏感方向,即通过刀尖的加工表面的法线方向,因此,工艺系统刚度是指作用于工件加工表面法线方向上的切削分力 F_p 与刀具在切削力作用下相对于工件在该方向上的位移 y 的比值,即

$$k = \frac{F_p}{y} \tag{7.2}$$

式中,k 为工艺系统刚度,N/mm。

机械加工时,机床的有关部件、夹具、刀具和工件在各种外力作用下,都会产生不同程度的变形,使刀具和工件的相对位置发生变化,从而产生相应的加工误差。

工艺系统在某一处的法向总变形 y_{st} 是其各个组成环节在同一处的法向变形的叠加,即

$$y_{st} = y_{jc} + y_{jj} + y_d + y_g$$

式中,y_{jc} 为机床的受力变形;y_{jj} 为夹具的受力变形;y_d 为刀具的受力变形;y_g 为工件的受力变形。

由工艺系统刚度的定义,可将机床刚度、夹具刚度、刀具刚度及工件刚度分别写为

$$k_{st} = \frac{F_p}{y_{st}}, \quad k_{jc} = \frac{F_p}{y_{jc}}, \quad k_{jj} = \frac{F_p}{y_{jj}}, \quad k_d = \frac{F_p}{y_d}, \quad k_g = \frac{F_p}{y_g}$$

式中 k_{st}——工艺系统的总刚度(N/mm);

$\quad k_{jc}$——机床的刚度(N/mm);

$\quad k_{jj}$——夹具的刚度(N/mm);

$\quad k_d$——刀具的刚度(N/mm);

$\quad k_g$——工件的刚度(N/mm)。

代入式(7.2),可得工艺系统刚度的一般表达式为

$$k_{st} = \frac{1}{\dfrac{1}{k_{jc}} + \dfrac{1}{k_{jj}} + \dfrac{1}{k_d} + \dfrac{1}{k_g}} \tag{7.3}$$

式(7.3)表明,已知工艺系统各组成部分的刚度即可求得工艺系统的总刚度。

在用以上计算式求解某一系统刚度时,不是每一个环节都应参加计算,应视具体情况进行分析。例如车削外圆时,车刀本身在切削力作用下的变形对加工误差的影响很小,可略去不计,这时计算式中即可省去刀具的刚度一项。再如镗孔时,镗杆的受力变形严重影响着加工精度,而工件(如箱体零件)的刚度一般较大,其受力变形很小,可忽略不计。

2)切削力引起的工艺系统变形对加工精度的影响

在加工过程中,刀具相对于工件的位置是不断变化的。也就是说,切削力的作用点或切削力的大小是不断变化的。同时,工艺系统在各作用点处的刚度一般是不相同的。因此,工艺系统受力变形也随之变化,下面分别进行讨论。

(1)切削力作用点位置变化引起的加工误差。现以在车床顶尖间车削光轴为例来说明这个问题。如图 7.10(a)所示,假定工件短而粗,车刀悬伸长度很短,即工件和刀具的刚度好,其受力变形与机床的受力变形相比小到可以忽略不计,也就是说,此时工艺系统的变形只考虑机床的变形。现假定工件的加工余量很均匀,并且随机床变形而造成的背吃刀量变

化对切削力的影响也很小,即假定车刀在切过程中切削力保持不变。当车刀以径向力 F_p 进给到图 7.10(a) 所示的 x 位置时,车床主轴箱受作用力 F_A 作用,相应的变形 $y_{tj}=\overline{AA'}$;尾座受作用力 F_B 作用,相应的变形 $y_{wz}=\overline{BB'}$;刀架受作用力 F_d 作用,其相应的变形为 $y_{dj}=\overline{CC'}$。

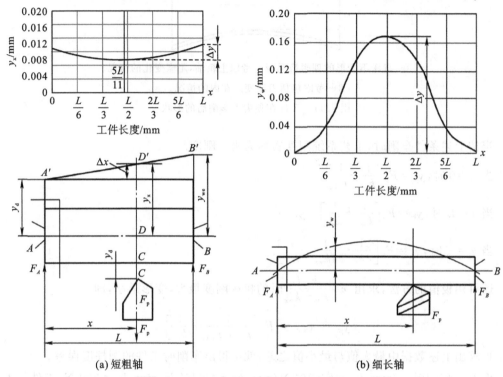

图 7.10　工艺系统变形随切削力位置变化而变化

这时工件轴心线 AB 位移到 $A'B'$,因而刀具切削点处工件轴线的位移 y_x 为

$$y_x = y_{tj} + \Delta x = y_{tj} + \frac{x}{L}(y_{wz} - y_{tj})$$

考虑到刀架的变形 y_{dj} 与 y_x 的方向相反,所以机床的总变形 y_{jc} 为

$$y_{jc} = y_x + y_{dj} \tag{7.4}$$

由刚度的定义有

$$y_{tj} = \frac{F_A}{k_{tj}} = \frac{F_p}{k_{tj}}\left(\frac{L-x}{L}\right), \quad y_{wz} = \frac{F_B}{k_{wz}} = \frac{F_p}{k_{wz}}\frac{x}{L}, \quad y_{dj} = \frac{F_p}{k_{dj}}$$

式中,k_{tj}、k_{wz}、k_{dj} 为主轴箱(头架)、尾座和刀架的刚度。

将上式代入式(7.4)得机床总的变形为

$$y_{jc} = F_p\left[\frac{1}{k_{tj}}\left(\frac{L-x}{L}\right)^2 + \frac{1}{k_{wz}}\left(\frac{x}{L}\right)^2 + \frac{1}{k_{dj}}\right] = y_{jc}(x)$$

这说明工艺系统的变形是 x 的函数。随着车刀位置(即切削力位置)的变化,工艺系统的变形也是变化的。变形大的地方,从工件上切去较少的金属层;变形小的地方,切去较多的金属层。因此加工出来的工件呈两端粗、中间细的鞍形,其形状如图 7.11 所示。

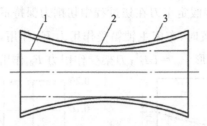

1—机床不变形的理想情况；2—考虑主箱轴，尾座变化的情况；

3—考虑包括刀架变形在内的情况。

图 7.11　工件在顶尖上车削后的形状

当按上述条件车削时，工艺系统刚度实际为机床刚度。

当 $x=0$ 时，$y_{jc}=F_p\left[\dfrac{1}{k_{tj}}+\dfrac{1}{k_{di}}\right]$；

当 $x=L$ 时，$y_{jc}=F_p\left[\dfrac{1}{k_{wz}}+\dfrac{1}{k_{di}}\right]-y_{max}$；

当 $x=\dfrac{L}{2}$ 时，$y_{jc}=F_p\left[\dfrac{1}{4k_{tj}}+\dfrac{1}{4k_{wz}}+\dfrac{1}{k_{dj}}\right]$。

还可用极值的方法，求出 $x=\dfrac{k_{wz}L}{k_{tj}+k_{wz}}$ 时的机床刚度最大，变形最小，即

$$y_{jc}=y_{min}=F_p\left[\frac{1}{k_{tj}+k_{wz}}+\frac{1}{k_{dj}}\right]$$

再求出上述数据中最大值与最小值之差，就可得出车削时工件的圆柱度误差。

设 $k_{tj}=6\times10^4$ N/mm，$k_{wz}=5\times10^4$ N/mm，$k_{dj}=4\times10^4$ N/mm，$F_p=300$ N，工件长 $L=$ 600 mm，通过计算，可得工件长度上系统的位移，如表 7.1 所示。根据表中数据，可知工件的圆柱度误差为（0.0135－0.0102）mm＝0.0033 mm，工件的变形曲线如图 7.10(a)所示。

表 7.1　沿工件长度的变形　　　　　　　　　　　　　　（单位：mm）

x	0（主轴箱处）	$\dfrac{1}{6}L$	$\dfrac{1}{3}L$	$\dfrac{5}{11}L$	$\dfrac{1}{2}L$（中点）	$\dfrac{2}{3}L$	$\dfrac{5}{6}L$	L（尾座处）
y_x	0.0125	0.0111	0.0104	0.0102	0.0103	0.0107	0.0118	0.0135

若在两顶尖间车削细长轴，如图 7.10(b)所示，由于工件细长，所以刚度小，在切削力作用下，其变形大大超过机床、夹具和刀具所产生的变形。因此，机床、夹具和刀具的受力变形可略去不计，工艺系统的变形完全取决于工件的变形。加工中车刀处于图示位置时，工件的轴线产生弯曲变形。根据材料力学的计算公式，其切削点的变形量为

$$y_w=\frac{F_p}{3EI}\frac{(L-x)^2x^2}{L}$$

显然，当 $x=0$ 或 $x=L$ 时，$y_w=0$；当 $x=L/2$ 时，工件刚度最小，变形最大（$y_{wmax}=$ $\dfrac{F_pL^3}{48EI}$）。因此，加工后的工件呈鼓形。

设 $F_p = 300$ N，工件尺寸为 $\phi 30$ mm $\times 600$ mm，$E = 2 \times 10^3$ N/mm²，则沿工件长度上的变形如表 7.2 所示。根据表中数据，即可作出如图 7.10(b) 所示的变形曲线。

表 7.2 沿工件长度的变形 （单位：mm）

x	0（主轴箱处）	$\frac{1}{6}L$	$\frac{1}{3}L$	$\frac{5}{11}L$	$\frac{1}{2}L$（中点）	$\frac{2}{3}L$	$\frac{5}{6}L$	L（尾座处）
y_x	0	0.052	0.132	0.17	0.132	0.132	0.052	0

工件的圆柱度误差为 $(0.17 - 0) $ mm $= 0.17$ mm

工艺系统刚度随受力点位置变化而变化的例子很多，例如立式车床、龙门刨床、龙门铣床等的横梁及刀架，大型铣镗床滑枕等，其刚度均随刀架位置或滑枕伸出长度不同而变化，其分析方法基本与上述车外圆相同。

(2) 切削力大小变化引起的加工误差（误差复映现象）。在切削加工时，由于被加工表面的几何形状误差使加工余量发生变化或工件材料的硬度不均匀等因素引起切削力大小发生改变，使工艺系统受力变形不一致，从而造成工件的加工误差。

以车削短轴为例，如图 7.12 所示，由于毛坯的圆度误差（例如椭圆），车削时使切削深度在 a_{p1} 与 a_{p2} 之间变化。因此，切削分力 F_p 也随之变化。当切削深度为 a_{p1} 时产生的切削分力为 F_{p1}，引起的工系统变形为 y_1；当切削深度为 a_{p2} 时，产生的切削分力为 F_{p2}，引起的工艺系统变形为 y_2。由于毛坯存在圆度误差 $\Delta_m = a_{p1} - a_{p2}$，而导致工件产生圆度误差 $\Delta_g = y_1 - y_2$，且 Δ_m 越大，Δ_g 也就越大，这种现象称为加工过程中的误差复映现象。用工件误差 Δ_g 与毛坯误差 Δ_m 的比值 ε 来衡量复映的程度。

$$\varepsilon = \Delta_g / \Delta_m \tag{7.5}$$

式中，ε 称为误差复映系数，$\varepsilon < 1$。

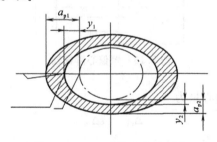

图 7.12 毛坯形状误差的复映

根据切削力的计算公式，在一次走刀加工中，切削速度、进给量和其他条件不变，即

$$C_{F_p} f^{y_{F_p}} v_c^{n_{F_p}} K_{F_p} = C$$

C 为常数，在车削加工中，$x_{F_p} \approx 1$，所以 $F_p = C \cdot a_p$，即

$$F_{p1} = C \cdot (a_{p1} - y_1), \quad F_{p2} = C \cdot (a_{p2} - y_2)$$

由于 y_1、y_2 相对 a_{p1}、a_{p2} 而言，数值很小可忽略不计，即有

$$F_{p1} = C \cdot a_{p1}, \quad F_{p2} = C \cdot a_{p2}$$

$$\Delta_g = y_1 - y_2 = \frac{F_{p1}}{k_{st}} - \frac{F_{p2}}{k_{st}} = \frac{C}{k_{st}}(a_{p1} - a_{p2}) = \frac{C}{k_{st}}\Delta_m$$

所以

$$\varepsilon = \frac{C}{k_{st}} \qquad (7.6)$$

由式(7.6)可知,工艺系统的刚度 k_{st} 越大,复映系数 ε 越小。毛坯误差复映到工件上去的部分就越少,一般 $\varepsilon < 1$,经若干次加工之后,则工件的误差复映为

$$\Delta_g = \varepsilon_1 \cdot \varepsilon_2 \cdot \cdots \cdot \varepsilon_n \cdot \Delta_m$$

总的误差复映系数为

$$\varepsilon_z = \varepsilon_1 \cdot \varepsilon_2 \cdot \cdots \cdot \varepsilon_n \qquad (7.7)$$

在粗加工时,每次走刀进给量 f 一般不变。假设误差复映系数均为 ε,则 n 次走刀就有

$$\varepsilon_z = \varepsilon^n$$

增加走刀次数可以减小误差复映,提高加工精度,但生产效率降低。因此,提高工艺系统刚度,对减小误差复映系数具有重要意义。

由以上分析可知,当工件毛坯有形状误差(如圆度、圆柱度、直线度等)或相互位置误差(如偏心、径向圆跳动等)时,加工后仍然会有同类型的加工误差出现。在成批大量生产中用调整法加工一批工件时,如毛坯尺寸不一致,那么加工后这批工件仍有尺寸不一致的误差。

例 7.1 具有偏心量 $e = 1.5 \text{ mm}$ 的短阶梯轴装夹在车床三爪自定心卡盘中,如图 7.13 所示。分两次进给粗车小头外圆,设两次进给的误差复映系数均为 $\varepsilon = 0.1$,试估算加工后阶梯轴的偏心量。

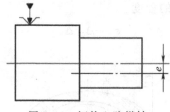

图 7.13　短偏心阶梯轴

解　第一次进给后的偏心量为

$$\Delta_{g1} = \varepsilon\Delta_m$$

第二次进给后的偏心量为

$$\Delta_{g2} = \varepsilon\Delta_{g1} = \varepsilon^2\Delta_m = 0.1^2 \times 1.5 \text{ mm} = 0.015 \text{ mm}$$

3)其他力产生变形对加工精度的影响

夹紧力引起的加工误差。工件在装夹过程中,工件刚度较低或夹紧力作用点位置不当,都会引起工件的变形,造成加工误差。特别是加工薄壁、薄板零件时,易产生加工误差。如图 7.14 所示,薄壁套在没有夹紧前,其内、外圆都是圆形,由于夹紧方法不当,夹紧后套筒呈三棱形[见图 7.14(a)];镗孔后内孔呈圆形[见图 7.14(b)];松开卡爪后由于弹性恢复,内孔呈三棱形[见图 7.14(c)]。解决措施:采用如图 7.14(d)所示的过渡环或图 7.14(e)所示的

专用卡爪,使夹紧力均匀分布在工件表面,从而可有效避免由于夹紧不当引起的加工误差。

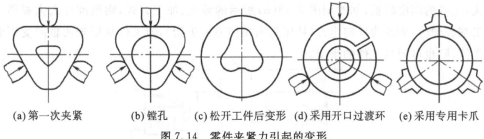

| (a) 第一次夹紧 | (b) 镗孔 | (c) 松开工件后变形 | (d) 采用开口过渡环 | (e) 采用专用卡爪 |

图 7.14　零件夹紧力引起的变形

在磨削薄片零件时,假定坯件翘曲,当它被电磁工作台吸紧时,产生弹性变形,磨削后取下工件,由于弹性变形恢复,使已磨平的表面又恢复,产生了翘曲。改进的办法是在工作台和工件之间垫一块薄薄的橡胶皮(小于 0.5 mm)或纸片,当工作台吸紧工件时,橡皮垫受到不均匀的压缩,使工件的变形减小,翘曲的部分将被部分磨去。如此进行正反面轮番多次磨削,就可得到较平的平面。

4)减小工艺系统受力变形的途径

减小工艺系统受力变形是保证加工精度的有效途径之一。在生产实际中,常从两个主要方面采取措施来予以解决:一是提高系统刚度,二是减小载荷及其变化。从加工质量、生产效率、经济性等方面考虑,提高工艺系统中薄弱环节的刚度是最重要的措施。

(1)提高工艺系统的刚度。

①合理的结构设计。在设计工艺装备时,应尽量减少连接面数目,并注意刚度的匹配,防止有局部低刚度环节出现。在设计基础件、支承件时,应合理选择零件结构和截面形状。一般地说,截面积相等时,空心截形比实心截形的刚度高,封闭的截形又比开口的截形好。在适当部位增添加强筋也有良好的效果。

②提高连接表面的接触刚度。由于部件的接触刚度大大低于实体零件本身的刚度,所以提高接触刚度是提高工艺系统刚度的关键。特别是对在使用中的机床设备,提高其连接表面的接触刚度,往往是提高原机床刚度的最简便、最有效的方法。

a. 提高机床部件中零件间接合表面的质量　提高机床导轨的刮研质量,提高顶尖锥体同主轴和尾座套筒锥孔的接触质量等,都能使实际接触面积增加,从而有效地提高表面的接触刚度。

b. 给机床部件预加载荷　此措施常用在各类轴承、滚珠丝杠螺母副的调整之中。给机床部件预加载荷,可消除接合面间的间隙,增加实际接触面积,减少受力后的变形量。

c. 提高工件定位基准面的精度和减小它的表面粗糙度值　工件的定位基准面一般总是承受夹紧力和切削力。如果定位基准面的尺寸误差、形状误差较大,表面粗糙度值较大,就会产生较大的接触变形。如在外圆磨床上磨轴,若轴的中心孔加工质量不高,则不仅会影响定位精度,而且还会引起较大的接触变形。

③采用合理的装夹和加工方式。对刚度较差的工件选择合适的夹紧方法,能减小夹紧

变形,提高加工精度。例如,在卧式铣床上铣削角铁形零件,如按图 7.15(a)所示的装夹、加工方式,工件的刚度较低,如改用图 7.15(b)所示的装夹、加工方式,则刚度可大大提高。再如加工细长轴时,如改为反向走刀(从床头向尾座方向进给),使工件从原来的轴向受压变为轴向受拉,则也可提高工件的刚度。

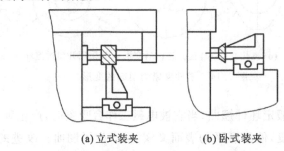

(a)立式装夹   (b)卧式装夹

图 7.15　铣削角铁形零件的两种装夹方式

此外,增加辅助支承也是提高工件刚度的常用方法。例如,加工细长轴时采用中心架或跟刀架(见图 7.16),就是很典型的实例。

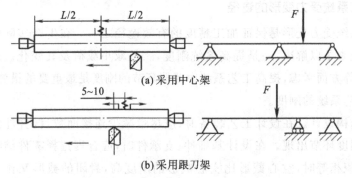

(a)采用中心架

(b)采用跟刀架

图 7.16　增加支承以提高工件的刚度

(2)减小载荷及其变化。采取适当的工艺措施,如合理选择刀具几何参数(加大前角,让主偏角接近 90°等)和切削用量(适当减少进给量和背吃刀量),以减小切削力(特别是 F_p),就可以减少受力变形。将毛坯分组,使一次调整中加工的毛坯余量比较均匀,这样就减少了切削力的变化,使复映误差减少。对惯性力采取质量平衡措施也是减小载荷及其变化的实例。

7. 工艺系统受热变形引起的误差

在机械加工过程中,工艺系统会受到各种热的影响而产生热变形。这种变形将破坏刀具与工件的正确几何关系和运动关系,造成工件的加工误差。

热变形对加工精度影响比较大,特别是在精密加工和大件加工中,热变形所引起的加工误差通常会占到工件加工总误差的 40%～70%。

工艺系统热变形不仅影响加工精度,而且还影响加工效率。因为为了减少受热变形对加工精度的影响,通常需要预热机床以获得热平衡,或降低切削用量以减少切削热和摩擦热,或粗加工后停机以待热量散发后再进行精加工,或增加工序(使粗、精加工分开),等等。

高精度、高效率、自动化加工技术的发展,使工艺系统热变形问题变得更加突出,成为现代机械加工技术发展必须研究的重要问题。

1)工艺系统的热源

工艺系统受热变形的"热源"可分为内部热源和外部热源两大类。

内部热源主要指切削热和摩擦热,是工艺系统内部自产的热量,主要是以热传导的形式传递的。外部热源主要是指工艺系统外部的,以对流传热为主要形式的环境温度(它与气温变化、通风、空气对流和周围环境等有关)和各种辐射热(包括由阳光、照明、暖气设备等发出的辐射热)。

切削热是切削加工过程中最主要的热源,它对工件加工精度的影响最为直接。在切削(磨削)过程中,消耗于切削层的弹性、塑性变形能及刀具、工件和切屑之间摩擦的机械能,绝大部分都转变成了切削热。切削热的大小与被加工材料的性质、切削用量及刀具的几何参数等有关。

工艺系统中的摩擦热主要是机床和液压系统中运动部件产生的,如电动机、轴承、齿轮、丝杠副、导轨副、离合器、液压泵、阀等各运动部分产生的间接热。尽管摩擦热比切削热少,但摩擦热在工艺系统中是局部发热,会引起局部温升和变形,破坏了系统原有的几何精度,对加工精度也会带来严重影响。

外部热源的热辐射及周围环境温度对机床热变形的影响有时也不容忽视。在大型、精密加工时尤其不能忽视。

2)工件热变形引起的误差

使工件产生热变形的热源主要是切削热。对于精密零件,周围环境温度和局部受到日光等外部热源的辐射热也不容忽视。工件的热变形可以归纳为如下两种情况来分析。

(1)工件受热均匀。一些形状较简单的轴类、套类、盘类零件的内、外圆加工时,切削热比较均匀地传入工件。如不考虑工件温升后的散热,其温度沿工件全长和圆周的分布都是比较均匀的,可近似地看成均匀受热,因此其热变形可以按物理学计算热膨胀的公式求出

长度上的热变形量为 $\Delta L = \alpha \cdot l \cdot \Delta t$

直径上的热变形量为 $\Delta D = \alpha \cdot D \cdot \Delta t$

式中,L、D 分别为工件原有长度、直径(mm);α 为工件材料的线膨胀系数(钢 $\alpha = 1.17 \times 10^{-5} ℃^{-1}$,铸铁 $\alpha = 1.05 \times 10^{-5} ℃^{-1}$,铜 $\alpha = 1.7 \times 10^{-5} ℃^{-1}$);$\Delta t$ 为温升(℃)。

一般来说,工件热变形在精加工中影响比较严重,特别是对长度很长而精度要求很高的零件。磨削丝杠就是一个突出的例子。若丝杠长度为 2 m,每磨一次其温度升高约 3 ℃,则丝杠的伸长量 $\Delta l = 1.17 \times 10^{-5} \times 2000 \times 3$ mm $= 0.07$ mm。而 6 级丝杠的螺距累积误差在全长上不允许超过 0.02 mm,由此可见热变形的严重性。

工件的热变形对粗加工时加工精度的影响通常可不考虑,但是在工序集中的场合下,却会给精加工带来麻烦。这时,随着加工的进行,工件热变形就不能忽视。

为了避免工件粗加工时热变形对精加工时加工精度的影响,在安排工艺过程时,应尽可

能把粗、精加工分开,以使工件粗加工后有足够的冷却时间。

(2)工件不均匀受热。铣、刨、磨平面时,工件只是在单面受到切削热的作用。上、下表面间的温度差将导致工件向上拱起,加工时,中间凸起部分被切去,冷却后工件变成下凹,造成平面度误差。

对于大型精密板类零件(如高 600 mm、长 2000 mm 的机床床身)的磨削加工,工件(床身)的温差为 2.4 ℃时,热变形可达 20 μm。这说明工件单面受热引起的误差对加工精度的影响是很严重的。为了减小这一误差,通常采取的措施是在切削时使用充分的冷却液以减小切削表面的温升;也可采用误差补偿的方法:在装夹工件时,使工件上表面产生微凹的夹紧变形,以此来补偿切削时工件单面受热而引起的误差。

3)刀具热变形引起的误差

刀具热变形主要是由切削热引起的。通常传入刀具的热量并不太多,但由于热量集中在切削部分,且刀体小,热容量小,故仍会有很高的温升。例如车削时,高速钢车刀的工作表面温度可达 700～800 ℃,而硬质合金刀刃可达 1000 ℃以上。

连续切削时,刀具的热变形在切削开始阶段增加很快,随后变得较缓慢,经过不长的时间后(10～20 min)便趋于热平衡状态。此后,热变形变化量就非常小了(见图 7.17)。刀具总的热变形量可达 0.0～0.05mm。

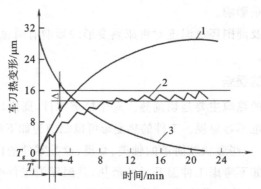

1—连续切削;2—间断切削;3—冷却曲线;
T_g—加工时间;T_j—间断时间。

图 7.17 车刀热变形

间断切削时,由于刀具有短暂的冷却时间,故其热变形曲线具有热胀冷缩的双重特性,其总的变形量比连续切削时要小一些,最后稳定在 Δ 范围内变动。

当切削停止后,刀具温度立即下降,开始冷却较快,以后逐渐减慢。

加工大型零件时,刀具热变形往往造成几何形状误差。如车长轴时,可能由于刀具热伸长而产生锥度误差(尾座处的直径比头架附近的直径大)。

为了减小刀具的热变形,应合理选择切削用量和刀具几何参数,并给以充分冷却和润滑以减小切削热,降低切削温度。

4)机床热变形引起的误差

机床在工作过程中,受到内、外热源的影响,各部分的温度将逐渐升高。由于各部件的热源不同,分布不均匀,以及机床结构的复杂性,因此不仅各部件的温升不同,而且同一部件不同位置的温升也不相同,形成不均匀的温度场,使机床各部件之间的相互位置发生变化,破坏了机床原有的几何精度而造成加工误差。

机床空运转时,各运动部件产生的摩擦热基本不变。运转一段时间之后,各部件传入的热量和散失的热量基本相等,即达到热平衡状态,变形趋于稳定。机床达到热平衡状态时的几何精度称为热态几何精度。在机床达到热平衡状态之前,机床几何精度变化不定,对加工精度的影响也变化不定。因此,精密加工应在机床处于热平衡之后进行。

对于磨床和其他精密机床,除受室温变化等影响之外,引起其热变形的热量主要是机床空运转时的摩擦发热,而切削热影响较小。因此,机床空运转达到热平衡的时间,及其所达到的热态几何精度是衡量精加工机床质量的重要指标。而在分析机床热变形对加工精度的影响时,亦应首先注意其温度场是否稳定。

机床类型不同,其内部主要热源也各不相同,热变形对加工精度的影响也不相同。几种常用磨床的热变形如图 7.18 所示。

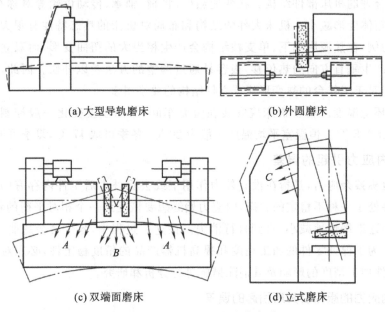

(a) 大型导轨磨床   (b) 外圆磨床

(c) 双端面磨床   (d) 立式磨床

图 7.18 几种类型的磨床热变形

5)减小热变形对加工精度影响的措施

(1)减少热源的发热和隔离热源。为了减少切削热,宜采用较小的切削用量。如果粗、精加工在一个工序内完成,粗加工的热变形将影响精加工的精度。一般可以在粗加工后停机一段时间使工艺系统冷却,同时还应将工件松开,待精加工时再夹紧。当零件精度要求较高时,则以粗、精加工分开为宜。

为了减少机床的热变形,凡是可以从机床分离出去的热源,如电机、变速箱、液压系统、冷却系统等均应移出,使之成为独立单元。不能分离的热源,如主轴轴承、丝杠螺母副、高速运动的导轨副等则应从结构、润滑等方面改善其摩擦特性,减少发热。例如,采用静压轴承、静压导轨,改用低黏度润滑油、锂基润滑脂,或使用循环冷却润滑、油雾润滑等,也可用隔热材料将发热部件和机床大件(即床身、立柱等)隔离开来。

目前,大型数控机床和加工中心普遍采用冷冻机对润滑油、切削液进行强制冷却,以提高冷却效果。精密丝杠磨床的母丝杠中会通以冷却液,以减少热变形。

(2)均衡温度场。例如,M7150A 型磨床的床身较长,加工时工作台纵向运动速度较快,所以床身上部温升高于下部。为了均衡温度场,将油从主机中移出,做成一个单独油箱,并在床身下部配置热补偿油沟,使一部分带有余热的回油经热补偿油沟后送回油池。采取这些措施后,床身上、下部温差降至 $1\sim2$ ℃,导轨的中凸量由原来的 $26.5~\mu m$ 降为 $5.2~\mu m$。

某立式平面磨床采用热空气加热温升较低的立柱后壁心,均衡立柱前后壁的温升,以减小立柱向后的倾斜。具体做法是将前工作台等处的热空气从电动机风扇排出,通过特设的软管引向立柱的后壁腔内,使后壁的温度与前面工作台等处的温度趋于一致。采取这种措施后,磨削平面的平面度误差可降到采取措施前的 $1/3\sim1/4$。

(3)采用合理的机床部件结构。在变速箱中,将轴、轴承、传动齿轮等对称布置,可使箱壁温升均匀,箱体变形减小。机床大件的结构和布局对机床的热态特性有很大影响。以加工中心机床为例,在热源影响下、单支柱结构会产生相当大的扭曲变形,而双立柱结构由于左右对称,仅产生垂直方向的热位移,很容易通过调整的方法予以补偿。因此,双立柱结构的机床主轴相对于工作台的热变形比单立柱结构的要小得多。

(4)控制环境温度。精密机床应安装在恒温车间,车间温度变化一般控制在 ±1 ℃以内,精密级为 ±0.5 ℃。恒温室平均温度一般为 20 ℃,冬季可取 17 ℃,夏季可取 23 ℃。

8. 工件内应力引起的误差

内应力也称残余应力,是指在没有外力作用下或去除外力后工件内存有的应力。具有内应力的零件处于一种不稳定的状态,内应力始终想要恢复到一个相对平衡的状态,并随着时间的推移会逐渐缓慢地减小,直到自行消失。在这一过程中,零件将会翘曲变形,破坏了原有的精度。为了保证零件的加工精度和提高机器产品的精度稳定性,必须对内应力产生的原因、对零件加工精度的影响及其消除措施进行分析和研究。

1)产生内应力的原因及其所引起的误差

内应力是由于金属内部相邻组织发生了不均匀的体积变化而产生的,促成这种变化的因素主要来自冷、热加工。

(1)毛坯制造和热处理过程中产生的内应力。在铸、锻、焊、热处理等加工过程中,由于各部分冷热收缩不均匀以及金相组织转变而引起的体积变化,将会使毛坯内部产生残余应力。毛坯的结构越复杂,各部分的厚度越不均匀,散热条件相差越大,则在毛坯内部产生的残余应力也越大。

具有残余应力的毛坯由于残余应力暂时处于相对平衡的状态,加工时切去一层金属后,就打破了这种平衡,残余应力将重新分布,零件就会产生明显的变形。

例如,图 7.19 所示为一内外壁厚薄相差较大的铸件在铸造过程中产生残余应力的情形。铸件浇铸后,由于壁 A 和 C 比较薄,容易散热,所以冷却速度较 B 快。当壁 A、C 从塑性状态冷却到了弹性状态时,壁 B 尚处于塑性状态。当 A、C 继续收缩时 B 不阻止其收缩,故不产生残余应力。当 B 也冷却到了弹性状态时,壁 A、C 的温度已降低很多,其收缩速度变得很慢,但这时 B 收缩较快,因而受到 A、C 的阻碍。因此,B 内就产生了拉应力,而 A、C 内就产生了压应力,形成相互平衡状态[见图 7.19(b)]。如果在 A 上开一缺口,A 上的压应力消失,铸件在 B、C 的残余应力作用下,B 收缩,C 伸长,铸件就产生了弯曲变形,直至残余应力重新分布达到新的平衡状态为止[见图 7.19(c)]。

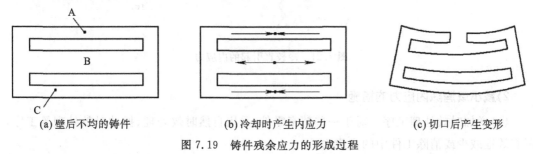

(a)壁后不均的铸件　　　(b)冷却时产生内应力　　　(c)切口后产生变形

图 7.19　铸件残余应力的形成过程

各种铸件都难免发生冷却不均匀而产生残余应力现象。如铸造后的机床床身,其导轨面和冷却快的地方都会出现压应力。粗加工导轨表面被切去一层后,残余应力就重新分布达到新的平衡,结果使导轨中部下凹(见图 7.20)。

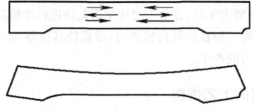

图 7.20　床身因内应力引起的变形

(2)冷校直带来的内应力。为了纠正细长轴类零件的弯曲变形,有时采用冷校直方法。此种方法是在与变形相反的方向上施加作用力,如图 7.21 所示,使工件产生反方向弯曲,并产生一定的塑性变形。当工件外层应力超过屈服强度时,其内层应力还未超过弹性极限,故其应力分布情况如图 7.21(b)所示。去除外力后,由于下部外层已产生拉伸的塑性变形,上部外层已产生压缩的塑性变形,故里层的弹性恢复受到阻碍。结果上部外层产生残余拉应力,上部里层产生残余压应力;下部外层产生残余压应力,下部里层产生残余拉应力[见图 7.21(c)]。冷校直后虽然弯曲减小了,但内部组织仍处于不稳定状态,经加工后,又会产生新的弯曲变形。

(3)切削加工带来的内应力。在切削加工中,工件表面在切削力、切削热作用下,也会产生内应力,详见本章 7.3。

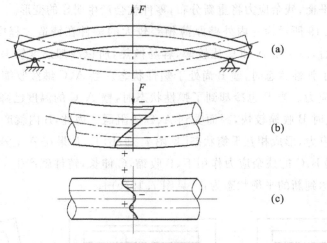

图 7.21　冷校直引起的内应力

2)减小或消除内应力的措施

(1)增加时效处理工序　对于一些精密零件,采用自然时效处理、振动时效处理等工序,可有效地减少或消除工件中的内应力。

(2)合理安排工艺过程　将粗、精加工安排在不同工序中进行,使粗加工后有一定时间让内应力重新分布,以减少对精加工的影响。

在加工大型工件时,粗、精加工往往安排在同一道工序中完成,这时应在粗加工后将工件松开,让工件有自由变形的可能,然后再进行精加工。

对于精密丝杠这样的精密零件,在加工过程中不允许进行冷校直。

(3)合理设计零件结构　如在设计铸锻件时,尽量使其壁厚均匀,焊接件尽量使其焊缝均匀分布,可减少残余应力的产生。

7.1.3　提高加工精度的工艺措施

为了保证和提高机械加工精度,必须找出造成加工误差的主要因素(原始误差),然后采取相应的工艺技术措施来控制或减少这些因素的影响。

生产实际中,尽管有许多减少误差的方法和措施,但从误差减少的技术上看,可将它们归成两大类。

(1)误差预防　指减少原始误差或减少原始误差的影响,亦即减少误差源或改变误差源到加工误差之间的数量转换关系。

(2)误差补偿　指对现存的表现误差通过分析、测量,进而建立数学模型,并以这些信息为依据,人为地在系统中引入一个附加的误差源,使之与系统中现存的表现误差相抵消,以减少或消除零件的加工误差。

1. 误差预防技术

1)合理采用先进的工艺与设备

合理采用先进的工艺与设备是保证加工精度的最基本方法。因此,在制定零件加工工艺规程时,应对零件每道加工工序的能力进行精度评价,并尽可能合理采用先进的工艺设备,使每道工序都具备足够的工序能力。

2)直接减少原始误差

这也是在生产中应用较广的一种基本方法。它是在查明影响加工精度的主要原始误差因素之后,设法对其直接进行消除或减少。

例如加工细长轴时,因工件刚度极差,容易产生弯曲变形和振动,会严重影响加工精度。为了减少因切深抗力使工件弯曲变形所产生的加工误差,可采取反向进给的切削方式,即进给方向由卡盘一端指向尾座,使 F_x 力对工件起拉伸作用,同时将尾座改为可伸缩的弹性顶尖,就不会因 F_x 和热应力而压弯工件。或采用大进给量和较大主偏角的车刀,增大 F_x 力,工件在强有力的拉伸作用下,具有抑制振动的作用,使切削平稳。

3)转移原始误差

误差转移法是把影响加工精度的原始误差转移到不影响(或少影响)加工精度的方向或其他零部件上去。

在成批生产中,用镗模加工箱体孔系的方法,也就是把机床的主轴回转误差、导轨误差等原始误差转移掉,工件的加工精度完全靠镗模和镗杆的精度来保证。由于镗模的结构远比整台机床简单,精度容易保证,在实际生产中得到广泛应用。

4)均分原始误差

生产中可能会遇到本工序的加工精度是稳定的,但由于毛坯或上道工序加工的半成品精度波动较大,引起定位误差或复映误差太大,因而造成本工序加工超差。解决这类问题的有效途径之一是采用分组调整(即均分误差)的方法:把毛坯按误差大小分为 n 组,每组毛坯的误差就缩小为原来的 $1/n$。然后按各组分别调整刀具与工件的相对位置或选用合适的定位元件,就可大大缩小整批工件的尺寸分散范围。

5)均化原始误差

机床、刀具的某些误差(如导轨的直线度、机床传动链的传动误差等)是根据局部地方的最大误差值来判定的。如果利用有密切联系的表面之间的相互比较、相互修正,或者利用互为基准进行加工,就能让这些局部较大的误差比较均匀地影响整个加工表面,使传递到工件表面的加工误差较为均匀,因而工件的加工精度相应地就大大提高。

例如,研磨时研具的精度并不很高,分布在研具上的磨料粒度大小也可能不一样,但由于研磨时工件和研具间有复杂的相对运动轨迹,使工件上各点均有机会与研具的各点相互接触并受到均匀的微量磨削,同时工件和研具相互修整,精度也逐步共同提高,进一步使误差均化,因此就可获得精度高于研具原始精度的加工表面。

2. 误差补偿技术

误差补偿方法就是人为地引入一种新的原始误差去抵消当前成为问题的原有的原始误差,并应尽量使两者大小相等、方向相反,从而达到减小加工误差,提高加工精度的目的。

一个误差补偿系统一般包含三个主要功能装置:①误差补偿信号发生装置,发出与原始误差大小相等的误差补偿信号。②信号同步装置,保证附加的补偿误差与原始误差相位相反,即相位相差180℃。③误差合成装置,实现补偿误差与原始误差的合成。

1)静态补偿误差

静态补偿误差是指误差补偿信号是事先设定的。特别是补偿机床传动链长周期误差方法已经比较成熟。例如丝杠加工误差校正曲线机构,以校正尺作为误差补偿信号发生装置;将校正尺安装在机床床身的正确位置以实现信号同步;通过螺母附加转动实现误差合成。

随着计算机技术的发展,可以使用柔性的"电子校正尺"来取代传统的机械校正尺,即将原始误差数字化,作为误差补偿信号,利用光、电、磁等感应装置实现信号同步;利用数控机构实现误差合成。

2)动态补偿误差

生产中有些原始误差的规律并不确定,不能只用固定的补偿信号解决问题,需要采取动态补偿误差的方法。动态误差补偿亦称为积极控制,常见形式如下。

(1)在线检测　在加工中随时测量出工件的实际尺寸或形状、位置精度等参数,随时给刀具以附加的补偿量来控制刀具和工件间的相对位置。这样,工件尺寸的变动范围始终在自动控制之中。现代机械加工中的在线测量和在线补偿就属于这种形式。

(2)偶件自动配磨　这种方法是将互配件中的一个零件作为基准,去控制另一个零件的加工精度。在加工过程中自动测量工件的实际尺寸,并和基准件的尺寸比较,直至达到规定的差值时机床就自动停止加工,从而保证精密偶件间要求很高的配合间隙。柴油机高压油泵柱塞的自动配磨采用的就是这种形式的积极控制。

7.2　加工误差的综合分析

前面已对影响加工精度的各项因素进行了分析,并提出了一些保证加工精度的措施,从分析方法上讲,上述内容是属于单因素分析法。生产实际中,影响加工精度的因素往往是错综复杂的,有时很难用机床几何误差、受力及受热变形等单因素分析法来分析计算某一工序的加工误差,而需要运用数理统计的方法对实际加工出的一批工件进行检查测量,加以处理和分析,从中发现误差的规律,找出提高加工精度的途径。这就是加工误差的综合分析方法。

7.2.1　加工误差的性质

区分加工误差的性质是研究和解决加工精度问题时十分重要的环节,根据加工一批工件时误差出现的规律,加工误差可分为系统性误差和随机性误差。

1. 系统性误差

在顺序加工一批工件中,若其加工误差的大小和方向都保持不变,或者按一定规律变化,这样的加工误差统称为系统性误差。前者称为常值系统性误差,后者称为变值系统性误差。

加工原理误差,机床、刀具、夹具的制造误差,工艺系统的受力变形等引起的加工误差均与加工时间无关,其大小和方向在一次调整中也基本不变,因此都属于常值系统性误差。机床、夹具、量具等磨损引起的加工误差,在一次调整加工中也无明显的差异,故也属于常值系统性误差。机床、刀具和夹具等在热平衡前的热变形,刀具的磨损等,都是随加工时间而有规律变化的,因此属于变值系统性误差。

2. 随机性误差

在顺序加工的一批工件中,若其加工误差的大小和方向的变化是没有规律的,是随机的,则称为随机性误差。如毛坯误差(余量大小不一、硬度不均匀等)的复映,定位误差(基准面精度不一、间隙影响),夹紧误差,多次调整的误差,残余应力引起的变形误差等都属于随机性误差。

在不同的场合下,误差的表现性质也可能不同。例如,机床在一次调整中加工一批工件时,机床的调整误差是常值系统性误差。但是,当多次调整机床时,每次调整时发生的调整误差就不可能是常值,变化也没有一定的规律,因此对于经多次调整所加工出来的这批工件,调整误差所引起的加工误差又成为了随机性误差。

对于上述不同性质的误差,解决途径是不一样的。一般地,常值系统性误差在查明其大小和方向后通过相应的调整和检修工艺装备来解决,有时候可以人为地设置一种常值误差去抵消工艺系统的常值系统性误差等。

在机械加工中,辨别各种加工误差的性质,常采用统计分析法中的分布图分析法和点图分析法。

7.2.2 分布图分析法

1. 实际分布图(直方图)

成批加工的某种零件,抽取其中一定数量的零件进行测量,抽取的这批零件称为样本,其件数称为样本容量。

由于存在各种误差的影响,加工尺寸或偏差总是在一定范围内变动(称为尺寸分散),即为随机变量,用 x 表示。样本尺寸或偏差的最大值 $x_{\max}$ 与最小值 $x_{\min}$ 之差称为极差 R,即

$$R = x_{\max} - x_{\min} \tag{7.8}$$

样本尺寸或偏差按大小顺序排列,并将它们分成 k 组,组距为 d,

$$d = \frac{R}{k-1} \tag{7.9}$$

同一尺寸组或同一误差组的零件数量 m_i,称为频数。频数 m_i 与样本容量 n 之比称为频

率 f_i

$$f_i = m_i/n \qquad (7.10)$$

以工件尺寸(或误差)为横坐标,以频数或频率为纵坐标,就可作出该批工件加工尺寸(或误差)的实验分布图,即直方图(见图 7.22)。

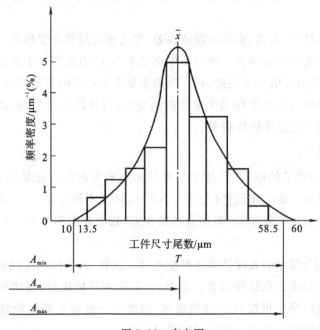

图 7.22 直方图

组数 k 和组距 d 的选择对实验分布图的显示好坏有很大关系。组数过多,组距太小,则分布图会被频数的随机波动所歪曲;组数太少,组距太大,分布特征将被掩盖。k 值一般可参考样本容量来选择(见表 7.3)。

表 7.3　分组数 k 的选定

N	25~40	40~60	60~100	100	100~160	160~250	250~400	400~630
k	6	7	8	10	11	12	13	14

为了分析该工序的加工精度情况,可在直方图上标出该工序的加工公差带位置,并计算出该样本的统计数字特征:平均值 $\bar{x}$ 和标准差 s。

样本的平均值 $\bar{x}$ 表示该样本的尺寸分散中心。它主要取决于调整尺寸的大小和常值系统误差,即

$$\bar{x} = \frac{1}{n}\sum_{i=1}^{n} X_i \qquad (7.11)$$

式中,X_i 为各工件的尺寸或偏差。

样本的标准差 s 反映了该批工件的尺寸分散程度。它是由变值系统误差和随机误差决定的。误差大,s 也大;误差小,s 也小。

$$s = \sqrt{\frac{1}{n-1} \sum_{i=1}^{n} (X_i - \overline{X})^2} \tag{7.12}$$

当样本的容量比较大时,为简化计算,可直接用 n 来代替上式中的 $n-1$。

为了使分布图能代表该工序的加工精度,不受组距和样本容量的影响,纵坐标应改成频率密度。

$$频率密度 = \frac{频率}{组距} = \frac{频数}{样本容量 \times 组距} = \frac{m_i}{n \times d}$$

2. 理论分布图

1)正态分布

概率论已经证明,相互独立的大量微小随机变量总和的分布符合正态分布。在机械加工中,用调整法加工一批零件,其尺寸误差是由很多相互独立的随机误差综合作用的结果,如果其中没有一个是起决定作用的随机误差,则加工后零件的尺寸将近似于正态分布。正态分布曲线的形状如图 7.23 所示。其概率密度函数表达式为

$$y = \frac{1}{\sigma \sqrt{2\pi}} \exp\left[-\frac{1}{2}\left(\frac{x-\mu}{\sigma}\right)^2\right] \quad (-\infty < x < +\infty, \sigma > 0) \tag{7.13}$$

式中,y 为分布的概率密度;x 为随机变量;μ 为正态分布随机变量的算术平均值;σ 为正态分布随机变量的标准差。

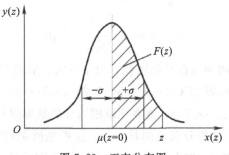

图 7.23　正态分布图

由式(7.13)及图 7.23 可以看出,当 $x = \mu$ 时,则

$$y = \frac{1}{\sigma \sqrt{2\pi}} \tag{7.14}$$

为曲线的最大值,它两边的曲线是对称的。

如果 μ 值改变,分布曲线沿横坐标移动而不改变其形状,这说明 μ 是表征分布曲线位置的参数。

分布曲线所围成的面积总是等于 1。当 σ 减小时,y 的峰值增大,分布曲线向上伸展,两侧向中间收紧;反之,当 σ 增大时,y 的峰值减小,分布曲线平坦地沿 x 轴伸展。可见,σ 是表征分布曲线形状的参数,亦即 σ 刻画了随机变量 x 取值的分散程度(见图 7.24)。

算术平均值 $\mu = 0$、标准差 $\sigma = 1$ 的正态分布称为标准正态分布。非标准正态分布可以通

过坐标变换 $z = \dfrac{x-\mu}{\sigma}$，转换为标准的正态分布。故可以利用标准正态分布的函数值，求得各种正态分布的函数值。

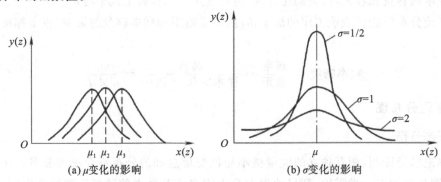

图 7.24　μ、σ 值对正态分布曲线的影响

由分布函数的定义可知，正态分布函数是正态分布概率密度函数的积分，即

$$F_x(x) = \frac{1}{\sigma\sqrt{2\pi}} \int_{-\infty}^{x} \exp\left[-\frac{1}{2}\left(\frac{x-\mu}{\sigma}\right)^2\right] \mathrm{d}x \qquad (7.15)$$

由式(7.15)可知，$F_x(x)$ 为正态分布曲线下方积分区间包含的面积，表征了随机变量 x 落在区间 $(-\infty, x)$ 上的概率。令 $z = \left|\dfrac{x-\mu}{\sigma}\right|$，则有

$$F_x(z) = \frac{1}{\sigma\sqrt{2\pi}} \int_{0}^{z} e^{-\frac{z^2}{2}} \mathrm{d}z \qquad (7.16)$$

$F_z(z)$ 为图 7.23 中有阴影线部分的面积。对于不同 z 值的 $F_z(z)$ 值见表 7.4。

当 $x-\mu = \pm 3\sigma$ 时，可查得 $2F(3) = 0.49865 \times 2 \times 100\% = 99.73\%$。这说明，随机变量 x 落在 $\pm 3\sigma$ 范围以内的概率为 99.73%，落在此范围以外的概率仅 0.27%，此值很小。因此一般认为，正态分布的随机变量的分散范围是 $\pm 3\sigma$。这就是所谓的"6σ"原则。6σ 的大小代表了某种加工方法在一定条件下(如毛坯余量，切削用量，正常的机床、夹具、刀具等)下所能达到的加工精度，通常应该使所选择的加工方法的标准差 σ 与公差带宽度 T 之间满足关系式：$6\sigma \leqslant T$。

2)非正态分布

工件的实际分布有时并不近似于正态分布。例如，将两次调整后加工的工件混在一起，由于每次调整时常值系统误差是不同的，当常值系统误差的差值大于 2.2σ，就会得到双峰曲线[见图 7.25(a)]，假如把两台机床加工的工件混在一起，不仅调整时常值系统误差不等，机床精度可能也不同(即 σ 不同)，那么曲线的两个凸峰高度也不一样。

如果加工中刀具或砂轮的磨损比较显著，所得一批工件的尺寸分布就如图 7.25(b)所示。尽管在加工的每一瞬间工件的尺寸呈正态分布，但是随着刀具或砂轮的磨损，不同时段尺寸分布的算术平均值是逐渐移动的，因此分布曲线可能呈平顶状。

表 7.4　正态分布曲线下的面积因数 $F(z)$

z	$F(z)$	z	$F(z)$	z	$F(z)$	z	$F(z)$	z	$F(z)$
0.00	0.0000	0.24	0.0948	0.48	0.1844	0.94	0.3264	2.10	0.4821
0.01	0.0040	0.25	0.0987	0.49	0.1879	0.96	0.3315	2.20	0.4861
0.02	0.0080	0.26	0.1023	0.50	0.1915	0.98	0.3365	2.30	0.4893
0.03	0.0120	0.27	0.1064	0.52	0.1985	1.00	0.3413	2.40	0.4918
0.04	0.0160	0.28	0.1103	0.54	0.2054	1.05	0.3531	2.50	0.4938
0.05	0.0199	0.29	0.1141	0.56	0.2123	1.10	0.3643	2.60	0.4953
0.06	0.0239	0.30	0.1179	0.58	0.2190	1.15	0.3749	2.70	0.4965
0.07	0.0279	0.31	0.1217	0.60	0.2257	1.20	0.3849	2.80	0.4974
0.08	0.0319	0.32	0.1255	0.62	0.2324	1.25	0.3944	2.90	0.4981
0.09	0.0359	0.33	0.1293	0.64	0.2389	1.30	0.4032	3.00	0.49885
0.10	0.0398	0.34	0.1331	0.66	0.2454	1.35	0.4115	3.20	0.49931
0.11	0.0438	0.35	0.1368	0.68	0.2517	1.40	0.4192	3.40	0.49966
0.12	0.0478	0.36	0.1405	0.70	0.2580	1.45	0.4265	3.60	0.499841
0.13	0.0517	0.37	0.1443	0.72	0.2642	1.50	0.4332	3.80	0.499928
0.14	0.0557	0.38	0.1480	0.74	0.2703	1.55	0.4394	4.00	0.499968
0.15	0.0596	0.39	0.1517	0.76	0.2764	1.60	0.4452	4.50	0.499997
0.16	0.0636	0.40	0.1554	0.78	0.2823	1.65	0.4506	5.00	0.499999
0.17	0.0675	0.41	0.1591	0.80	0.2881	1.70	0.4554		
0.18	0.0714	0.42	0.1628	0.82	0.2939	1.75	0.4599		
0.19	0.0753	0.43	0.1664	0.84	0.2995	1.80	0.4641		
0.20	0.0793	0.44	0.1700	0.86	0.3051	1.85	0.4678		
0.21	0.0832	0.45	0.1736	0.88	0.3106	1.90	0.4713		
0.22	0.0871	0.46	0.1772	0.90	0.3159	1.95	0.4744		
0.23	0.0910	0.47	0.1808	0.92	0.3212	2.00	0.4772		

　　当工艺系统存在显著的热变形等变值系统性误差时,分布曲线往往不对称。例如,刀具热变形严重,加工轴时曲线凸峰偏向左,加工孔时曲线凸峰偏向右[见图 7.25(c)]。用试切法加工时,操作者主观上可能存在宁可返修也不可报废的倾向性,所以分布图也会出现不对称情况;加工轴时宁大勿小,故凸峰偏向右;加工孔时宁小勿大,故凸峰偏向左。

　　对于端面圆跳动和径向跳动一类的误差,一般不考虑正负号,所以接近零的误差值较多,远离零的误差值较少,其分布(称为瑞利分布)也是不对称的[见图 7.25(d)]。

3)分布图分析法的应用

　　(1)判别加工误差性质。如前所述,假如加工过程中没有变值系统性误差,那么其尺寸分布应服从正态分布,这是判别加工误差性质的基本方法。

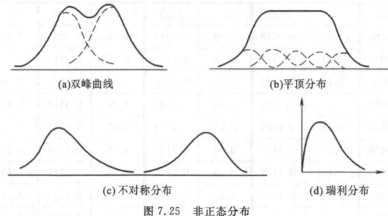

图 7.25   非正态分布

如果实际分布与正态分布基本相符,加工过程中没有变值系统误差(或影响很小),这时就可进一步根据样本平均值 $\bar{x}$ 是否与公差带中心重合来判断是否存在常值系统误差。如果实际分布与正态分布有较大出入,可根据直方图初步判断变值系统误差的性质。

(2)确定工序能力及其等级。所谓工序能力,是指工序处于稳定状态时,加工误差正常波动的幅度。当加工尺寸服从正态分布时,其尺寸分散范围是 6σ,则工序能力以公差带宽度 T 与 6σ 的比值来评价。记工序能力系数为 C_p

$$C_p = \frac{T}{6\sigma} \tag{7.16}$$

工序能力系数代表了工序能满足加工精度要求的程度。根据工序能力系数 C_p 的大小,一般可将工序能力分为 5 级,如表 7.5 所示。

表 7.5   工序能力等级

工序能力系数	工序等级	说　　明
$C_p > 1.67$	特级	工序能力很高,可以允许有异常波动,不一定经济
$1.67 \geqslant C_p > 1.33$	一级	工序能力足够,可以允许有一定的异常波动
$1.33 \geqslant C_p > 1.00$	二级	工序能力勉强,必须密切注意
$1.00 \geqslant C_p > 0.67$	三级	工序能力不足,可能出现少量不合格品
$0.67 \geqslant C_p$	四级	工序能力很差,必须加以改进

一般情况下,工序能力不应低于二级,即应该满足 $C_p > 1$。近些年来流行的"6σ"管理方法,就是主要体现了综合质量管理、持续过程改进的思想。

(3)估算合格品率或不合格品率。不合格品率包括废品率和可返修的不合格品率。它可以通过分布曲线进行估算。

例 7.2   在无心磨床上磨削销轴外圆,要求外径 $d = \phi 12^{-0.016}_{-0.043}$ mm。抽样一批零件,经实测后计算得到 $\bar{d} = 11.974$ mm,已知该机床的 $\sigma = 0.005$ mm,其尺寸分布符合正态分布。

试分析该工序的加工质量。

解　①根据所计算的 $\bar{d}$ 及 σ 作分布图（见图 7.26）

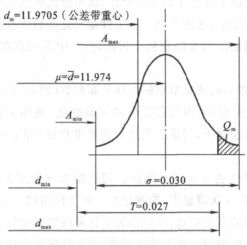

图 7.26　圆销直径尺寸分布图

②计算工序能力系数 C_{p}

$$C_{\mathrm{p}} = \frac{T}{6\sigma} = \frac{-0.016 - (-0.043)}{6 \times 0.005} = 0.9 < 1$$

工序能力系数 $C_{\mathrm{p}} < 1$ 表明该工序的工序能力不足,产生不合格品是不可避免的。

③计算不合格品率 Q

合格工件的最小尺寸 $d_{\min} = 11.957$ mm,最大尺寸 $d_{\max} = 11.984$ mm,对于轴类零件,超出公差带上限的不合格品可修复,记为 $Q_{可}$;由 $z_1 = \dfrac{d_{\max} - \bar{d}}{\sigma} = \dfrac{11.984 - 11.974}{0.005} = 2$,可查表 6.4 得 $F(z_1) = 0.4772$,即 $Q_{可} = 0.5 - 0.4772 = 0.0228 = 2.28\%$。

轴类零件超出公差带下限的不合格品不可修复,记为 $Q_{不}$;由 $z_2 = \dfrac{d_{\min} - \bar{d}}{\sigma} = \dfrac{11.957 - 11.974}{0.005} = -3.4$,可查表 6.4 得 $F(z_2) = F(-z_2) = 0.49966$,即

$$Q_{不} = 0.5 - 0.49966 = 0.00034 = 0.034\%$$

总的不合格率为

$$Q = Q_{可} + Q_{不} = 0.0228 + 0.00034 = 0.02314 = 2.314\%$$

④改进措施应该从控制分散中心与公差带中心的距离以及需要时减小分散范围来考虑。

本例中,分散中心 $\bar{d} = 11.974$,公差带中心 $d_{\mathrm{m}} = 11.9705$,若调整砂轮使之向前进刀 $(11.974 - 11.9705)/2$,可以减少总的不合格率,但不可修复的不合格率将增大。

机床调整误差难以完全消除,即分散中心与公差带中心难以完全重合。本例中机床的工序能力不足,进一步的改进措施包括控制加工工艺参数,减小 δ,必要时还需要考虑用精度更高的机床来加工。

3. 点图分析法

分布图分析法没有考虑工件加工的先后顺序,故不能反映误差变化的趋势,难以区别变值系统误差与随机误差的影响,必须等到一批工件加工完毕后才能绘制分布图,因此不能在加工过程中及时提供控制加工精度的资料。为此,生产中采用点图法以弥补分布图分析法的不足。

从数学的角度讲,如果一项质量数据的总体分布参数(例如 $\bar{x}$, s)保持不变,则这一工艺过程就是稳定的;如果有所变动,即使是往好的方向变化(例如 s 突然缩小),都算不稳定。只有在工艺过程是稳定的前提下,讨论工艺过程的精度指标(如工序能力系数 C_p,不合格率 Q 等)才有意义。

分析工艺过程的稳定性通常采用点图法。用点图来评价工艺过程稳定性采用顺序样本,即样本是由工艺系统在一次调整中,按顺序加工的工件组成。这样的样本可以得到在时间上与工艺过程运行同步的有关信息,反映出加工误差随时间变化的趋势。

如果按加工顺序逐个地测量一批工件的尺寸,以工件序号为横坐标,工件尺寸(或误差)为纵坐标,就可作出图 7.27 所示的点图。

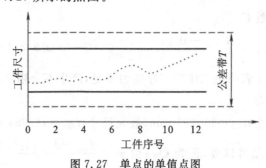

图 7.27　单点的单值点图

为了缩短点图的长度,可将顺次加工出的 n 个工件编为一组,以工件组号为横坐标,而纵坐标保持不变,同一组内各工件可根据尺寸分别点在同一组号的垂直线上,就可以得到图 7.28 所示的点图。

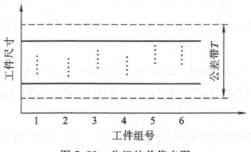

图 7.28　分组的单值点图

上述点图都反映了每个工件尺寸(或误差)变化与加工时间的关系,故称为单值点图。假如把点图的上下极限点包络成两根平滑的曲线,并作出这两根曲线的平均值曲线,如图

7.29 所示,就能较清楚地揭示出加工过程中误差的性质及其变化趋势。平均值曲线 OO' 表示每一瞬时的分散中心,其变化情况反映了变值系统误差随时间变化的规律,而起始点 O 则可看成常值系统误差的影响;上下限曲线 AA' 与 BB' 之间的宽度表示每一瞬时的尺寸分散范围,反映了随机误差的影响。单值点图上画有上、下两条控制界限线(见图 7.27、图 7.28 中用实线表示)和两条极限尺寸线(用虚线表示),作为控制不合格品的参考界限。

7.3 机械加工表面质量

实践证明,机械零件的破坏一般总是从表层开始的,这说明零件表面质量至关重要。随着用户对产品质量要求的不断提高,某些零件必须在高速、高温等特殊条件下工作,表面层的任何缺陷都会导致零件的损坏,因而表面质量问题就显得更加突出和重要。如图 7.29 所示为反映变值系统误差的单值点图。

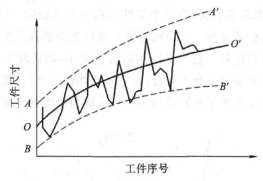

图 7.29 反映变值系统误差的单值点图

7.3.1 概 述

加工表面质量是指零件加工后表面层的状态。表面质量可从几何和物理两个方面进行评定。

1. 表面层的几何形状误差

(1)表面粗糙度 是指加工表面的微观几何形状误差,其波长 L_3 与波高 H_3 比值一般小于 50。如图 7.30 所示,是由加工中的残留面积、塑性变形、积屑瘤、鳞刺以及工艺系统的高频振动等造成的。

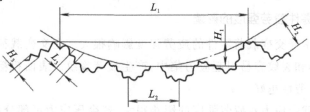

图 7.30 表面粗糙度和波度

(2)波度 是介于宏观与微观几何形状误差之间的周期性几何形状误差。其波长 L_2 与波高 H_2 的比值为 $50\sim1000$,这主要是由加工过程中工艺系统的低频振动引起的。

2. 表面层的物理力学性能

(1)表面层的冷作硬化 是指零件在机械加工中表面层金属产生强烈的冷态塑性变形后,引起强度和硬度都有所提高的现象。

(2)表面层金相组织的变化 是指在机械加工过程中,由于切削热的作用引起表面层金属的金相组织发生变化的现象。

(3)表面层残余应力 是指由于加工过程中切削力和切削热的综合作用,使表面层金属产生内应力的现象。

3. 表面质量对机器零件使用性能的影响

1)表面质量对耐磨性的影响

由于零件表面存在微观不平度,当两个零件表面相互接触时,实际有效接触面积很小,表面越粗糙,有效接触面积就越小。表面粗糙度对零件表面磨损的影响很大。一般来说,表面粗糙度值越小,其耐磨性越好。但是表面粗糙度值太小,润滑液不易储存,致使接触面形成半干或干摩擦,甚至接触面发生分子黏合,磨损反而加剧。因此,就磨损而言,存在一个最优表面粗糙度值。图 7.31 给出了不同载荷条件下表面粗糙度值与磨损量的关系曲线。

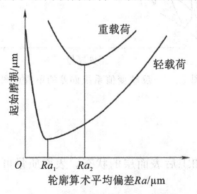

图 7.31 表面粗糙度与磨损量的关系

零件加工表面层的冷作硬化减少了摩擦副接触表面的弹性和塑性变形,从而提高了耐磨性。但当表面过度硬化时,将引起表面层金属组织的过度"疏松",甚至产生微观裂纹和剥落,反而降低了耐磨性。图 7.32 为表面冷作硬化与磨损量的关系。

2)表面质量对零件疲劳强度的影响

表面粗糙度对承受交变载荷零件的疲劳强度影响很大。在交变载荷作用下,表面粗糙度的凹谷部位、划痕和裂纹容易引起应力集中,产生疲劳裂纹。表面粗糙度值越小,表面缺陷越少,零件的耐疲劳性越好。

加工表面层的残余应力对疲劳强度的影响很大,残余压应力可部分抵消交变载荷施加的拉应力,阻碍和延缓疲劳裂纹的产生或扩大,从而可以提高零件的耐疲劳强度,而残余拉应力容易使零件在交变载荷下产生裂纹,使耐疲劳强度降低。

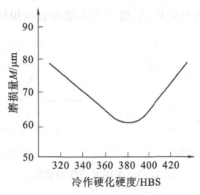

图 7.32　冷硬程度与磨损量的关系

3)表面质量对耐腐蚀性的影响

零件表面粗糙度值越大,潮湿空气和腐蚀介质就越容易沉积于表面凹坑中而发生化学或电化学腐蚀,耐腐蚀性能就越差。

当零件表面层有残余应力时,会产生应力腐蚀,加速腐蚀作用。表面产生冷作硬化或金相组织变化时也常会降低抗腐蚀能力。

4)表面质量对零件配合质量的影响

对于间隙配合,表面粗糙度值越大,磨损越大,使配合间隙很快增大,从而改变原有的配合性质,降低配合精度。对于过盈配合,表面粗糙度值越大,两表面相配合时表面凸峰越易被挤掉,这样会使实际过盈量减少,降低了连接强度。因此配合精度要求较高的表面,应具有较小的表面粗糙度值。

7.3.2　影响表面粗糙度的因素及其控制

1.影响切削加工后表面粗糙度的因素

1)几何因素

几何因素主要指刀具的形状和几何角度,特别是刀尖圆弧半径 r_ε、主偏角 κ_r,副偏角 κ_r' 等,还包括进给量 f,以及刀刃本身的粗糙度等。

在理想切削条件下,几何因素造成的理论粗糙度的最大高度 $R_{\max}$ 可由几何关系求出,如图 7.33 所示,设 $r_\varepsilon=0$,可求得 $R_{\max}=f/(\cot\kappa_r+\cot\kappa_r')$。

实际上刀尖总会具有一定的圆弧半径,即 $r_\varepsilon\neq0$。此时可求得

$$R_{\max}\approx f^2/(8r_\varepsilon) \tag{7.17}$$

2)物理因素

对塑性材料,在一定的切削速度下会在刀面上形成硬度很高的积屑瘤,代替刀刃进行切削,从而改变刀具的几何角度、切削厚度。切屑在前刀面上的摩擦和冷焊作用,可能使切屑

周期性停留,代替刀具推、挤切削层,造成切削层和工件间出现撕裂现象,形成鳞刺。而且积屑瘤和切屑的停留周期都不是稳定的,显然会大大增加表面粗糙度值。

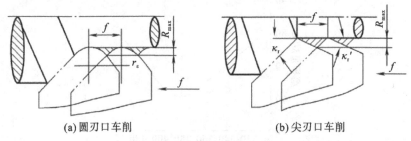

(a)圆刃口车削　　　　　　　　　(b)尖刃口车削

图 7.33　车削时的残留面积

在切削过程中刀具的刃口圆角及后刀面的挤压和摩擦会使金属材料产生塑性变形残留断面歪曲,使表面粗糙度值增大。

3)降低表面粗糙度的措施

(1)刀具的几何形状、材料、刃磨质量　这些参数对表面粗糙度的影响可以通过对理论残留面积、摩擦、挤压、塑性变形的影响和产生振动的可能性等方面来分析。例如,前角 γ 增加有利于减小切削力,使塑性变形减小,从而可减小粗糙度值;但 γ 过大时,刀刃有切入工件的趋向,较容易产生振动,故粗糙度值反而增加。又如,刀尖圆弧半径 r_ε 增大,从几何因素看可减小粗糙度值,但也会因此增加切削过程中的挤压和塑性变形,因此只是在一定范围内 r_ε 的增加才有利于降低粗糙度值。

对刀具材料,主要应考虑其热硬性、摩擦系数及与被加工材料的亲和力。热硬性高,则耐磨性好;摩擦系数小,则有利于排屑;与被加工材料的亲和力小,则不易产生积屑瘤和鳞刺。

刀具刃磨质量集中反映在刃口上。刃口锋利,则切削性能好;刃口粗糙度值小,则有利于减小刀具粗糙度值在工件上的复映程度。

(2)切削用量　进给量 f 直接影响理论残留高度,还会影响切削力和材料塑性变形的变化。当 $f>0.15$ mm/r 时,减小 f 可以明显地减小表面粗糙度值;当 $f<0.15$ mm/r 时,塑性变形的影响上升到主导地位,继续减小 f 对粗糙度的影响不显著。一般背吃量 a_p 对粗糙度影响不明显。只是 a_p 及 f 过小时,会由于刀具不够锋利,系统刚度不足而不能切削,因此形成的挤压会造成粗糙度值反而增加。切削速度 v_c 高,常能防止积屑瘤、鳞刺的产生。对于塑性材料,高速切削时 v_c 超过塑性变形速度,材料来不及充分变形;对于脆性材料,高速切削时温度较高,材料会不那么脆,故高速切削有利于减小粗糙度值。

(3)工件材料和润滑冷却　材料的塑性程度对表面粗糙度影响很大。一般地说,塑性程度越高,积屑瘤和鳞刺越容易生成和长大,故表面粗糙度值越大;脆性材料的加工粗糙度则比较接近理论粗糙度。对同样的材料,晶粒组织越大,加工后的粗糙度值就越大。因此,在加工前对工件进行调质等热处理,可以提高材料的硬度,降低塑性,细化晶粒,减小粗糙度值。合理选用冷却润滑液可以减小变形和摩擦,抑制积屑瘤和鳞刺的产生,降低切削温度,因而有利于减小表面粗糙度值。

2. 影响磨削加工后表面粗糙度的因素

1)砂轮

我们主要考虑砂轮的粒度、硬度、组织、材料、修整及旋转质量的平衡等因素。

砂轮粒度细则单位面积上的磨粒数多,因此加工表面上的刻痕细密均匀,表面粗糙度值小。当然此时相应的磨削深度也要小,否则可能会堵塞砂轮,产生烧伤。

砂轮硬度的选择与工件材料、加工要求有关。砂轮硬度过硬,则磨粒钝化后仍不脱落,过软则太易脱落,这两种情况都会减弱磨粒的切削作用,难以得到较小的表面粗糙度值。

选用组织紧密的砂轮能获得高精度和小的表面粗糙度值。疏松组织不易堵塞,适合加工较软的材料。

选择砂轮的材料(也即磨料)时,要综合考虑加工质量和成本。如金刚石砂轮可得到极小的表面粗糙度值,但加工成本比较高。

砂轮修整对磨削表面粗糙度影响很大,通过修整可以使砂轮具有正确的几何形状和锐利的微刃。砂轮的修整质量与所用的修整工具、修整砂轮纵向进给量等有密切关系。以单颗粒金刚石笔为修整工具,并取很小的纵向进给量修整出的砂轮,可以获得很小的表面粗糙度值。砂轮旋转质量的平衡对磨削表面粗糙度也有影响。

2)磨削用量

磨削用量主要与砂轮线速度、工件速度、进给量、磨削深度及空走刀数等有关。

砂轮线速度 $v_{砂}$ 高,则每个磨粒在单位时间内去除的切屑少,切削力减小,热影响区较浅,单位面积的划痕多,塑性变形速度可能跟不上磨削速度,因而表面粗糙度值小。$v_{砂}$ 高时生产率也高,故目前高速磨削发展很快。

工件速度 $v_{工}$ 对粗糙度的影响 $v_{砂}$ 相反,$v_{工}$ 高时会使表面粗糙度值变大。

轴向进给量 f 小,则单位时间内加工的长度短,故表面粗糙度值小。磨削深度对表面粗糙度影响相当大,减小 a_p 将减小工件材料的塑性变形,从而减小表面粗糙度值,但同时也会降低生产率。为此,在磨削过程中可以先采用较大的磨削深度,后采用较小的磨削深度,最后进行几次只有轴向进给、没有横向进给的空走刀(无进给磨削)。此外,工件材料的性质、冷却润滑液的选择和使用等对磨削表面粗糙度也有明显影响。

7.3.3 影响表面物理机械性能的因素及其控制

1. 加工表面的冷作硬化

加工表面的显微硬度是加工过程中塑性变形引起的冷作硬化与切削热引起的材料弱化以及金相组织变化引起的硬度变化等综合作用的结果。

切削力使金属表面层塑性变形,晶粒间剪切滑移,晶格扭曲,晶粒拉长、破碎和纤维化,引起表层材料强化,强度和硬度提高。

切削热对硬化的影响比较复杂。当温度低于相变温度时,切削热使表面层软化,可能在塑性变形层中引起恢复和再结晶,从而使材料弱化。更高的温度将引起相变,此时需要结合冷却条件来考虑相变后的硬度变化。

在车、铣、刨等切削过程中,由切削力引起的塑性变形起主导作用,加工硬化较明显。磨削温度比切削温度高得多,因此,在磨削过程中由磨削热及冷却条件决定的弱化或金相组织变化常常起主导作用。若磨削温度显著超过材料的回火温度但仍低于相变温度时,热效应将使材料软化,出现硬度较低的索氏体或屈氏体。若磨削淬火钢,其表层温度已超过相变温度,由于最外层温度高,冷却充分,一般得到硬度较高的二次淬火马氏体;次外层温度略低且冷却不够充分,则形成硬度较低的回火组织。故工件表面层硬度相对于整体材料为最外层较高,次外层稍低。

可以从塑性变形的程度、速度以及切削温度来分析减轻切削加工硬化的工艺措施。塑性变形的程度越大,则硬化程度就越大。因此,凡是减小变形和摩擦的因素都有助于减轻硬化现象。对刀具参数,增大刀具前角、减小刀刃钝圆半径。对切削用量,减小进给量、背吃刀量等都有利于减小切削力,减轻加工硬化。

塑性变形的速度越快,塑性变形可能就越不充分,硬化深度和程度都将减小。切削温度越高,软化作用越大,使冷硬作用减小。因此,提高切削速度,既可提高变形速度,又可提高切削温度,还可提高生产效率,是减轻加工硬化的有效措施。此外,良好的冷却润滑可以使加工硬化减轻,工件材料的塑性也直接影响加工硬化。

2. 加工表面层残余应力

在机械加工过程中,加工表面层相对基体材料发生形状、体积或金相组织变化时,表面层中即会产生残余应力。外层应力与内层应力的符号相反、相互平衡。产生表面层残余应力的主要原因有以下三个方面:

(1)冷塑性变形　冷塑性变形主要是由于切削力作用而产生的。加工过程中被加工表面受切削力作用产生拉应力,外层应力较大,产生伸长塑性变形,使表面积增大。内层拉力较小,处于弹性变形状态。切削力去除后内层材料趋向复原,但受到外层已塑性变形金属的限制,故外层有残余压应力,次外层有残余拉应力与之平衡。

(2)热塑性变形　热塑性变形主要是切削热作用引起的。工件在切削热作用下产生热膨胀。外层温度比内层的高,故外层的热膨胀较为严重,但内层温度较低,会阻碍外层的膨胀,从而产生热应力。外层为压应力,次外层为拉应力。当外层温度足够高,热应力超过材料的屈服极限时,就会产生热塑性变形,外层材料在压应力作用下相对缩短。当切削过程结束,工件温度下降到室温时,外层因已发生热塑性变形,材料相对变短而不能充分收缩,同时又受到基体的限制,从而外层产生拉应力,次外层则产生压应力。

(3)金相组织变化　切削时的温度高到超过材料的相变温度时,会引起表面层的相变。不同的金相组织有不同的密度,故相变会引起体积的变化。由于基体材料的限制,表面层在体积膨胀时会产生压应力,缩小时会产生拉应力。各种常见金相组织的密度值为,马氏体 $\gamma_{马} \approx 7.75$,珠光体 $\gamma_{珠} \approx 7.78$,铁素体 $\gamma_{铁} \approx 7.88$,奥氏体 $\gamma_{奥} \approx 7.96$。

实际机加工后表面层残余应力是上述三方面原因综合作用的结果。

影响残余应力的工艺因素比较复杂。总的来讲,凡是减小塑性变形和降低加工温度的因素都有助于减小加工表面残余应力值。对切削加工,减小加工硬化程度的工艺措施一般都有利于减小残余应力。对磨削加工,凡能减小表面热损伤的措施,均有利于避免或减小残余拉应力。

当表面层残余应力超过材料的强度极限后,材料表面就会产生裂纹。

3. 表面层金相组织变化——磨削烧伤

金相组织变化只是在温度足够高时才会发生。磨削加工时去除单位体积材料所消耗的能量,常是切削加工时的数十倍。这样大的能量消耗绝大部分转化为热。由于磨屑细小,砂轮导热性相当差,故磨削时约有 70% 以上的热量瞬时进入工件。磨削区温度可达 1500~1600 ℃,已超过钢的熔点;工件表层温度可达 900 ℃以上,超过相变温度 A_{C3}。结合不同的冷却条件,表面层的金相组织可发生相当复杂的变化。

1)磨削烧伤的主要类型

以淬火钢为例来分析磨削烧伤。磨削时,若工件表层温度超过相变温度 A_{C3}(对一般中碳钢约为 720 ℃),表层转为奥氏体。此时若无冷却液,则表层被退火,硬度急剧下降,称为退火烧伤。

若表层转为奥氏体后有充分冷却液,则表层急剧冷却形成二次淬火马氏体,硬度比回火马氏体高,但硬度层很薄,其下层为回火索氏体或屈氏体。此时表层总的硬度下降,称为淬火烧伤。

若磨削时温度在相变温度与马氏体转变温度之间(对中碳钢约为 720~300 ℃)变为回火屈氏体或索氏体,称为回火烧伤。

2)减轻磨削烧伤的工艺措施

减轻磨削烧伤的根本途径是减少磨削热和加强散热。此外,还应考虑减小烧伤层的厚度。

(1)正确选择磨削用量 背吃刀量 a_p 对磨削温度升高的影响最大,故从减轻烧伤的角度看 a_p 不宜太大。进给量 f 增加,磨削功率和磨削区单位时间内的发热量会增加,但热源面积也会增加且增加的指数更大,从而使磨削区单位面积发热率下降,故提高 f 对提高生产率和减轻烧伤都是有利的。当工件速度 $v_工$ 增加时,工件表层温度 $t_表$ 会增加,但表面与热源的接触作用时间短,热量不容易传入内层,烧伤层会变薄。很薄的烧伤层有可能在以后的无进给磨削,或精磨、研磨、抛光等工序中被去除。从这一点看,问题不在于是否有表面烧伤,而在于烧伤层有多深。因此可以认为,提高 f 既可以减轻磨削烧伤,又能提高生产率。单纯提高 f 粗糙度值会加大,为减小粗糙度值可同时适当提高砂轮速度。

(2)合理选择砂轮 一般不用硬度太高的砂轮,以保证砂轮在磨削过程中具有良好的自锐能力。选择磨料时,要考虑它对磨削不同材料工件的适应性。采用橡胶黏结剂的砂轮有助于减轻表面烧伤,因为这种黏结剂有一定弹性,磨粒受到过大切削力时可以弹让,使磨削深度减小,从而减小切削力和表层温度。

增大磨削刃间距可以使砂轮和工件间断接触,这样工件受热时间缩短,且改善了散热条件,能有效地减轻热损伤程度。

(3)提高冷却效果 关键是怎样将冷却液送入磨削区。使用普通的喷嘴浇注法冷却时,由于砂轮高速回转,表面上产生强大气流,冷却液很难进入磨削区,常常只是大量地喷注在已经离开磨削区的加工表面上,冷却效果较差。一般可以采用以下改进措施。

①高压大流量冷却 这样可以增强冷却作用,并对砂轮表面进行冲洗。但机床必须配制防护罩,以防止冷却液飞溅。

②内冷却 将冷却液通过中空锥形盖引入砂轮中心腔后在离心力作用下通过砂轮的孔隙直接进入磨削区。这种方法要求砂轮必须有多孔性,而且由于冷却时有大量水雾产生,要求有防护罩。同时,大量水雾会使操作者无法看清磨削区的火花,在精密磨削时难以判断试切时的吃刀量。

③加装空气挡板 喷嘴上方的挡板紧贴在砂轮表面上,可以减轻高速旋转的砂轮表面的高压附着气流,冷却液以适当角度喷注到磨削区。这种方法对高速磨削很有作用。

4.改善表面层物理机械性能的加工方法

表面强化工艺可以使材料表面层的硬度、组织和残余应力得到改善,有效地提高零件的物理机械性能。常用的方法有表面机械强化、化学热处理及加镀金属等,其中机械强化方法还可以同时降低表面粗糙度值。

1)机械强化

机械表面强化是通过机械冲击、冷压等方法,使表面层产生冷塑性变形,以提高硬度粗糙度,消除残余拉应力并产生残余压应力。

(1)滚压加工 用自由旋转的滚子对加工表面施加压力,使表层塑性变形,并可使粗糙度的波峰在一定程度上填充波谷。

滚压在精车或精磨后进行,适用于加工外圆、平面及直径大于 $\phi 30$ mm 的孔。滚压加工可使表面粗糙度从 Ra 1.25~10 μm 降到 Ra 0.08~0.63 μm,表面硬化层深度 0.2~1.5 mm,硬化程度达 10%~40%。

(2)金刚石压光 用金刚石工具挤压加工表面。其运动关系与滚压不同的是工具与加工面之间不是滚动。

图 7.34 所示为金刚石压光内孔的示意图。将金刚石压光头修整成半径为 1~3 mm,表面粗糙度小于 Ra 0.02 μm 的球面或圆柱面,由压光器内的弹簧压力压在工件表面上,可利用弹簧调节压力。金刚石压光头消耗的功率和能量小,生产率高。压光后表面粗糙度可达 Ra 0.02~0.32 μm。一般压光前、后尺寸差别极小,在 1 μm 以内,表面波度可能略有增加,物理机械性能显著提高。

(3)喷丸强化 利用压缩空气或离心力将大量直径为 0.4~2 mm 的钢丸或玻璃丸以 35~50 m/s 的高速向零件表面喷射,使表面层产生很大的塑性变形,改变表层金属结晶颗粒的形状和方向,从而引起表层冷作硬化,产生残余压应力。

喷丸强化可以加工形状复杂的零件,硬化深度可达 0.7 mm,粗糙度可从 Ra 2.5~5 μm

减小到 $Ra\ 0.32 \sim 0.63\ \mu m$。若要求更小的粗糙度值,则可以在喷丸后再进行小余量磨削,但要注意磨削湿度,以免影响喷丸的强化效果。

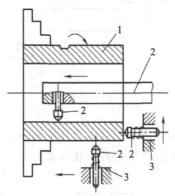

1—工件;2—压光头;3—心轴。

图 7.34　精钢石压光

(4)液体磨料喷射加工　利用液体和磨料的混合物来强化零件表面。工作时将磨料在液体中形成的磨料悬浮液用泵或喷射器的负压吸入喷头,与压缩空气混合并经喷嘴高速喷向工件表面。

液体在工件表面上形成一层稳定的薄膜。露在薄膜外面的表面粗糙度凸峰容易受到磨料的冲击和微小的切削作用而除去,凹谷则在薄膜下变化较小。加工后的表面是由大量微小凹坑组成的无光泽表面,粗糙度可达 $Ra\ 0.01 \sim 0.02\ \mu m$,表层有厚约数十微米的塑性变形层,具有残余压应力,可提高零件的使用性能。

2)化学热处理

化学热处理常用渗碳、渗氮或渗铬等方法,使表层变为密度较小,即比容较大的金相组织,从而产生残余压应力。其中渗铬后,工件表层出现较大的残余压应力时,一般大于300 MPa;表层下一定深度出现残余拉应力时,通常不超过 $20 \sim 50$ MPa。渗铬表面强化性能好,是目前用途最为广泛的一种化学强化工艺方法。

复习与思考题

7.1　试举例说明加工精度、加工误差、公差的概念以及它们之间的区别。

7.2　工艺系统的静态误差、动态误差各包括哪些内容?

7.3　影响加工精度的因素有哪些?可采取哪些措施提高加工精度?

7.4　车床床身导轨在垂直平面内及水平面内的直线度对车削圆轴类零件的加工误差有什么影响?各影响程度有何不同?

7.5　在车床上车削轴类零件的外圆 A 和台肩面 B,如题 7.5 图所示,经测发现 A 面有圆柱度误差,B 面对 A 面有垂直度误差,试从机床几何误差影响的角度,分析产生以上误差的主要原因。

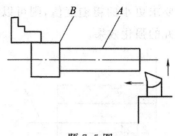

题 7.5 图

7.6 假设工件的刚度极大,其车床床头刚度大于尾座刚度。试分析如题 7.6 图所示的三种加工情况,加工后工件表面会产生何种形状误差?

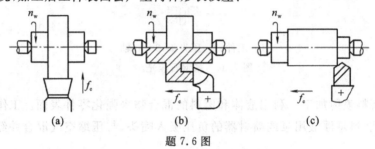

(a)   (b)   (c)

题 7.6 图

7.7 已知一工艺系统的误差复映系数为 0.25,工件在本工序前有椭圆度误差 0.45 mm,若本工序形状精度规定允差 0.01 mm,问至少走几次刀方能使形状精度合格?

7.8 如题 7.8 图所示横磨工件时,设横向磨削力 $F_y = 100$ N,主轴箱刚度 $k_{tj} = 5000$ N/mm,尾座刚度 $k_{wz} = 4000$ N/mm,加工工件尺寸如图示,求加工后工件的锥度。

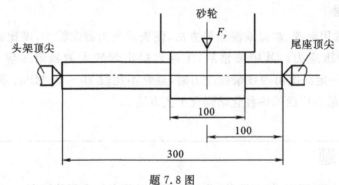

题 7.8 图

7.9 在车床上加工一批光轴的外圆,加工后经度量发现整批工件有图所示几何形状误差,试分别说明可能产生题 7.9 图(a)、(b)、(c)、(d)所示误差的各种因素。

7.10 车削一批轴的外圆,其尺寸要求为 $\phi 25 \pm 0.05$ mm,已知此工序的加工误差分布曲线是正态分布,其标准差 $\sigma = 0.025$ mm,曲线的峰值偏于公差带的左侧 0.03 mm。试:
(1)绘制整批工件实际尺寸的分布曲线;
(2)计算合格品率及废品率;
(3)计算工艺能力系数,确定工序能力;

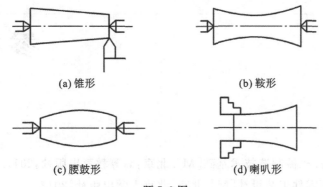

(a) 锥形　　　　　　　　　　(b) 鞍形

(c) 腰鼓形　　　　　　　　　(d) 喇叭形

题 7.9 图

(4) 分析出现废品的原因,并提出改进办法。

7.11　机械加工表面质量包括哪些内容? 它们对产品的使用性能有哪些影响?

7.12　影响切削加工表面粗糙度的因素有哪些?

7.13　为什么切削加工中会产生加工硬化? 影响加工硬化的因素有哪些?

7.14　为什么会产生磨削烧伤? 减少磨削烧伤的措施有哪些?

7.15　机械加工中,为什么工件表面层金属会产生残余应力? 磨削加工表面层产生残余应力的原因和切削加工产生残余应力的原因是否相同? 为什么?

参考文献

[1]何宁,白海清,等.机械制造技术基础[M].北京:高等教育出版社,2011.

[2]白海清,等.典型零件工艺设计[M].北京:北京大学出版社,2012.

[3]白海清,等.机床夹具及量具设计[M].重庆:重庆大学出版社,2013.

[4]李言,李鹏阳,等.机械制造技术[M].北京:机械工业出版社,2022.

[5]卢秉恒,等.机械制造技术基础[M].4版.北京:机械工业出版社,2019.

[6]倪小丹,等.机械制造技术基础[M].3版.北京:清华大学出版社,2020.

[7]白海清.麻花钻及其成形方法[M].北京:科学出版社,2019.

[8]顾崇衔,等.机械制造工艺学[M].3版.西安:陕西科学技术出版社,1990.

[9]于骏一,等.机械制造技术基础[M].2版.北京:机械工业出版社,2017.

[10]万宏强,等.机械制造技术基础[M].北京:机械工业出版社,2023.

[11]杨叔子.机械加工工艺师手册[M].北京:机械工业出版社,2002.

[12]乐兑谦.金属切削刀具[M].北京:机械工业出版社,2003.

[13]陈日曜,等.金属切削原理[M].2版.北京:机械工业出版社,1997.

[14]吴圣庄,等.金属切削机床概论[M].北京:机械工业出版社,1985.

[15]顾维邦.金属切削机床概论[M].北京:机械工业出版社,2005.

[16]戴曙.金属切削机床概论[M].北京:机械工业出版社,2005.

[17]周宏甫.机械制造技术基础[M].北京:高等教育出版社,2004.

[18]陆剑中,孙家宁.金属切削原理与刀具[M].北京:机械工业出版社,2005.

[19]张耀宸.机械加工工艺设计实用手册.北京:航空工业出版社,1993.

[20]赵如福.金属机械加工工艺人员手册[M].4版.上海:上海科学技术出版社,2006.

[21]李凯岭.机械制造技术基础[M].北京:科学出版社,2007.

[22]黄健求.机械制造技术基础[M].北京:机械工业出版社,2006.

[23]冯辛安.机械制造装备设计[M].2版.北京:机械工业出版社,2006.

[24]韩秋实.机械制造技术基础[M].2版.北京:机械工业出版社,2006.

[25]郭艳玲.机械制造工艺学[M].北京:北京大学出版社,2008.